JN232833

最新植物病理学

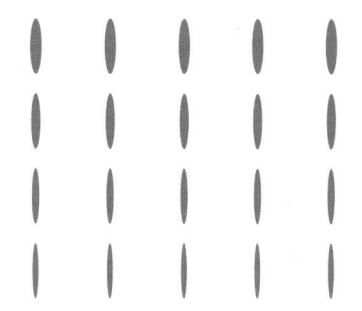

奥田誠一　髙浪洋一　難波成任
陶山一雄　羽柴輝良　百町満朗
柘植尚志　内藤繁男
著

朝倉書店

執筆者

一_{いち}一_{いち}任_{とう}	一_{いち}	宇都宮大学農学部教授・農学博士
誠_{せい}洋_{よう}		九州大学大学院農学研究院教授・農学博士
伊藤		東京大学大学院農学生命科学研究科教授 農学博士
田浪		東京農業大学農学部教授・農学博士
高難波山 一輝_{てる}	良朗	東北大学名誉教授・農学博士
陶 羽柴町 満_{みつ}尚_{たか}	志	岐阜大学応用生物科学部教授・農学博士
奥 百_{ひゃく}柏_{かしわ}植_げ藤 繁	雄 男	名古屋大学大学院生命農学研究科教授 農学博士
内		北海道大学大学院農学研究院教授・農学博士

(執筆順)

は し が き

　本書は植物の病気について学ぼうとする人たちのために"わかりやすく"，"具体的に"をモットーとして，植物病理学の全体像を記述したものである．1978年，飯田 格らによる『植物病理学』が朝倉書店から発行された．1992年には都丸敬一らによって大幅に加筆され『新 植物病理学』として改訂し，長い間親しまれてきたが，今回，最新の知見を盛って書き直したものである．

　本書の構成は，概ね原著書の形式を継承した．本書の全体の統一は，羽柴と奥田が担当したが，なお至らぬ点も少なくないと思われる．読者諸氏の助言をお願いしたい．本書は，主に大学の学部学生および大学院学生の教科書として書かれたが，国，県，企業などの研究機関で植物を取り扱う人々，専門学校，高等学校の教師，あるいは直接農業を営む人々のための病害に対する入門書として役立つものと思われる．

　今回の改訂にあたって，多くの著書あるいは研究論文等から図表その他を引用させて頂いた．それらはそれぞれ出所を記したが，ここに明記して原著者に対し厚くお礼を申し上げたい．

　本書の執筆中，中保一浩氏からは細菌および細菌病に関して懇切なる助言を頂いた．心よりお礼を申し上げる．また，本書の出版に際し，労を厭わずご協力いただいた東北大学小鴨恭子氏，ならびに朝倉書店編集部に深く感謝申し上げる．

　2004年8月

著者を代表して　羽 柴 輝 良

目　　次

I. 序　　　論 ……………………………………………(奥田誠一)… 1
　1．植物病理学とは …………………………………………… 1
　2．農業生産と植物の病気 …………………………………… 1
　3．植物病理学の発展と展望 ………………………………… 2

II. 病気とその成立 ………………………………………(奥田誠一)… 3
　1．植 物 の 病 気 …………………………………………… 3
　　（1）病 気 と は ……………………………………………… 3
　　（2）病名と病原名 …………………………………………… 3
　　（3）病気による被害 ………………………………………… 4
　2．病　　　原 ………………………………………………… 5
　　（1）病原の種類 ……………………………………………… 5
　　（2）主因と誘因 ……………………………………………… 7
　　（3）微生物の栄養摂取と植物との関係 …………………… 8
　　（4）病原の証明 ……………………………………………… 9
　3．発　　　病 ………………………………………………… 9
　　（1）病原と宿主との遭遇 …………………………………… 9
　　（2）侵　　　入 ……………………………………………… 9
　　（3）感　　　染 ………………………………………………10
　　（4）発病と病徴 ………………………………………………10

III. 病　原　学 …………………………………………………11
　1．ウ イ ル ス ……………………………………(髙浪洋一)…11
　　（1）ウイルスとは ……………………………………………11
　　（2）形態，構造，組成 ………………………………………13
　　（3）ウイルスの分類と命名 …………………………………15
　　（4）感染と増殖 ………………………………………………17

（5）精製と定量 …………………………………………………… 24
　　（6）検出，診断，同定法 ………………………………………… 26
　2．ウイロイド ……………………………………………(難波成任)… 28
　　（1）ウイロイドとは ……………………………………………… 28
　　（2）構造・複製 …………………………………………………… 28
　　（3）分　　類 ……………………………………………………… 30
　3．ファイトプラズマ ……………………………………(難波成任)… 31
　　（1）分　　類 ……………………………………………………… 33
　　（2）形態と感染・増殖・生活環 ………………………………… 33
　　（3）ゲノムと染色体外 DNA …………………………………… 34
　　（4）検出，診断，同定 …………………………………………… 34
　　（5）スピロプラズマと難培養性原核微生物 …………………… 35
　4．細　　　　菌 ……………………………(陶山一雄，羽柴輝良)… 38
　　（1）分　　類 ……………………………………………………… 38
　　（2）構造と機能 …………………………………………………… 41
　　（3）培養・増殖 …………………………………………………… 48
　　（4）変　　異 ……………………………………………………… 49
　　（5）細菌が生産する生理活性物質 ……………………………… 51
　5．菌　　　　類 …………………………………………(百町満朗)… 55
　　（1）分類と同定 …………………………………………………… 55
　　（2）新しい分類方法 ……………………………………………… 65
　　（3）遺伝と進化 …………………………………………………… 67
　　（4）生育と代謝生理 ……………………………………………… 68
　6．そ　の　他 ……………………………………………(百町満朗)… 69
　　（1）寄生性顕花植物 ……………………………………………… 69
　　（2）線　虫　類 …………………………………………………… 69
　　（3）非 伝 染 病 …………………………………………………… 70

IV．発 生 生 態 ……………………………………………………… 71
　1．発生の仕組み …………………………………………(髙浪洋一)… 71
　2．ウイルス病の発生生態 ………………………………(髙浪洋一)… 71
　　（1）伝　　染 ……………………………………………………… 71

（2）発 生 と 環 境 ……………………………………………………… 77
　3．ウイロイド病の発生生態 ……………………………………（奥田誠一）… 78
　　（1）伝　　　染 …………………………………………………………… 79
　　（2）発 生 と 環 境 ……………………………………………………… 79
　　（3）ウイロイドの検出 …………………………………………………… 79
　4．ファイトプラズマ病の発生生態 ……………………………（奥田誠一）… 80
　　（1）伝　　　染 …………………………………………………………… 80
　　（2）発 生 と 環 境 ……………………………………………………… 81
　5．細菌病の発生生態 …………………………………（陶山一雄，羽柴輝良）… 82
　　（1）生 態 研 究 法 ……………………………………………………… 82
　　（2）生活環と伝染環 ……………………………………………………… 85
　　（3）病原性発現機作 ……………………………………………………… 88
　　（4）拮 抗 微 生 物 ……………………………………………………… 90
　6．菌類病の発生生態 ……………………………………………………… 94
　　（1）空気伝染病の発生生態 ……………………………………（柘植尚志）… 94
　　（2）土壌伝染病の発生生態 ……………………………………（百町満朗）…104
　7．発　生　予　察 …………………………………………（羽柴輝良）…112
　　（1）BLASTAM による葉いもちの予測 ………………………………113
　　（2）BLIGHTAS による紋枯病の予測 …………………………………114

V. 植物と病原体の相互作用 ……………………………………（柘植尚志）…115
　1．植物と病原体の相互作用における特異性 ……………………………115
　　（1）病原性の分化 …………………………………………………………115
　　（2）植物−病原体相互作用における特異性の遺伝学的背景 ……………117
　2．植物の病害抵抗性 ………………………………………………………118
　　（1）抵抗性に関する用語 …………………………………………………118
　　（2）病原体に対する抵抗性機構 …………………………………………119
　3．病原体の病原性 …………………………………………………………125
　　（1）宿主に侵入する性質 …………………………………………………126
　　（2）宿主の抵抗反応に打ち勝つ性質 ……………………………………128
　　（3）宿主を加害して発病させる性質 ……………………………………132

VI. 病気の診断と植物の保護 …………………………………… 134
1. 病気の診断 ………………………(難波成任, 髙浪洋一, 陶山一雄)… 134
    (1) 病　　徴 ………………………………………………… 134
    (2) 標　　徴 ………………………………………………… 140
2. 病気の診断法 ……………………………………(内藤繁男)… 141
    (1) 圃場診断 ………………………………………………… 141
    (2) 植物診断 ………………………………………………… 141
3. 植物の保護 ………………………………………………… 143
4. 植物衛生 …………………………………………………… 143
    (1) 圃場衛生 ………………………………………………… 143
    (2) 中間宿主の撲滅 ………………………………………… 144
    (3) 健全種苗の利用 ………………………………………… 144
5. 植物の防疫・検疫 ………………………………………… 144
    (1) 国際検疫 ………………………………………………… 144
    (2) 国内植物検疫 …………………………………………… 145
6. 病気の予防と防除 ………………………………………… 146
    (1) 耕種的防除 ……………………………………………… 146
    (2) 物理的防除 ……………………………………………… 149
    (3) 化学的防除 ……………………………………………… 150
    (4) 生物的防除 ……………………………………………… 152
    (5) バイオテクノロジーによる防除 ………………(難波成任)… 156

VII. 主要な植物病 …………………………………………………… 165
1. ウイルス病 ……………………………………(髙浪洋一)… 165
    (1) イネのウイルス病 ……………………………………… 165
    (2) ムギ類のウイルス病 …………………………………… 166
    (3) マメ類のウイルス病 …………………………………… 167
    (4) ジャガイモのウイルス病 ……………………………… 168
    (5) 野菜のウイルス病 ……………………………………… 168
    (6) 花類のウイルス病 ……………………………………… 170
    (7) タバコのウイルス病 …………………………………… 171
    (8) 果樹のウイルス病 ……………………………………… 171

　　　　　　　　　　目　　　次　　　　　　　　vii

　2．ウイロイド……………………………………(奥田誠一)…173
　　（1）カンキツエクソコーティス病……………………………173
　　（2）リンゴさび果病……………………………………………173
　　（3）ホップわい化病……………………………………………174
　3．ファイトプラズマ病……………………………(奥田誠一)…174
　　（1）イネ黄萎病…………………………………………………174
　　（2）ミツバてんぐ巣病…………………………………………175
　　（3）リンドウてんぐ巣病………………………………………175
　　（4）クワ萎縮病…………………………………………………175
　　（5）キリてんぐ巣病……………………………………………176
　4．細　菌　病………………………………(陶山一雄，羽柴輝良)…177
　　（1）イネ白葉枯病………………………………………………177
　　（2）イネもみ枯細菌病…………………………………………179
　　（3）ナス科作物の青枯病………………………………………180
　　（4）根頭がんしゅ病……………………………………………181
　　（5）トマトかいよう病…………………………………………183
　　（6）野菜類軟腐病………………………………………………185
　5．菌　類　病……………………………………………………186
　　（1）空気伝染病…………………………………(羽柴輝良)…186
　　（2）土壌伝染病…………………………………(百町満朗)…200
　6．その他の病害………………………………………(百町満朗)…210
　　（1）線　虫　類…………………………………………………210
　　（2）公　　　害…………………………………………………212
　　（3）貯蔵病害……………………………………………………212

図表引用文献・主要参考図書…………………………………………215
用語一覧表………………………………………………………………221
索　　　引………………………………………………………………231
　事項和文………………………………………………………………231
　事項欧文………………………………………………………………238
　病原和名………………………………………………………………244
　病原学名………………………………………………………………245

I. 序　　　論

1. 植物病理学とは

　植物の病気について，病気の原因を解明し（病原学，etiology），病気の発生条件，伝染方法を明らかにし（発生生態学，ecology，伝染病学，epidemiology），病原の病原性と宿主植物の抵抗性の機構，ならびに病原と植物との相互作用を追究し（感染生理学，physiological plant pathology），そして最終的に病気の防除対策を確立するのが植物病理学（plant pathology）である．主な対象は作物あるいは栽培植物であり，このためにまず農学を基礎とし，その上に，微生物学（菌学，細菌学，ウイルス学など），植物学（生理学，解剖学など），遺伝学，特に近年では分子生物学の応用が必須であり，その意味で植物病理学は応用科学あるいは総合科学的性格が強い．なお，農業上あるいは行政上は虫害と合わせて「病害虫」として一括され，その対策を担う農学の一分野として農薬学を含めて植物保護（plant protection）として扱われることも多いが，学術的には通常，害虫に関しては害虫学あるいは応用昆虫学で扱われる．

2. 農業生産と植物の病気

　人類が採集狩猟への依存から農耕牧畜文化に比重を移すにつれ，農業生産力は技術の進歩によって増大し，人口の増加を支え，人類社会と文化の著しい発展に貢献していった．その中で，人は野生の植物を改良して栽培植物をつくり出し，栽培方法を改良し，生産量を増大すると同時に，一方で新たな障害が現れた．その1つが植物の病気である．人類の文明史上，植物の病気が早くから出現していたことは想像に難くないが，それが「病気」としてその原因が正確にとらえられ，科学的に追究されるようになるには19世紀の近代科学の成立を待たねばならない．

　古代ローマの時代に穀物に障害―さび―が出て，それを収めるためにローマの人々は，自分たちが創ったさびの神 Rubigo に祈りを捧げた．752年5月末（太陽暦）に奈良の町に行幸した孝謙天皇が「……夏の野にわが見し草はもみじたり

けり」(万葉集巻 19) と詠んだヒヨドリバナの黄葉は，ウイルスによるものと考証されており，これは植物病の発生の日と場所が特定されるまれな古記録である．中世のヨーロッパでは貧しい農民が食べたライ麦のパンに麦角菌が混入していたために，「聖アントニウスの火」と呼ばれる深刻な病気の原因となり多くの人の命を奪った．19 世紀半ばに起こったアイルランドのジャガイモ大飢饉 (the potato famine) は冷夏と疫病によるものであったが，その病原が *Phytophthora infestans* という菌であることをド・バリ (deBary) が証明し，命名したのはその十数年後のこととなる．

日本では主穀である米の生産にとって，いもち病は常に脅威の 1 つであった．過去に何度も襲った凶作では気象条件に加えていもち病が常に大きく関与しており，この脅威は 21 世紀の現在でも十分には除かれていない．

3. 植物病理学の発展と展望

科学としての植物病理学は，植物病の主要な病原である菌類，細菌，ウイルスそれぞれについての研究分野が確立し成熟するにつれて進展してきた．まず植物分類学の基礎が確立されたのに続いて菌類分類学が発展し，それにやや遅れた細菌学は，当初は医学，獣医学分野の成果が植物病理学に応用されるケースが多かったが，一方で，タバコモザイクウイルスに関する研究のようにウイルス学をリードして他の分野に寄与した例も少なくない．植物病理学が十分に発展したと思われる 1967 年以降においても，マイコプラズマ様微生物 (ファイトプラズマ) とウイロイドというそれまで未知の新病原が発見され，新たな展開をみせている．

近年農業生産上も競争原理が強く反映し，消費者の多様なニーズに応えて新しい種類の作物，品種の導入が日常茶飯事になってきており，それはまた海外からの導入を意味することも少なくない．こうして新しい作物が栽培され始めると新たな病害が発生するのが常であり，その原因の解明と防除法を迅速に確立することが常に求められている．

植物病理学の最終的な目的である防除法については，産業としての農業が生産性を第一とした時代から大きく変遷し，現代では特に環境に与える負荷の小さな防除法が強く求められており，今後ますますこの方向が希求されるのは必至である．それとともに，農学，自然科学の他の分野と協力して，増大する地球人口に十分な食糧を，しかも安全な食品として，充足できるよう努めねばならない．

II. 病気とその成立

1. 植物の病気

(1) 病気とは

植物の正常な生理活動，すなわち呼吸，光合成，通導，蒸散，栄養成長，開花結実などが，植物にとって不利な条件や病原微生物によって阻害されたとき，植物は病気になり，部分的に，あるいは全身的に機能が低下し，あるいは形態上の異常をきたし，生育が悪くなり，病気の進行によっては枯死に至る．病原微生物は植物組織に侵入し，植物から栄養を摂取して増殖し，酵素，毒素，植物ホルモンなどを分泌して植物組織を傷める．うどんこ病のように病原が主として植物表面を覆う場合でも，植物は光合成が著しく阻害され生育が不良になる．

農作業などによって植物の葉や枝が切られたような場合は，これによって病気に感染する機会が高まるが，一般には損傷（injury）として病気と区別する．

(2) 病名と病原名

病名は，イネいもち病，トマト青枯病，リンゴ高接病などのように表される．病原については，細菌と菌類の学名は，*Agrobacterium tumefaciens*，*Pseudoperonospora cubensis* などのように，一般には高等生物と同じく，種を二命名法で表すが，種の中に病原性に関する変異があるときには，*Fusarium oxysporum* f. sp. *lycopersici*（分化型）や *Pseudomonas syringae* pv. *coronafaciens*（病原型）のように三命名法で表す．ウイルスとウイロイドは *Cucumber mosaic virus* や *Potato spindle tuber viroid* のように二命名法とは異なる種名（学名）で呼ばれる．ファイトプラズマは培養ができないため，正規の学名が与えられていないが，暫定的な種名が提案されている．

一般には一病名に対して一病原が対応するのを原則とするが，例外もある．各種作物のウイルス病はモザイク病あるいはウイルス病と称されることが多いが，このような場合は1つの病名に複数の病原が対応することになる．イネ苗立枯病では病原として少なくとも13種の菌類が記載されている．逆に，根頭がんしゅ病や白絹病など宿主範囲の広い病気では，一病原が宿主ごとにつけられたいくつ

もの病名と対応する．

(3) 病気による被害

被害は主として収穫量の減少として示されるが，品質の低下など質的な被害もあり，さらにはかび毒のように食物に付着混入して人や家畜に直接害を与える場合も含まれる．作物の病気による被害は，慢性的なものと，特定の年にある病気が異常に発生したために大きな被害をもたらす場合とがある．過去にも歴史に残るような大きな被害があったことがさまざまな作物で知られており，そのような場合，大発生により病原密度が高まり，その後に影響を残すことが多い．また，従来知られていなかった新しい病気が発生し，その原因を究明し対策を立てる間もなく，突発的に大きな被害をもたらすケースも少なくない．植物病による被害は圃場においてのみ見られるとは限らず，収穫後，消費者の手に渡るまでの流通過程で，あるいは家庭で保存中にも発病することが，果物，野菜や穀物などでよく見られる．これを市場病害（market disease）あるいは貯蔵病害（postharvest disease）という．

表II.1 は，ある年の日本の水稲作における病気による被害の程度を，気象被害および虫害と比較して示したもので，いもち病と紋枯病による被害は，他の要因と比べても決して少なくない．この年の水稲の被害は概して平年よりわずかに少なめに推移しているが，異常な冷夏によりイネの凶作年であった 1993 年は，水稲の総被害面積が 530 万 ha，総被害量は 380 万 t，そのうち，冷害による被害量は 230 万 t で，それに対していもち病による被害量は 60 万 t であった．このような大きな被害は，冷害が予測されたため，通常の防除対策以上の努力をした

表II.1 2001 年度産水稲の被害（農林水産省統計情報部，2002 を一部改変）[1]

区　　分	被害面積(ha)	被害量(t)	被害率(%)	被害率対平年差 (ポイント)*
気象被害	1048000	283100	3.2	△ 2.2
虫　　害	516200	45700	0.5	△ 0.2
病　　害	871200	164400	1.9	△ 0.9
いもち病	337600	85200	1.0	△ 0.7
紋枯病	281300	45400	0.5	△ 0.1
その他	252300	33800	0.4	△ 0.1
総　　計	2546000	507700	5.8	△ 3.2

* 被害率の対平年差は，昭和 54（1979）年以降の異常値除外平均被害率との差を表す．△は減．

にもかかわらず生じたもので，農薬散布など防除対策を全くとらない場合には被害の規模は計りしれないものになると推定される．

特定の病気がある植物に被害をもたらすほど発生することを流行（epidemic）というが，野生植物の場合では流行にまで至らない．この主な原因は，第一に栽培植物，すなわち作物と野生植物の遺伝的多様性の違いによるものであり，第二にそれぞれが生育する個体群の密度によるものである．栽培植物は農産物生産のために特定の目的をもって改良された植物であり，遺伝的均一性をもった品種単位に，通常は植え付けから収穫まで一定の作型に沿って，経済性を保つ規模で栽培される．野生植物では自然に生ずるさまざまな変異をもち，病原に対する抵抗性も多様であり，自然に分散した群落を形成して生育する．このことが病気の発生に決定的な差異を生む．

2. 病　　　原

(1) 病原の種類

植物病はまず伝染性の病気と非伝染性の病気に分けられる．伝染性の病気（infectious disease）はさまざまな病原体の感染によって起こり，ある作物の栽培群の中で最初の発生点から徐々に周辺に拡大してゆく．宿主範囲の広い病気の場合は雑草を含む周囲の宿主にも広がりつつ伝染環を形成する．

非伝染性の病気（non-infectious disease）は化学的または物理的要因によって起こり，生理病（physiological disease）とも呼ばれ，その原因の影響を受けた一帯の植物に，程度の差はあっても，一斉に障害が生じるのが普通で，植物体の周りにあるその原因が除かれるいずれ回復する可能性がある．

ⅰ）**伝染性病原**　　伝染性病原の主なものには，大きさ，核酸の分子量の小さいものから順に，ウイロイド，ウイルス，原核生物（ファイトプラズマ，細菌），菌類がある．他に，線虫や原生動物も植物の病原となる（表Ⅱ.2）．

a）**ウイロイド**：ウイロイド（viroid）は低分子（分子量約 10 万 Da）の RNA からなり，種類によってその塩基数と配列が異なるが，いずれもタンパク質を翻訳する配列をもたない，すなわち遺伝情報をもっていない．その意味で，ウイロイドは感染因子とも呼ばれる．

b）**ウイルス**：ウイルス（virus）は細胞という形をもたないので非生物であるが，ウイルス核酸は―DNA の場合でも RNA の場合でも―遺伝情報をもち，

表II.2 主要な植物病原の大きさ，核酸の性状とゲノムサイズの比較*

病原	形状と大きさ	核酸の性状とゲノムサイズ
<非細胞性>		
ウイロイド		
ホップスタントウイロイド	線状 50 nm	cir ssRNA 297 nt **
ウイルス		
タバコモザイクウイルス	棒状 300×18 nm	ssRNA 6.4 kb
イネ萎縮ウイルス	球状 径80 nm	dsRNA 26 kbp
<原核生物>		
モリキュート		
ファイトプラズマ	多形性単細胞 300(80～800)nm	dsDNA 0.5～1 Mbp
一般細菌		
イネ白葉枯病細菌	桿菌状 2×1 μm	dsDNA 5 Mbp
<真核生物>		
菌類	(分生胞子)	
イネいもち病菌	洋ナシ型 20～25×10 μm	dsDNA 38 Mbp

* ここではそれぞれの病原について，大きさとゲノムサイズのおおよその目安となるような例を示してある．
** ウイロイドRNAは通常のゲノム機能をもたないが，ここでは比較のため単純にヌクレオチド数で示した．

そのはたらきは生物のゲノムと本質的に変わるところがないこと，また，同じ遺伝子をもったウイルスを複製することから，広く病原「微生物」として認められている．

c) 原核生物：原核生物（prokaryote）は，二分裂によって増殖する単細胞性の生物であり，生物の中で最も小さく，なかでもファイトプラズマ（phytoplasma）を含むモリキュート（mollicute）は自己増殖する最小の微生物といわれる．モリキュートとグリーニング病原体など原核生物の一部は篩部または木部に局在し，一般の培地では培養が不可能か，または困難であるため難培養性原核生物（fastidious prokaryote）として一括される．難培養性原核生物と一般細菌はともに原核生物に属し，系統的にも近縁であるが，大きさや植物体内所在に違いがあるだけでなく，それぞれが引き起こす植物病には，病徴や伝染方法などに大きな違いがあるので，植物病としてみる場合には区別するほうがよい．原核生物のうち一般細菌（狭義の細菌）はいわゆるバクテリア（bacterium）の仲間で，植物病原の中では一般に腐生的に生存しうる力が強いとされている．原核生物では，しばしばゲノムDNAのほかに染色体外DNA（extrachromosomal DNA）あるいはプラスミド（plasmid）と呼ばれる遺伝子が含まれており，これらが病原性

や薬剤耐性などと関わる機能をもっている例が多く知られる．

　d）　**菌類**：菌類（fungus）は真核生物（eukaryote）に属し，変形菌（粘菌）と真菌が含まれる．特に真菌は分類上も多岐にわたり植物病原として最大のグループを形成する．菌類は菌糸片あるいは単胞子が最小の繁殖単位（propagule）をなすものが多いが，通常は多細胞の個体群として存在する．菌類には無性的な世代と有性的な世代をともにもつものと，無性的にのみ増殖するものとがあり，いずれにせよ原核生物にはみられない複雑な生活環（life cycle）をもち，それが植物病の発生生態と密接に関連する．

　e）　**線虫**：線虫（nematode）は線形動物門に属し，植物寄生性線虫と呼ばれるやや小型のものがさまざまな病気を起こすほか，一部ウイルス病を媒介する．

　f）　**原生動物**：原生動物（protozoa）は熱帯で一部の植物病を起こすが，日本では未発生であるので本書では扱わない．

　g）　**昆虫・ダニ**：植物寄生性の昆虫，ダニについては本書では植物病原としては扱わないが，いずれも線虫と同様に，植物ウイルス病の媒介者として重要なものが多く含まれる．

　h）　**その他**：ヤドリギ，ネナシカズラ，ハマウツボなど寄生性高等植物による病気も少なくない．

　微生物の大きさとゲノムサイズ：病原微生物は光学顕微鏡あるいは電子顕微鏡でようやくその個体を確認できる大きさで，植物細胞よりはるかに小さく，その中に収められる遺伝子—DNA，あるいはRNA—のサイズには制約があり，したがって遺伝情報の量に限りがある．その制約の中で，宿主を識別し，感染し，発病させるために必要最小限の遺伝情報を巧みに備えている．表Ⅱ.2には植物病の主要な伝染性病原について，大きさ，および核酸の性状とゲノムサイズを示してある．

　ⅱ）　**非伝染性病原**　　植物にとって不利な条件が限度を越すと植物は病気になる．気象条件あるいは栽培条件，地上環境と土壌環境を含めて病気の原因となる環境条件はさまざまであるが，以下のようなものがある．

　温度，湿度，水分，光，酸素，栄養，pH などの過不足．空気，水，土壌の化学物質による汚染．薬害．

（2）　主因と誘因

　病気の原因である病原が主因であり，発生程度，被害の程度に影響する環境条件および栽培条件を誘因という．宿主となる植物は，病原の病原性または非病原

力遺伝子と呼応した抵抗性遺伝子の有無で抵抗性が異なり，それを素因といい，これら三者の総合的な結果として発病程度が決まってくる（Ⅳ章（71頁）参照）．

(3) 微生物の栄養摂取と植物との関係

　植物の病原となりうる微生物はすべて光合成能をもたない従属栄養型の生物で，栄養摂取の方法からみると寄生，共生あるいは腐生いずれかの生活様式をとっている．このうち，病気が成立しているときは病原と宿主植物との関係は寄生関係にあり，大きく絶対寄生と非絶対寄生とに分類される．

　ⅰ) **絶対寄生**（純寄生，obligate parasitism）　生きている宿主生物からのみ栄養を摂って増殖できるものであり，死んだ生物からは栄養を摂れず，したがって宿主が死んだり，宿主を離れた場合は，増殖できず長くは生存できない．ウイロイド，ウイルス，ファイトプラズマのすべてとネコブカビ菌（変形菌）は宿主の生きた細胞内（細胞質あるいは篩管細胞）に寄生してしか増殖できない絶対寄生者であり，べと病菌，うどんこ病菌，さび病菌など菌類の一部は吸器を生きた細胞内に差し込んで栄養をとる絶対寄生者である．これらはいずれも本質的に宿主生物の生細胞に依存して生存しているため，培地上での培養は不可能か非常に困難である．

　ⅱ) **非絶対寄生**（non-obligate parasitism）　生きた宿主または死んだ生物，あるいは有機物などのいずれからも栄養を摂って増殖できるもので，比較的簡単な培地で培養できる．感染後，自身が出す毒素や酵素によって宿主組織を殺し，そこから栄養を摂取することを特に殺生と呼ぶ．多くの植物病原はライフサイクルの大部分を主として寄生者として過ごすが，条件によっては腐生者として生活することができ，これを条件的腐生（facultative saprophytism）と呼ぶ．逆に，平常は腐生者として生活しているが，条件によっては寄生者に転ずるものがあり，これを条件的寄生（facultative parasitism）という．例えば，イネ苗立枯病菌が軟弱に育った箱育苗のイネ苗で寄生性を示すように，多くは植物が弱った条件で発生する．果物や野菜の貯蔵病害にもこの傾向がみられる．

　病原性のない微生物では常に腐生（saprophytism）的な生活を送るものが大部分で，それらは死んだ動物や植物の分解者として自然界の物質交代に大きな役割を果たしている．また，生きた宿主に依存した微生物の栄養摂取法の中で，宿主に悪影響を与えないか，あるいはなんらかの利益を与える場合を特に共生（symbiosis）と呼ぶことがあり，マメ科植物の根粒細菌など一部の微生物で認められる．しかし，寄生と共生の境は明瞭ではなく，病気が成立するために一時的にも

(4) 病原の証明（コッホの原則）

病気にかかった生物から分離されたある微生物が，その病気の真の原因であることを証明する際の規範とされるのがコッホの原則（Koch's postulates）である．発病した組織には，病原の他に二次的に定着した非病原性の微生物が生息していることが多いので，それらを排除し，正しい病原を特定するための要件として用いられる．それを満たすための項目は以下のとおりである．

① その微生物がその病気にいつも関わっていること．② その微生物を純粋培養し，③ 健全植物に接種したとき，元と同じ病徴が再現されること．④ その再現された病植物から同一の微生物が再分離されること．

これらは元来培養可能な微生物を念頭において約束されたもので，培養不可能なものではこの原則がそのままでは適用できない．その場合は ② の項目について，さび病菌やうどんこ病菌など培養不可能な一部の菌類では単胞子を用いることによって，ウイルスでは精製したウイルスを用いて病原の証明に代えている．さらに，ファイトプラズマやグリーニング病原体では，培養が不可能な上分離精製も困難であるため，その特異的遺伝子を確認することで病原の証明に代えている．

3. 発病

(1) 病原と宿主との遭遇

伝染性の病気の第一歩は，まず病原と植物が遭遇することであり，病原が一定の場所に生息しあまり移動の可能性がない場合と，なんらかの方法によって病原が植物まで運ばれる場合とがある．前者では，土壌病害に例が多く，病原が耐久体として長期間にわたって生存し，そこに作物が栽培されたときに感染の機会が訪れる．後者にはさまざまなケースがあり，空気あるいは風，水，昆虫に運ばれる場合，種子や苗そのものが病気を隠しもっている場合，農作業や流通の際に期せずして運ばれる場合などがある．

(2) 侵入（invasion）

植物の表皮の構造と病原の侵入：植物の表面は大部分がクチクラ（角皮，cuticle）と呼ばれる硬い層で覆われているため，病原が宿主植物と最初に接触したときに，第一の関門となる．クチクラは，ワックス（wax），クチン（cutin）とそれらの

複合体が層をなしていて，その下にセルロース (cellulose) とペクチン (pectin) からなる細胞壁をもつ表皮細胞がある．イネいもち病菌のように一部の病原菌ではこのクチクラに穴を開けて直接侵入することができ，これを角皮侵入という．植物組織が直接外とつながっているのは気孔 (stoma)，皮目 (lenticel)，水孔 (hydathode)，蜜腺 (nectarthode) などでそれらは自然開口部と呼ばれ，これらを通して侵入する病原がある．傷口（風雨，昆虫の食害，農作業などによる傷，植物の成長に伴ってできる傷）がある場合は，多くの病原が侵入可能となり，大きな被害に結びつく可能性が高い．植物で最も軟弱な部分の1つである雌ずい柱頭からの侵入では直接花や幼果に発病する．その他，昆虫などが植物を食害するときに病原を植物組織に入れてしまうケースも，特にウイルス病では重要である．

(3) **感染** (infection)

病原が植物組織に侵入し，定着して一定の増殖が可能になると，病原は寄生的な相に入り，植物は宿主 (host) の立場になって感染が成立する．病原の宿主植物での所在は病原によって異なり，細胞内寄生と細胞外寄生（細胞間隙など），柔組織と維管束（導管と篩管）での非局在と局在，などによって病気の様相に違いが認められる．

(4) **発病と病徴**

病原が侵入してから植物に病徴 (symptom) が表れるまでには通常多少の時間が必要であり，それを潜伏期間 (incubation period) という．病徴には肉眼またはルーペで認められる外部病徴と，顕微鏡ではじめて認められる内部病徴とがある．病徴の表れ方や消長によって急性，慢性，潜在または潜伏などがあり，一時的に病徴が消失することを特にマスキング (masking) と呼ぶ．植物の全身に表れるのは全身病徴で，部分的に出る病徴は局部病徴という．

多くの菌類病と細菌病では，ある程度病気が進行すると病斑部に増殖した病原の集合体が認められ，これを標徴 (sign) と呼び，診断の際の有力な手がかりとなる．

III. 病　原　学

1. ウイルス

(1) ウイルスとは

　ウイルスは，その宿主生物によって植物ウイルス，動物ウイルス，細菌ウイルスなどに分けられる（表Ⅲ.1）．これらのウイルスの大部分は植物の生育異常を引き起こし，農作物の経済的価値を損なう．最初に研究された植物ウイルスは，タバコにモザイク病を生じる病原体，タバコモザイクウイルス（*Tobacco mosaic virus*; TMV）である．オランダのバイエリンク（Beijerinck, 1898）は，この病原体が素焼陶器製の細菌濾過器を通り抜けることから，これが細菌ではなく，"伝染性の毒液"であるとした．この病原体は"濾過性病原体"または毒液の意味をもつ"ウイルス（virus）"と呼ばれるようになり，ウイルスという言葉と概念の起源となった．ウイルスは次のような基本的特性をもつといえる．

　① ウイルスは生きた細胞でのみ増殖可能である．これは，ウイルスがタンパク質合成系やエネルギー生産系などの生物のもつ基本的な代謝機能をもたないので，それらを宿主生物に依存しなければならないことに基づくものである．

　② ウイルス粒子はRNAまたはDNAのいずれか一方の核酸と，それを包むタンパク質（外被タンパク質，coat protein）から構成され，複雑なウイルスではさらに宿主細胞由来の外膜をかぶっていることもあり，二分裂増殖はしない．

表Ⅲ.1　ウイルスの宿主による分類

ウイルス (virus)	動物ウイルス (animal virus)	脊椎動物ウイルス (vertebrate virus)
		無脊椎動物ウイルス (invertebrate virus) ……… 昆虫ウイルス (insect virus)
	植物ウイルス (plant virus)	種子植物ウイルス (seed plant virus)
		藻類ウイルス (algae virus)
		菌類ウイルス (fungal virus, mycovirus)
	細菌ウイルス (bacteriophage)	

注）ウイルスの中には植物と動物（昆虫）の両者を宿主とするものがある．

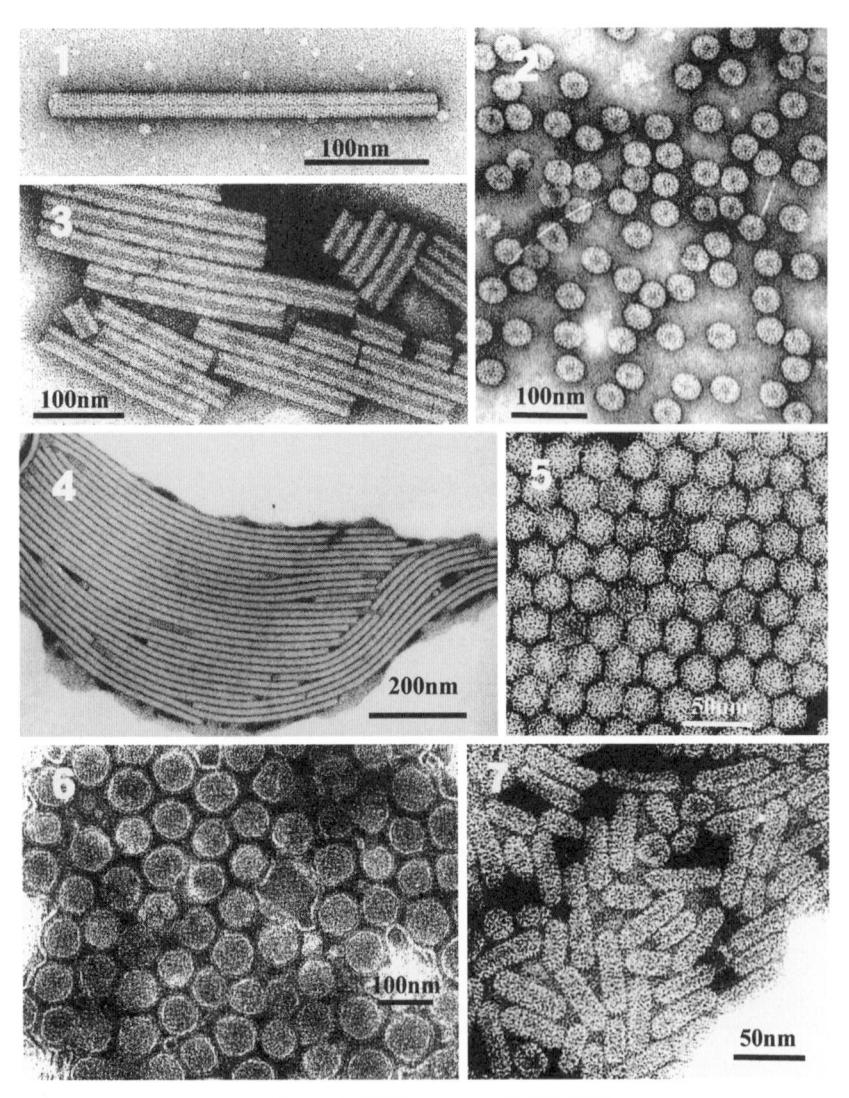

図Ⅲ.1 各種植物ウイルスの電子顕微鏡像

1.タバコモザイクウイルス(*Tobamovirus* 属)，2.キュウリモザイクウイルス(*Cucumovirus* 属)，3.タバコ茎えそウイルス(*Tobravirus* 属)，4.ジャガイモ Y ウイルス (*Potyvirus* 属)，5.ジャガイモ葉巻ウイルス(*Luteovirus* 属)，6.トマト黄化えそウイルス(*Tospovirus* 属)，7.アルファルファモザイクウイルス(*Alfamovirus* 属) (髙浪原図)

③ ウイルスは通常の微生物よりさらに微小であり，電子顕微鏡を用いてようやくその姿を観察することができる．

ウイルスは生物か無生物かという疑問がもたれることがしばしばある．前述したウイルスの特性の①と②は，現在の生物の概念に当てはまらないが，核酸の複製によって増殖し，諸性質が遺伝する点ではまさしく生物的であるといえる．

(2) 形態，構造，組成

i) 形態と構造　植物ウイルス粒子（virus particle，ビリオン，virion）の形態は，棒状（rod-shaped），ひも状（filamentous），球形（spherical）ならびに双球状や桿菌状などの特殊な形態のウイルスに大別される（図III.1）．ウイルス粒子は遺伝子としての核酸が外被タンパク質に包まれたものであり，その大きさは直径17 nmの小球状ウイルスから長さ2 μmに達するひも状のものまでさまざまである．棒状およびひも状ウイルス粒子の基本構造はらせん型であり，TMVの場合は300 nm×18 nmの棒状構造で，約2120個の分子量17200の外被タンパク質の小単位（subunit）がRNAを中心にしてらせん状に円筒を形成していて，中心は径40 Åの中空となっている（図III.2）．ひも状ウイルスにおいては，らせん構造の1周当たりのタンパク質サブユニット数はタンパク質の形態と電気的結合の性質により決まり，粒子の長さは核酸の長さにより決まる．

球状ウイルスでは外被タンパク質のサブユニットが数個集まって形態単位（キャプソメア，capsomere）を形成し，これが規則正しく対称的に並んで正二十面体状の外殻（キャプシド，capsid）を形づくっている（図III.3）．ウイルス核酸は外

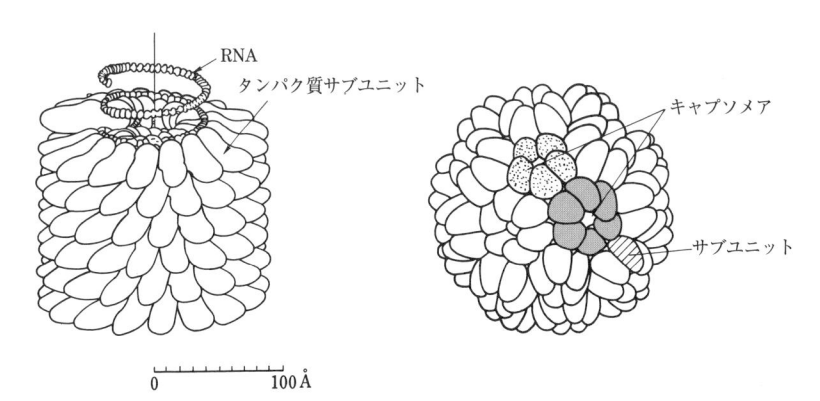

図III.2　タバコモザイクウイルスの構造モデル
(Klug and Casper, 1960)[2]

図III.3　*Turnip yellow mosaic virus* の構造モデル
(Finch and Klug, 1966)[3]

殻に包まれた内部に位置し，このキャプシドと核酸を含めてヌクレオキャプシド（nucleocapsid）と呼ぶ．

　ⅱ）組　成　　米国のスタンレー（Stanley, 1935）はTMVを結晶性のタンパク質として分離・精製することに成功し，その翌年英国においてTMVはRNAを含む核タンパク質であることが明らかにされた．ウイルスは基本的には核酸と外被タンパク質からなり，植物ウイルスでは核酸としてRNAをもつものが多いが，DNAをもつウイルスも数種類知られている．植物ウイルスの中には脂質の外膜をもつものがあり，それらはある種の動物や昆虫のウイルスと起源を同じにするウイルスである．植物ラブドウイルスや植物レオウイルスではウイルス粒子の中にRNA複製酵素を含んでいる．

　植物ウイルスでは，ウイルス遺伝子として一本鎖RNAを有するウイルスが約70％を占め，それ以外のウイルスは二本鎖RNA，一本鎖DNAあるいは二本鎖DNAのいずれか1種類をもっている．

　ウイルスの感染・増殖に必要な一組のウイルス遺伝子をウイルスゲノムと呼ぶ．TMVでは1個のウイルス粒子が1分子の核酸をもっていて，単一ゲノムウイル

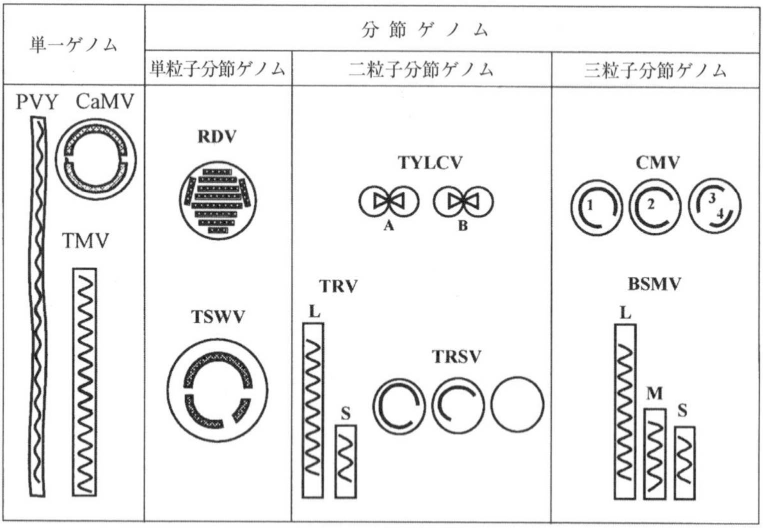

図Ⅲ.4　ウイルス粒子内におけるゲノムの分布様式（高橋，1988を改変）[4]
BSMV：ムギ斑葉モザイクウイルス，CaMV：カリフラワーモザイクウイルス，CMV：キュウリモザイクウイルス，PVY：ジャガイモYウイルス，RDV：イネ萎縮ウイルス，TMV：タバコモザイクウイルス，TRSV：タバコ輪点ウイルス，TRV：タバコ茎えそウイルス，TSWV：トマト黄化えそウイルス，TYLCV：トマト黄化葉巻ウイルス

スと称されるが，多くのウイルスでゲノムが複数の核酸分子から構成されている場合があり，これを分節ゲノム（segmented genome）と呼んでいる．これは一般の生物細胞のゲノムが複数の染色体に分かれていることと類似している．

　分節ゲノムウイルスは，図Ⅲ.4 に示すようにさらにいくつかの種類に分けられる．分節ゲノムが 1 個のウイルス粒子内に一組存在する場合を単粒子分節ゲノム，2 種のウイルス粒子に分かれている場合を二粒子分節ゲノム，3 種の粒子に分かれている場合を三粒子分節ゲノムという．このように分節ゲノムが複数の粒子に分配されている場合，多粒子性ウイルス（multipartite virus）とも呼ばれる．このようなウイルスでは，感染・増殖に必要な遺伝情報が複数のウイルス粒子に分かれて存在するため，これらの粒子がそろって 1 個の宿主細胞に侵入した場合に感染が成立する．

(3) ウイルスの分類と命名

ⅰ) 分類　　植物ウイルスは，世界では約 1000 種類近く，わが国では約 300 種類の存在が報告されている．これらの植物ウイルスを分類・命名する試みは 1930 年頃から行われ，いくつもの分類法が提案されてきたが，広く定着するに至らなかった．1966 年には，国際ウイルス分類委員会（International Committee for Taxonomy of Virus; ICTV）が発足し，国際的基準確立のための活動が始められた．ICTV は，動物ウイルスを含めたすべてのウイルスについて国際的に統一したラテン名を用いた科（family），属（genus），種（species）などの階級分類（hierarchical classification）と命名を目指し，ウイルス粒子の形態，構造，ゲノム組成などの物理，化学的性質を基準とする宿主を越えた分類が進められている．植物ウイルスについては ICTV の分科会として，植物ウイルス分科会（Plant Virus Subcommittee; PVS）が設置されていて，近年のウイルス遺伝子解析の進展などに伴って上記の階級分類が進められ，この方式が定着しつつある．ICTV の 7 次報告には，植物ウイルスとウイロイドを含めて 17 科 79 属 951 種が収録されている（図Ⅲ.5）．ただし，TMV のように主要なウイルスでも，まだその所属する科が決定されていないウイルスがかなり残されている．

ⅱ) 命名と表記　　上記の属には，それぞれタイプ（代表）のウイルスが定められている．属名にはタイプウイルスの種名を短縮して造語されたものが多い．例えばトバモウイルス（*Tobamovirus*; *Tobacco mosaic virus*），ククモウイルス（*Cucumovirus*; *Cucumber mosaic virus*）などである．植物ウイルス名は，ウイルスが最初に発見された宿主植物名と主な病徴とを組み合わせて命名されることが多

dsDNA(RT)

Caulimoviridae　　100nm
- Caulimovirus属　カリフラワーモザイクウイルス
- "CsVMV-like"　Cassava vein mosaic virus
- "PVCV-like"　ペチュニア葉脈透過ウイルス
- "SbCMV-like"　ダイズ退緑斑紋ウイルス

- Badnavirus属
  - Commelina yellow mottle virus
  - "RTBV-like"
  - Rice tungro bacilliform virus

ssDNA

Geminiviridae
- Mastrevirus属　Maize streak virus
- Curtovirus属　Beet curly top virus
- Begomovirus属　Bean golden mosaic virus

- Nanovirus属
  - Subterranean clover stunt virus

dsRNA

Reoviridae
- Fijivirus属　Fiji disease virus
- Oryzavirus属　イネラギッドスタントウイルス
- Phytoreovirus属　Wound tumor virus

Partitiviridae
- Alfacryptovirus属　シロクローバー潜伏ウイルス1
- Betacryptovirus属　シロクローバー潜伏ウイルス2

- Varicosavirus属　レタスビッグベインウイルス

ssRNA(-)

Rhabdoviridae
- Cytorhabdovirus属
  - Lettuce necrotic yellows virus
- Nucleorhabdovirus属
  - Potato yellow dwarf virus

- Tenuivirus属　イネ縞葉枯ウイルス

Bunyaviridae
- Tospovirus属
  - トマト黄化えそウイルス
- Ophiovirus属
  - Citrus psorosis virus

ssRNA(+)　単一ゲノム球状粒子

Tombusviridae
- Tombusvirus属　トマトブッシースタントウイルス
- Aureusvirus属　Pothos latent virus
- Avenavirus属　Oat chlorotic stunt virus
- Carmovirus属　カーネーション斑紋ウイルス
- Dianthovirus属　Carnation ringspot virus
- Machlomovirus属　Maize chlorotic mottle virus
- Necrovirus属　タバコネクロシスウイルスA
- Panicovirus属　Panicum mosaic virus

- Marafivirus属　Maize rayado fino virus
- Sobemovirus属　インゲンマメ南部モザイクウイルス
- Tymovirus属　Turnip yellow mosaic virus

Luteoviridae
- Luteovirus属　オオムギ黄萎ウイルス-PAV
- Enamovirus属　Pea enation mosaic virus
- Polerovirus属　ジャガイモ葉巻ウイルス

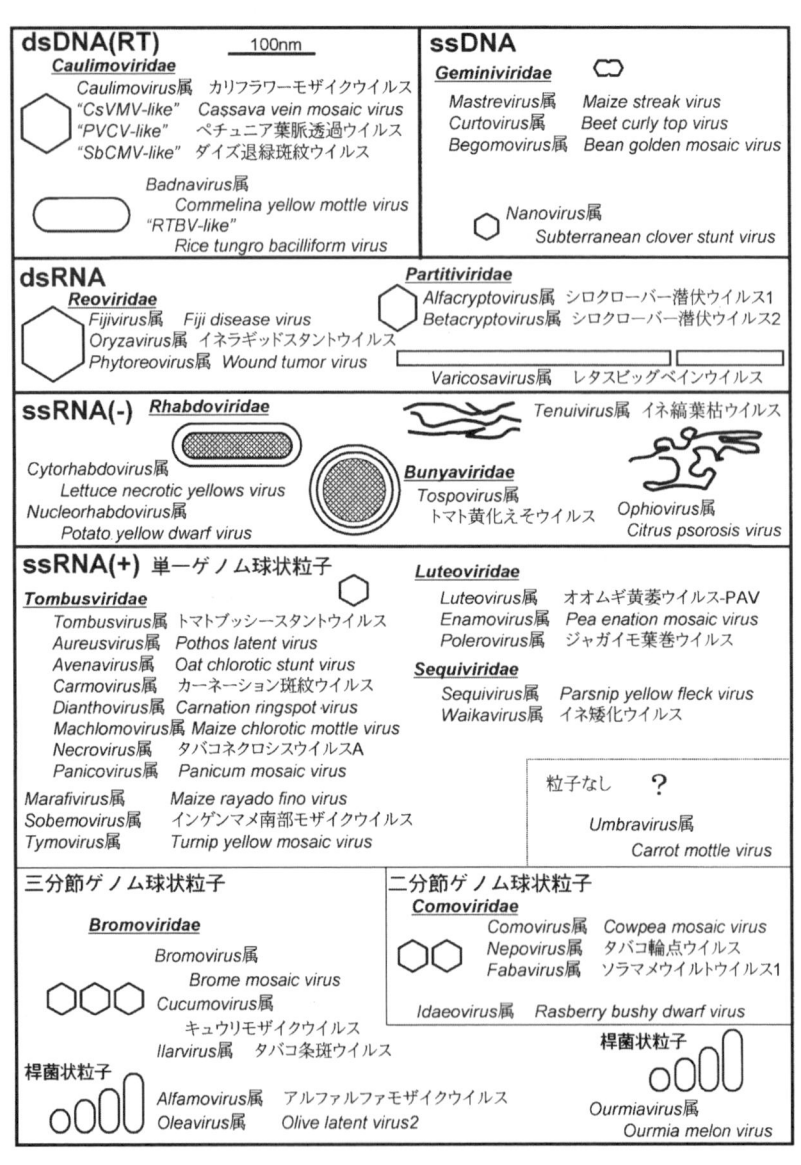

Sequiviridae
- Sequivirus属　Parsnip yellow fleck virus
- Waikavirus属　イネ矮化ウイルス

粒子なし　？
- Umbravirus属
  - Carrot mottle virus

三分節ゲノム球状粒子

Bromoviridae
- Bromovirus属
  - Brome mosaic virus
- Cucumovirus属
  - キュウリモザイクウイルス
- Ilarvirus属　タバコ条斑ウイルス

桿菌状粒子
- Alfamovirus属　アルファルファモザイクウイルス
- Oleavirus属　Olive latent virus2

二分節ゲノム球状粒子

Comoviridae
- Comovirus属　Cowpea mosaic virus
- Nepovirus属　タバコ輪点ウイルス
- Fabavirus属　ソラマメウイルトウイルス1

- Idaeovirus属　Rasberry bushy dwarf virus

桿菌状粒子
- Ourmiavirus属
  - Ourmia melon virus

（次ページに続く）

図Ⅲ.5　植物ウイルスの分類

分節ゲノム棒状粒子

- *Tobamovirus*属　タバコモザイクウイルス（単一ゲノム）
- *Tobravirus*属　タバコ茎えそウイルス
- *Furovirus*属　ムギ類萎縮ウイルス
- *Hordeivirus*属　ムギ斑葉モザイクウイルス
- *Pecluvirus*属　Peanut clump virus
- *Pomovirus*属　ジャガイモモップトップウイルス
- *Benyvirus*属　ビートえそ性葉脈黄化ウイルス

単一ゲノムひも状粒子

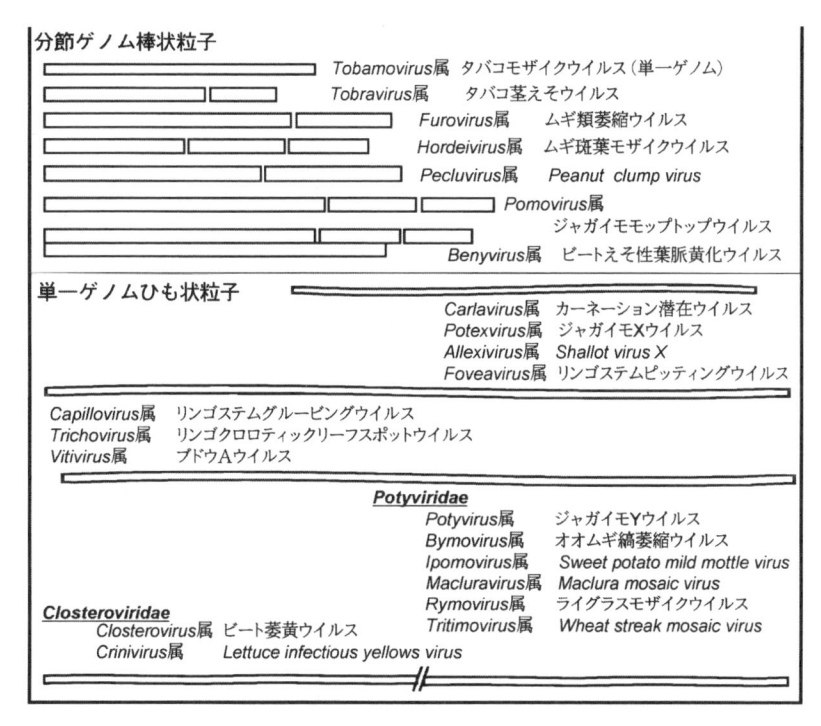

- *Carlavirus*属　カーネーション潜在ウイルス
- *Potexvirus*属　ジャガイモXウイルス
- *Allexivirus*属　Shallot virus X
- *Foveavirus*属　リンゴステムピッティングウイルス
- *Capillovirus*属　リンゴステムグルーピングウイルス
- *Trichovirus*属　リンゴクロロティックリーフスポットウイルス
- *Vitivirus*属　ブドウAウイルス

<u>*Potyviridae*</u>
- *Potyvirus*属　ジャガイモYウイルス
- *Bymovirus*属　オオムギ縞萎縮ウイルス
- *Ipomovirus*属　Sweet potato mild mottle virus
- *Maclura virus*属　Maclura mosaic virus
- *Rymovirus*属　ライグラスモザイクウイルス
- *Tritimovirus*属　Wheat streak mosaic virus

<u>*Closteroviridae*</u>
- *Closterovirus*属　ビート萎黄ウイルス
- *Crinivirus*属　Lettuce infectious yellows virus

注）ICTV 第7次報告（1999年）に基づく植物ウイルスの分類図．科（family）名には下線を付した．各属（genus）ごとにタイプメンバーのウイルス名を示し，わが国で未確認のウイルスは種名で表した．ss：一本鎖，ds：二本鎖．科に分類されていないウイルス属もあることに注意．

図Ⅲ.5　植物ウイルスの分類

い．現在，ICTVで公認されたウイルスの種名は，*Tobacco mosaic virus* のように最初を大文字として全体をイタリック表記とすることになっているが，ウイルスの命名と表記の方法はいまだ確立されているとは言えず，将来変更が加えられる可能性がある．また，*Tobacco mosaic virus* は TMV とするような略号が広く用いられている．わが国で発生が確認された植物ウイルスには和名もつけられているが，それ以外のウイルスでは原則として種名のみを用いることになっている．

(4) 感染と増殖

ⅰ) 感　染　植物ウイルスは自力でクチクラ層や細胞壁を貫通して植物細胞に侵入することはできないので，植物体表面上の傷や昆虫などの媒介生物の助けを借りて細胞内に侵入する．実験的には，カーボランダム（炭化ケイ素の粉末）などの研磨剤を植物に振りかけ，ウイルス液を摩擦（塗沫）接種（rub inoculation）することによって，多くのウイルスを接種の際にできる傷口から感染させることができる．人工接種が困難か，あるいは不可能なウイルスもあるが，このようなウイルスでも接ぎ木によって感染させることができる．

　細胞壁を酵素処理によって取り除いた裸の細胞，プロトプラスト（protoplast）の懸濁液（図Ⅲ.6）にTMVなどの精製ウイルスを加えて適当な条件下におくと，効率よくウイルスを感染させることが可能であり，ウイルスの感染・増殖の実験に広く用いられる．プロトプラストに取り込まれたウイルスは，外被タンパク質を脱いで（脱外被，uncoating），いったん消失する時期（暗黒期，eclipse phase）がある．接種の約6時間後には細胞内で新生ウイルス粒子が認められるようになる．

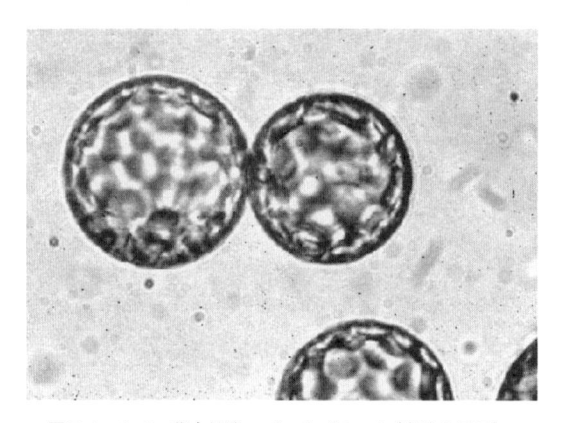

図Ⅲ.6　タバコ葉肉細胞のプロトプラスト（高浪ら原図）

ⅱ）増殖と移行　遺伝子として一本鎖のRNAをもつTMVの場合，細胞内に侵入したウイルス粒子は脱外被を行い，裸になったRNAはリボソームと結合してウイルスRNA複製酵素を合成する．この複製酵素によって大量の子孫ウイルスRNAが合成されるとともに，新たに合成されたウイルスRNAから外被タンパク質も合成されて，子孫のウイルス粒子が形成される．

　植物細胞はセルロースを主体とする頑丈な細胞壁で覆われており，隣り合う細胞間は原形質連絡（糸）（plasmodesmata）と呼ばれるごく細い通路で結ばれている．細胞内で増殖したウイルスはその通路を通って隣の細胞へ伝播していくが，それは単なる拡散ではなく，ウイルスがもつ遺伝情報によって合成される移行タンパク質（movement protein; MP）の助けが必要である．このような隣接する

細胞へウイルスが広がる過程を細胞間移行（cell-to-cell movement）と呼ぶ．さらに通導組織に達したウイルスが，篩部（phloem）を通って全身に広がっていく過程は，長距離移行（long-distance movement）といわれ，細胞間移行に比べて移行速度は速く，同化または代謝産物に伴う移行である．

また，プロトプラストを用いた実験によって，多くのウイルスが従来宿主とされていなかった植物の細胞で増殖が可能である例が多数報告された．葉組織では第一次感染細胞でウイルスが感染・増殖しても，それが隣接する細胞に広がっていかなければ，病徴が現れることもなく，その植物が感染したとは認識されない．これらの事実は，ウイルスの宿主範囲や宿主特異性が，ある植物における細胞間移行能の有無によって大きく影響を受けることを示している．

iii）**植物ウイルス遺伝子の種類と発現**　TMVをRNAと外被タンパク質に分離すると，RNAのみが病原性を示す．分離したRNAと外被タンパク質をある条件下で混合するとウイルス粒子が再構成される．異なる病徴を示すTMVの2つの系統のウイルス粒子から得たRNAと外被タンパク質を相互に取り換えて再構成させ，それらを植物に接種したときの病徴は，RNAが由来した系統と同じになる．この事実はウイルスの遺伝情報はRNAに存在することを証明したものである．

ウイルスに感染した細胞中では，ウイルス遺伝子の核酸に含まれる遺伝情報に基づいて，ウイルスの感染・増殖に必要な数種類のタンパク質が合成される．その過程はウイルス遺伝子の発現と呼ばれる．植物ウイルスは，遺伝子として一本鎖あるいは二本鎖のRNAあるいはDNAをもち，それぞれのウイルスごとに遺伝子発現の方法が異なる．また，一本鎖RNAの場合には，プラス（＋）鎖，マイナス（－）鎖あるいはアンビセンスRNA（ambisense RNA）の3種類が存在する．

植物ウイルスの多くは一本鎖の（＋）鎖RNAをゲノムとしてもち，このRNAはそれ自体で感染性がある．RNAが細胞内に入るとmRNAとして機能し，リボソームと結合してタンパク質を合成する．これに対して，mRNAと相補的な配列をもつRNAはマイナス鎖と呼ばれ，そのままでは感染性がない．遺伝子としてこのような（－）鎖RNAをもつラブドウイルス（*Rhabdoviridae*）科のウイルスの粒子内には，（－）鎖RNAから（＋）鎖RNAを転写するRNA転写酵素が含まれていて，（＋）鎖RNAが転写された後にウイルス感染が起きる．

近年，テヌイウイルス（*Tenuivirus*）属のイネ縞葉枯ウイルス（RSV），トスポ

ウイルス（*Tospovirus*）属のトマト黄化えそウイルス（TSWV）などでは，ウイルス粒子に含まれるウイルス鎖 RNA と，それから転写される相補鎖 RNA の両者がそれぞれ異なるタンパク質の mRNA として働くことが明らかにされ，このような RNA ゲノムをアンビセンス RNA と呼んでいる．

ファイトレオウイルス（*Phytoreovirus*）属のイネ萎縮ウイルス（RDV）は（＋）鎖と（－）鎖が二重らせんを形成した二本鎖 RNA をゲノムとしてもっているが，このような二本鎖 RNA は mRNA として働くことができないので感染性を示さない．そのため，RDV 粒子内には二本鎖 RNA の（－）鎖から mRNA として機能する（＋）鎖を転写するための RNA 転写酵素が含まれている．

iv）　**（＋）一本鎖 RNA ウイルスの遺伝子発現**　植物ウイルスの遺伝子発現様式はウイルスによってさまざまである．ここでは，一本鎖の（＋）RNA ゲノムをもつウイルスを例として説明する．一般生物の mRNA には，その塩基配列によって規定されたアミノ酸配列をもつタンパク質に翻訳される領域があって，1つのタンパク質に対する翻訳領域を ORF（open reading frame，読み取り枠）と呼ぶ．翻訳は開始コドン（AUG）に始まり，終止コドンで終了する．ウイルス RNA でも基本的構造は同じである．

TMV の RNA は約 6400 のヌクレオチドからなり，感染細胞内では 183 kDa, 126 kDa, 30 kDa および 17.5 kDa のウイルスタンパク質を合成する．このうち，183 kDa および 126 kDa のタンパク質はウイルス RNA の複製に関与し，30 kDa タンパク質はウイルスの細胞間移行に必要な MP であり，17.5 kDa タンパク質は TMV の外被タンパク質である．最も大きい 183 kDa タンパク質は，126 kDa タンパク質をつくるための最初の終止コドンで翻訳が止まらず，一部が次の終止コドンまで翻訳されたものであり，これを読み過ごし（read-through）タンパク質という．これはいくつかの植物ウイルスがもつ遺伝子発現様式の 1 つであり，少ない遺伝情報から異なる機能をもつ複数のタンパク質を効率よく生産するための戦略となっている．また，真核細胞の mRNA では 5′末端側の最初の ORF しか翻訳されないという制約があるため，真核細胞のタンパク質合成系を利用する植物ウイルスの場合，30 kDa および 17.5 kDa タンパク質の ORF は TMV RNA から直接翻訳されず，TMV RNA の複製の過程でこれらのタンパク質翻訳のための短い mRNA が合成される．これをサブゲノミック RNA（subgenomic RNA）と呼び，多くの植物ウイルスがもつ重要な遺伝子発現様式の 1 つである（図Ⅲ.7（1））．

1. ウイルス

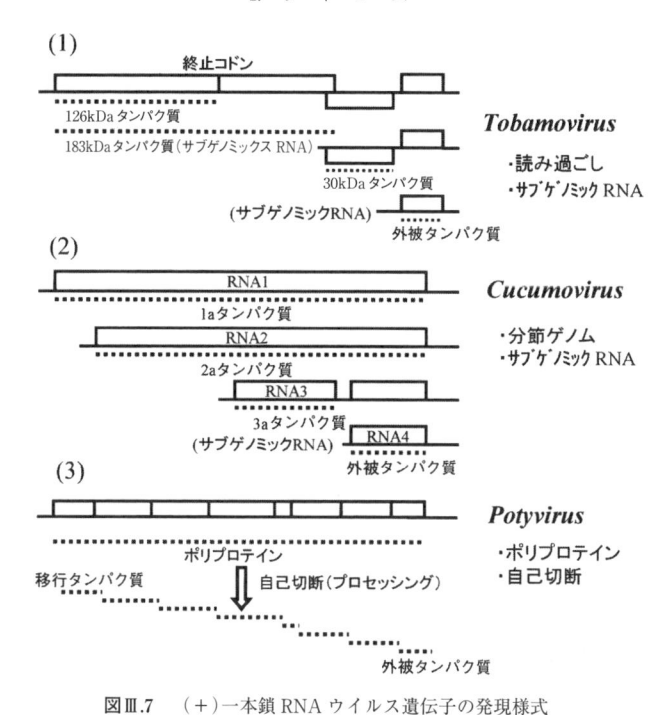

(1)
```
終止コドン
126kDa タンパク質
183kDa タンパク質（サブゲノミックス RNA）
               30kDa タンパク質
           （サブゲノミック RNA）
                       外被タンパク質
```
Tobamovirus
・読み過ごし
・サブゲノミック RNA

(2)
```
RNA1
1a タンパク質
    RNA2
    2a タンパク質
        RNA3
        3a タンパク質
    （サブゲノミック RNA）  RNA4
                外被タンパク質
```
Cucumovirus
・分節ゲノム
・サブゲノミック RNA

(3)
```
          ポリプロテイン
移行タンパク質    自己切断（プロセッシング）
                外被タンパク質
```
Potyvirus
・ポリプロテイン
・自己切断

図Ⅲ.7　(＋)一本鎖 RNA ウイルス遺伝子の発現様式

　分節ゲノムウイルスの1つであるキュウリモザイクウイルス（CMV）では，その粒子から感染・増殖に必要な RNA 1, 2, 3 および感染には不要な RNA4 の4種の RNA が得られる．RNA1 および RNA2 の産物である 1a および 2a タンパク質は，ウイルス RNA の複製に関与し，RNA3 から翻訳される 3a タンパク質は MP である．RNA4 は RNA3 の複製過程で 3′ 領域のみが部分複製されたサブゲノミック RNA であり，外被タンパク質の mRNA として機能する．このように，CMV のゲノムの特徴は，感染・増殖に必要ないくつかの遺伝情報を真核生物の染色体のように別の核酸分子に分散させていることと，サブゲノミック RNA による遺伝子発現様式を併用することにある（図Ⅲ.7(2)）．CMV では，4種のゲノム RNA が1つの粒子に包まれているのではなく，RNA1 と RNA2 のみをそれぞれもつ粒子と，RNA3 と RNA4 を一組としてもつ粒子の3種があることが知られている．
　ひも状であるポティウイルス（*Potyvirus*）属のウイルスや球状のコモウイルス（*Comovirus*）属のウイルスでは，TMV や CMV とは全く異なる遺伝子発現様式をもっている．ポティウイルス属のウイルスは1本の長い RNA をゲノムとしても

ち，その上には1個のORFが存在して，300 kDa程度の巨大なタンパク質に翻訳される．このタンパク質分子内にはタンパク質分解酵素（プロテアーゼ）活性を示す領域が存在していて，翻訳されたタンパク質は特定の個所で自己分解的に切断（プロセッシング，processing）され，最終的にウイルスの感染・増殖に必要な複数のタンパク質（成熟タンパク質）となる．このような切断される前のタンパク質をポリプロテイン（polyprotein）と呼ぶ．ウイルス粒子1本が形成されるためには数千個の外被タンパク質分子が必要であり，ポリプロテイン1分子中には外被タンパク質1分子しか含まれていないので，大変効率の悪い遺伝子発現様式のように見える．それにもかかわらず，ポティウイルス属には多数の種のウイルスが存在し，植物ウイルスの世界では大きな集団を形成している（図Ⅲ.7(3)）.

　　v）ウイルスゲノム核酸の遺伝子解析　　分節ゲノムをもつウイルスの場合，単離した分節ゲノム核酸を，単独あるいは組み合わせて接種することによって各分節ゲノムがもつ機能を解析することができる．また，同じウイルスの異なる系統から単離した分節ゲノムRNAを組み合わせてゲノムの偽組換え体（pseudo-recombinant, reassortant）を作製することも可能である．さらに，近年の遺伝子工学技術の発展によって，比較的簡単にウイルスゲノム核酸の全塩基配列と構造を明らかにすることが可能となり，ウイルスの分類に関する多くの情報が得られた．また，RNAウイルスの場合，ゲノムRNAの全体をそれと相補的な配列をもつDNA（cDNA）に試験管内で転写し，それをベクタープラスミドに組み込んで大腸菌を用いて大量に増やすことができる．そのようなプラスミドから再び感染性をもつウイルスRNAを試験管内で転写する技術が確立され，これをウイルスRNAの試験管内転写系という．この技術を用いて，種々のウイルスの人工突然変異株を作製し，これらを植物に接種してその反応を調べることによりウイルス遺伝子の機能を知ることができる．そのようにして，ii)～iv)項で述べたウイルスの感染と増殖に関する種々の知見が明らかにされた．また，このような研究により，外被タンパク質のアミノ酸の変化が病徴発現に大きな影響を与えることなどが明らかとなった．

　何種類かの植物ウイルスにはサテライトRNA（satellite RNA）と呼ばれる低分子のRNAが存在する．これ自身では増殖能はないが，親ウイルスのRNA複製機構を利用して増殖するウイルスに対する寄生者のような分子で，親ウイルスの複製には全く必要がない．CMVの分離株でしばしば見出され，親ウイルスの増殖や病徴発現に影響を与えることが知られている．

vi) 干渉と獲得抵抗性

a) 干　渉：2種のウイルスを同時あるいは前後して同じ植物に接種した場合，それぞれのウイルスの増殖が互いに影響し合うことがあり，これを干渉 (interference) という．あるウイルス（一次ウイルス）を植物に接種し，一定期間の後そのウイルスに近縁のウイルス（二次ウイルス）を再接種した場合，後から接種した二次ウイルスの感染増殖ができないか，または制限される現象があり，これはウイルスの干渉効果 (cross protection) と呼ばれる．この現象は，弱毒ウイルスによるウイルス病防除に利用されている．

b) 獲得抵抗性：接種葉に局部病斑が形成されたときに（次項の「生物的定量法」(24頁) を参照），ウイルスの存在しない部位や上位葉などで示される抵抗性を獲得抵抗性 (acquired resistance) といい，病原体の侵入に対する植物の抵抗反応の1つと考えられる．

vii) ウイルスに対する植物の反応　　ウイルスに対する植物の遺伝的性質に基づく反応は次の5項目に分けられる．①あるウイルスに全く感染しない免疫性，②感染・増殖に対する抵抗性 (resistance)，③感染・増殖に対する感受性 (susceptibility)，④感染部位の細胞がえ死を起こし，ウイルスのそれ以上の拡大を阻止する過敏感性 (hypersensitivity)，⑤ウイルスは全身的に増殖するが，病徴，被害がほとんど現れない耐病性 (tolerance) である．①の例として，通常イネはTMVに対して免疫であるといえる．④の過敏感性の例としては，TMVによって接種葉に局部病斑を生ずる野生種タバコのグルチノーザ (*Nicotiana glutinosa*) があげられる．この過敏感性の遺伝子はN因子と名づけられる単一優性遺伝子であり，交配によってN因子を導入されたタバコが抵抗性品種として広く栽培されている．

viii) ウイルスの不活化と感染増殖の阻止　　ウイルスの試験管内での不活化には，加熱，紫外線や放射線照射などの物理的手段，第三リン酸ナトリウムなどの強アルカリ剤，臭化メチル，ホルマリンなどのガス化剤などによる処理がある．これらはTMVやキュウリ緑斑モザイクウイルスなどの物理的安定性の高いウイルスの種子消毒や土壌消毒に用いられてきた．しかし，これらの処理は生きた植物には害があって，ウイルス病の防除法としては使用できない．

植物におけるウイルスの感染・増殖の阻止あるいは治療には多くの困難な問題がある．ウイルスは増殖過程のほとんどを宿主植物の代謝に依存していることがその理由であり，ウイルスの増殖を阻止する物質は植物の正常代謝をも阻害する

ことが多いからである．

(5) 精製と定量

i) **精 製**　ウイルス罹病葉から，宿主植物の構成成分であるタンパク質，脂質や多糖類などの細胞壁成分，色素などを可能なかぎり取り除いて，活性を保ったままのウイルスを濃縮して純粋に取り出す操作を精製あるいは純化という．TMV の精製を行ったスタンレー（Stanley, 1935）は，TMV に感染したタバコの葉の絞り汁を用いて硫酸アンモニウムによる塩析をくり返す化学的な方法によって，ウイルスをタンパク質の結晶として取り出すことに初めて成功した．その後，超遠心分離器の普及によって，温和な物理的方法である分画遠心法（differential centrifugation）が確立され，化学的方法も併用しながら，純度の高いウイルス試料を大量に得ることが比較的容易になった．化学的手段として，宿主タンパク質の変性と色素類の除去による粗抽出液の清澄化のために，クロロホルムやブタノールなどの有機溶媒が精製の初期段階でよく用いられるが，ウイルスの種類によっては使えない場合もある．また，非イオン系の界面活性剤（triton X-100 など）処理は，植物の膜成分の分解と色素類の除去にきわめて有効であることが多い．ウイルス精製における中心的な手法である分画遠心法とは，超遠心分離器による高速遠心分離でウイルスを沈澱させ，低速遠心分離で変性・凝集した宿主タンパク質などの夾雑物を除去する操作をくり返しながら，ウイルスの精製と濃縮を行う方法である．罹病葉の磨砕やウイルスの懸濁に用いる緩衝液の種類，濃度および pH は，ウイルス精製の成否に大きく影響するが，その至適条件はウイルスの種類によって異なる場合が多い．さらにウイルスの純度を上げるために，ショ糖や塩化セシウムなどを用いた密度勾配遠心分離（density-gradient centrifugation）法もしばしば用いられる．これらの手法を組み合わせて，それぞれのウイルスに最も適した方法が用いられる．

ii) **定 量**　ウイルスの定量法としてよく用いられる方法として，主に感染性を調べる生物的定量法，理化学的定量法ならびに血清学的定量法がある．

a) **生物的定量法**：ウイルスの感染性に基づく方法であり，感染性ウイルスの量を知ることができる．TMV を野生種タバコであるグルチノーザに接種すると接種葉に局部病斑（local lesion）が現れる．アメリカのホームズ（Holmes, 1929）は，その病斑の数とウイルス濃度がある範囲内では直線関係にあることを見出し，ウイルスの相対量の定量が可能であることを示した（図Ⅲ.8）．この方法は局部病斑法（local lesion assay）と呼ばれる．TMV と N 因子をもつタバコ，

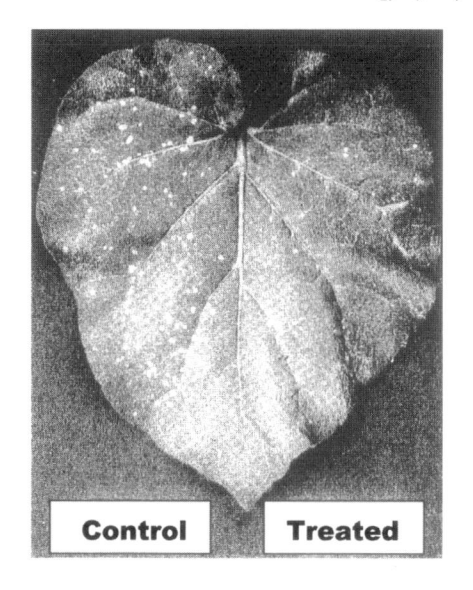

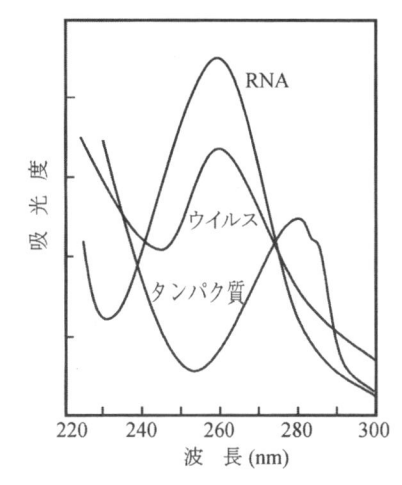

図Ⅲ.8　*N. glutinosa* を用いた局部病斑法（半葉法）による TMV の生物定量（久保原図）

図Ⅲ.9　精製 CMV，CMV-RNA および CMV タンパク質の紫外部吸収曲線（高浪原図）

CMV とササゲ，ジャガイモ X ウイルスとセンニチコウなどの組合せでウイルスの定量が可能であり，これらの植物を検定植物（assay plant）という．局部病斑法では，葉の主脈を境にして，半葉を単位とし，左・右の相対する半葉の病斑数を比較する半葉法（half-leaf method）がよく用いられる．局部病斑法は，細菌定量におけるコロニー法や細菌ウイルスのプラーク法と共通した性質をもつ．

局部病斑を形成する適当な検定植物が見つからない場合は，多数の全身感染宿主植物に接種したときの感染個体数から被検定ウイルス液の相対ウイルス量を測定する．

b）**理化学的定量法**：理化学的定量法としては，紫外線による吸光度測定法が最も広く用いられる．これは，ウイルスを構成する核酸は 260 nm，タンパク質は 280 nm 付近の紫外線に最高の吸収をもち，ウイルス粒子も 260 nm 付近で最高の吸光度を示すことを利用した方法であり，測定試料の純度が高いことが必要である（図Ⅲ.9）．ウイルスはそれぞれ特有の紫外部吸収曲線を示し，RNA 含量が高いウイルスほど吸光係数が高くなる．吸光係数とは，0.1%（1 mg/m*l*）のウイルス試料を 1 cm の光路長で測定した 260 nm における吸光度で表す．高度に

精製したウイルス液の吸光度とその乾燥重量を直接測定することによって，それぞれのウイルスの吸光係数が求められる．TMV の吸光係数は約 2.7 である．

　c） **血清学的定量法**：ウイルスを抗原（antigen）としてウサギなどの免疫動物に注射すると抗血清（antiserum）が得られ，その血清中にはウイルスに対する抗体（antibody）が含まれる．その抗体とウイルスとの抗原抗体反応によってウイルス量を測定することができる．沈降反応，凝集反応，寒天ゲル内拡散法など種々の方法がウイルスの定性的検出および定量に利用されてきた．酵素結合抗体法（enzyme-linked immunosorbent assay; ELISA）が開発されてからは，少量で多点数の試料のウイルス量を測定可能な ELISA 法がウイルスの定量法として最も広く用いられている．ELISA 法とは，酵素を結合させた抗体と抗原を反応させた後，結合酵素の基質を加え，酵素反応に基づく発色反応の程度を光学的に測定することによってウイルス抗原の量を測定する方法である．また，より簡便で少量の抗原と抗体でウイルスの定量が可能な DIBA 法（dot immunobinding assay）がある．これはニトロセルロースなどの膜にウイルスを含む微量の液をスポット状に吸着させ，ELISA 法と同様の原理に基づいて陽性試料を発色したスポットとして肉眼検定する方法である．

　(6)　**検出，診断，同定法**

　病害の原因がウイルスであることを確認し，病原ウイルスの種類を判別・同定することは，病害防除の上できわめて重要である．ウイルスの主な診断・同定法は次のとおりである．

　i）　**ウイルス粒子の形態観察**　ウイルスに感染していることを直接調べる最も簡単な方法は，ネガティブ染色法（negative staining）によって感染汁液中のウイルスの形態を電子顕微鏡で観察することである．ウイルスの種（species）までは特定できないが，どの科（family）や属（genus）のウイルスであるかの見当をつけることができる．

　ii）　**各種植物への人工接種**　感染植物汁液の接種，媒介生物あるいは接ぎ木による接種によって，各種植物の感染の有無や病徴を観察・記録し，その結果を既往の報告と照らし合わせて類似するウイルスを推定する．ウイルスが感染する植物の範囲を宿主範囲（host range）という．TMV は野生種タバコのグルチノーザに，CMV はササゲに局部病斑を生ずる．このように，あるウイルスに対して特異的な病徴を示し，診断に利用される植物を指標植物（indicator plant）あるいは検定植物（test plant）と称し，これらの植物を判別植物あるいは判別

表Ⅲ.2 トマトに発生するウイルスの判別植物の例

ウイルス＼判別植物	グルチノーザ	チョウセンアサガオ	センニチコウ	ソラマメ
キュウリモザイクウイルス	M	M	M	L
トマトモザイクウイルス	L	L	L, M	－
ジャガイモXウイルス	M	M	L	－
ジャガイモYウイルス	M	－	－	－

注) M：全身病徴，L：接種葉の局部病斑，－：病徴なし

宿主（differential host）と呼ぶことがある（表Ⅲ.2）．

 iii) **伝染法** 汁液伝染，媒介生物による伝搬，土壌伝染，種子伝染などについて実験的に調べて，ウイルスの種類を推定する．

 iv) **血清学的方法** ウイルス粒子の形態や宿主範囲からそのウイルスの種類が推定される場合，既知ウイルスの抗血清との血清反応を調べて確認する．血清反応に基づくウイルスの定性ならびに定量的検出法については「定量」(24頁)で述べた．免疫電子顕微鏡法（immunoelectron microscopy）によって，ウイルス粒子に抗体が結合した状態を電子顕微鏡で直接観察することができる．寒天ゲル内拡散法は，反応帯の融合，分枝（スパー，spur）の形成，交叉などによってウイルス間の抗原性の違いを解析するのに有用である．

 v) **分子生物学的方法** 近年，ウイルス遺伝子核酸の塩基配列やそれから翻訳されるタンパク質のアミノ酸配列を決定することが比較的容易になった．一方，ウイルスを含めたあらゆる遺伝子の国際的な塩基配列データベースが充実してきたことから，ウイルス遺伝子の塩基配列を決定すれば，コンピュータを用いて短時間で類似のウイルスを検索することができる．また，ウイルスの遺伝子間の相同性を比較することによって，より精密な類縁関係，ウイルスの系統発生や進化についての情報が得られる．

核酸雑種形成（nucleic acid hybridization）やDNAポリメラーゼ反応に基づくPCR（polymerase chain reaction）法などを用いた遺伝子診断法が，ウイルスの検出・同定に用いられる．前者では，ウイルス核酸が，それに相補的なDNA（cDNA）またはRNA（cRNA）が雑種を形成する性質を利用したものであり，雑種形成の程度を調べることによってウイルス間の類縁関係と定量を行うことができる．PCR法においては，各々のウイルスに特異的なプライマー（primer）と呼ばれる短いDNA断片を準備しておいて反応を行わせ，得られた増幅DNA断片を電気泳動で検出することによって正確な診断が可能である．植物ウイルスの多

くは遺伝子として RNA をもつので，RNA 遺伝子を逆転写酵素（reverse transcriptase; RT）を用いて cDNA に変換した後に PCR 反応を行わせる RT-PCR 法が用いられる．

2. ウイロイド

(1) ウイロイドとは

　北アメリカで発生するジャガイモスピンドルチューバー（spindle tuber）病は，汁液で種々の植物に感染することなどから，ウイルス病と考えられていたが，ウイルス粒子は見つからなかった．ウイルスが発見されてから約70年後，ディーナー（Diener, 1971）は，罹病植物から検出される低分子 RNA が病原であることを明らかにし，ウイロイド（viroid）と名づけた．その後，カンキツエクソコーティス病，キクわい化病，ココヤシカダンカダン（cadang-cadang）病，ホップわい化病などで同様の病原体が発見された．

　ウイロイドは ① 低分子 RNA で，単一分子で構成され，② タンパク質の外被をもたずに感染細胞中に存在し，③ ウイルス様粒子は関与せず，④ ヘルパー成分などの助けを必要とせず自律的に複製する，タンパク質を翻訳しない最小の病原体である．塩基配列や生物学的性質により，2科7属に分類され，約30種が報告されている．そのうちの約半数は果樹から見出され，特にカンキツは最も多く，複合感染による影響も知られている．

(2) 構造・複製

　i）構　造　　ウイロイドは246〜463塩基程度の低分子の環状一本鎖 RNA で，相補的な塩基間の共有結合によって部分的に二本鎖となっている．ジャガイモスピンドルチューバーウイロイド（PSTVd）は塩基数が359で，そのうち70％にあたる250の塩基が共有結合により125の塩基対（二本鎖）を形成し，その間を一本鎖で結んだ，長さ約50 nm の二本鎖に近い棒状構造をとっている（図Ⅲ.10）．多くのウイロイドでは，ウイロイド分子の中央部に中央保存領域（central conserved region; CCR）がある．

　ウイロイドには変異株が知られているが，その変異は塩基配列の変化が反映したものである．PSTVd では病原性が強・中・弱の3種の変異株があり，これらの塩基数はいずれも359で同じであるが，一部の塩基に変化が見られる．カンキツエクソコーティスウイロイドには多くの変異株が知られるが，塩基数は369〜375，

塩基配列の相同性は87〜99%で構造上も変化が大きい．

ii) **複　製**　ウイロイドは，ローリングサークル型複製により多量体ポリ

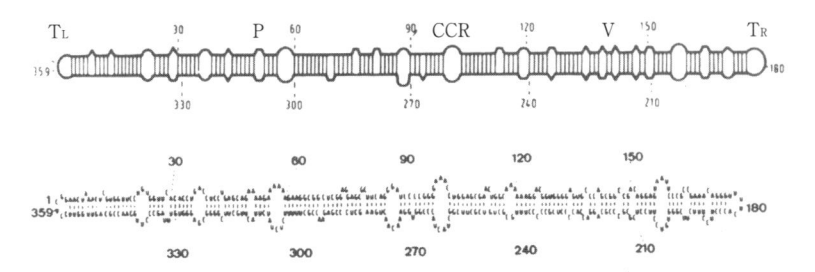

図Ⅲ.10　ジャガイモスピンドルチューバーウイロイドの塩基配列（下）と二次構造モデルおよび機能領域（上）(Sänger, 1982)[5]
T_L：左末端領域，P：病原性領域，CCR：中央保存領域，V：可変領域，T_R：右末端領域

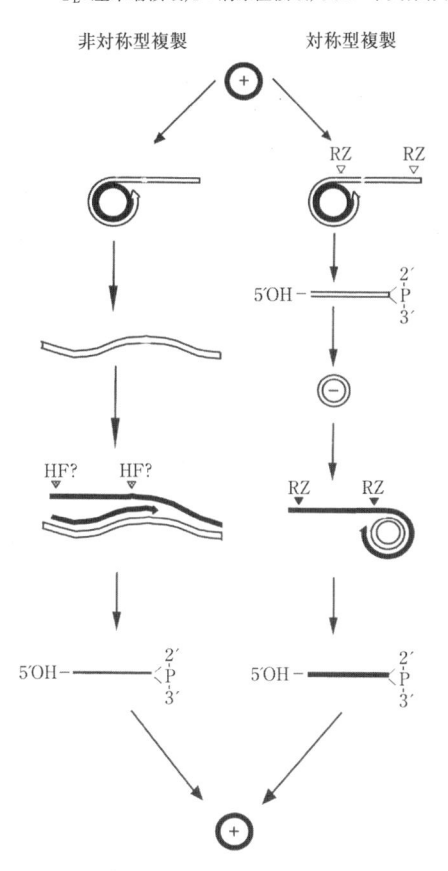

図Ⅲ.11　ウイロイドの複製モデル（Van Regenmortel et al., 2000)[6]
黒線は（＋）鎖RNAで，通常感染する際のRNA分子．白抜き線は（－）鎖RNA分子．非対称型複製では1回の環状型分子を，対称型複製では2回の環状型分子を経て複製される．非対称型複製ではおそらく（＋）鎖が宿主因子(HF)により切断されると思われる（矢頭）．対称型複製では（＋/－）鎖のゲノムが複数個分連続したものが合成されると，自身にコードされるリボザイム(RZ)により1ゲノムサイズの長さに切断される（矢頭）．

マー分子から単位長の分子を生成し増殖する（図Ⅲ.11）．一部のウイロイドは，リボザイム（ribozyme）と呼ばれるユニークな自己切断機能を有し，単位長の分子を生成する際に機能している．分子量があまりにも小さいため，そのすべてが1つのタンパク質をコードしたとしてもRNA複製酵素を合成できないと予想される．したがって，ウイロイドの増殖，すなわちウイロイドRNAの複製は，宿主細胞の代謝系に依存しているものと考えられている．一部のウイロイド（例：PSTVd）は，細胞に侵入後，核内に移行し，核質においてDNA依存RNAポリメラーゼⅡにより相補鎖が合成され，さらに仁においてDNA依存RNAポリメラーゼⅠによりウイロイドが複製される．

(3) 分　類

ウイロイドは，CCRをもち，リボザイム活性を示さない*Pospiviroidae*科と，逆にCCRをもたず，リボザイムをもつ*Avsunviroidae*科に分類されている（表Ⅲ.3）．

表Ⅲ.3　ウイロイドの分類とわが国に発生するウイロイド

科	属	タイプ種	わが国に発生するウイロイド		
			種　名	和　名	略　号
Pospiviroidae	*Apscaviroid*	*Apple scar skin viroid*	*Apple scar skin viroid*	リンゴさび果ウイロイド	ASSVd
			Apple fruit crinkle viroid	リンゴゆず果ウイロイド	AFCVd
			Citrus bent leaf viroid	カンキツベントリーフウイロイド	CBLVd
			Citrus viroid III	カンキツウイロイドⅢ	CVd-III
			Citrus viroid OS	カンキツウイロイドOS	CVd-OS
			Grapevine yellow speckle viroid 1	ブドウイエロースペックルウイロイド1	GYSVd-1
			Pear blister canker viroid	ナシブリスタキャンカーウイロイド	PBCVd
	Cocadviroid	*Coconut cadang-cadang viroid*	*Citrus viroid IV*	カンキツウイロイドⅣ	CVd-IV
			Hop latent viroid	ホップ潜在ウイロイド	HLVd
	Coleviroid	*Coleus blumei viroid 1*	*Coleus blumei viroid 1*	コリウスウイロイド1	CbVd-1
	Hostuviroid	*Hop stunt viroid*	*Hop stunt viroid*	ホップわい化ウイロイド	HSVd
	Pospiviroid	*Potato spindle tuber viroid*	*Chrysanthemum stunt viroid*	キクわい化ウイロイド	CSVd
			Citrus exocortis viroid	カンキツエクソコーティスウイロイド	CEVd
Avsunviroidae（リボザイムをもつ）	*Avsunviroid*	*Avocado sunblotch viroid*			
	Pelamoviroid	*Peach latent mosaic viroid*	*Peach latent mosaic viroid*	モモ潜在モザイクウイロイド	PLMVd

Pospiviroidae 科には，2亜科5属24種が，Avsunviroidae 科には，2属3種が含まれ，その他未分類のウイロイドが7つある．またわが国では，13種のウイロイドの発生が知られている．

3. ファイトプラズマ

　イネ黄萎病，クワ萎縮病，キリてんぐ巣病，ジャガイモてんぐ巣病など植物に萎黄叢生病を引き起こす病原体であるファイトプラズマは，発見当初より最近までマイコプラズマ様微生物（mycoplasmalike organism; MLO）と呼ばれていた．これは，マイコプラズマ（mycoplasma）との類似性に基づいている．

　マイコプラズマは，濾過性病原体としてウイルスとほぼ同じ頃発見された，一般の細菌よりさらに微小な微生物で，人，家畜，鳥などの病原体として寄生するか，あるいは腐生的に存在し，多くは培養することができる．分類上は，1967年に細菌から独立して新設された Mollicutes 綱に属し，細胞壁を欠く原核微生物で，$0.3 \sim 0.8 \mu m$ の径をもち，多形性に富む．ゲノムの大きさは $0.58 \sim 1.36$ Mbp で，原核微生物中最小である．

　ファイトプラズマは，ヨコバイ伝搬性の植物病原体として，1967年に土居らによって世界に先駆け電子顕微鏡下において発見された．ウイルス病の多くは1950年代以降，電子顕微鏡技術の進歩によりウイルス粒子が相ついで可視的にとらえられたが，萎黄叢生病の一群だけは，ウイルス病と考えられていたにもかかわらず，ウイルス粒子は見出されなかった．土居らは，クワ萎縮病，ジャガイモてんぐ巣病などの罹病植物の篩部に共通してマイコプラズマに酷似した微生物様粒子を見出した．さらにマイコプラズマ病と同様に，クワ萎縮病においてテトラサイクリン系抗生物質により治療効果が認められこの粒子が消失したことから，これが病原であることを示した．この発見に続いて，世界各地の萎黄叢生病よりファイトプラズマが確認され，植物病理学に全く新しい分野が展開した．その後，700種以上の植物種に感染し300種類以上の病気が知られ，それぞれについて別々の病原名がつけられていたが，培養が困難なこともあり，相互の比較も，分子生物学的な研究も遅滞していた．1993年にファイトプラズマの16S rRNA 遺伝子がPCR により増幅可能となり，系統学的な解析が可能となったことから分類が一気に進んだ．2002年にファイトプラズマゲノムの全容が解明され，ファイトプラズマの病理学は，分子生物学的手法を用いた検出，診断，分類，ならびに宿主との

表Ⅲ.4 ファイトプラズマの分類とわが国に発生するファイトプラズマ

16S グループ	サブグループ（タイプ系統）	暫定種名	わが国に発生する主なファイトプラズマ
AY	AY （Aster yellows）	Phytoplasma asteris	アネモネてんぐ巣病ファイトプラズマ（以下「ファイトプラズマ」は略）、コスモス萎黄病、キバナコスモス萎黄病、スターチスてんぐ巣病、チャービル萎病、シネラリアてんぐ巣病、ニンジン萎病、キクてんぐ巣病、アイスランドポピー萎黄病、ミツバてんぐ巣病、ミシマサイコ萎縮病、レタス萎縮病、アゼナてんぐ巣病、ナス萎縮病、タマネギ萎黄病、キリてんぐ巣病、トマト萎黄病、セリ萎黄病、ヌルデ萎黄病、クワ萎縮病
	BVGY （Buckland valley grapevine yellows）		
	JHP （Japanese *Hydrangea* phyllody）	P. japonicum	アジサイ葉化病
	IBS （Italian bindweed stolbur）		
	AUSGY （Australian grapevine yellows）	P. australiense	
	STOL （Stolbur of *Capsicum annuum*）	P. solani	
	CbY （China berry yellows）		
AP	BWB （Buckthorn witches' broom）	P. rhamni	
	PD （Pear decline）	P. pyri	
	ESFY （European stone fruit yellows）	P. prunorum	
	AlloY （Allocasuarina yellows）	P. allocasuarinae	
	SpaWB （*Spartium* witches' broom）	P. spartii	
	AP （Apple proliferation）	P. mali	
WTWB	WTWB （Weeping tea tree witches' broom）		
WBDL	HibWB （*Hibiscus* witches' broom）	P. brasiliense	
	GLL （*Gliricidia* little leaf）		
	WBDL （Witches' broom disease of lime）	P. aurantifolia	キク緑化病
WX	WX （Western X-disease）	P. pruni	アズキ萎黄病、ツワブキてんぐ巣病、ウド萎縮病、リンドウてんぐ巣病
PPWB	AlmWB （Almond witches' broom）	P. phoeniceum	
	PPWB （Pigeon pea witches' broom）		
	ViLL （*Vigna* little leaf）		
RYD	CirP （*Cirsium arvense* phyllody）		
	BVK （Blutenverkleinerung）		
	SCWL （Sugarcane white leaf）		
	RYD （Rice yellow dwarf）	P. oryzae	イネ黄萎病
	GaLL （*Galactia* little leaf）		
	BGWL （Bermuda grass white leaf）	P. cynodontis	
CnWB	CnWB （Chestnut witches' broom）	P. castaneae	クリ萎黄病
	PinP （*Pinus* yellows）	P. pini	
LY	LDT （Tanzanian coconut lethal disease）	P. cocostanzaniae	
	SBS （Sorghum bunchy shoot）		
	LY （Coconut lethal yellowing）	P. palmae	
	LDG （Ghanaian Cape St Paul's wilt disease）	P. cocosnigeriae	
EY	LFWB （Loofah witches' broom）	P. luffae	
	StLL （*Stylosanthes* little leaf）		
	CP （Clover proliferation）	P. trifolii	
	AshY （Ash yellows）	P. fraxini	
	FD （Flavescence dorée）	P. vitis	
	EY （Elm yellows）	P. ulmi	
	JWB （Jujube witches' broom）	P. ziziphi	ナツメてんぐ巣病

相互作用の分子機構など，すべての分野であらたな発展の幕開けを迎えることとなった．

(1) 分　類

ファイトプラズマは16S rRNA遺伝子の系統解析により，スピロプラズマ属（*Spiroplasma*）とともにモリキューテス綱に分類されるものの，明らかに従来の他の細菌類とは異なる独立した集団を形成することが明らかになり，ファイトプラズマ属（*Phytoplasma*）が確立され，また，この系統解析をもとに暫定種が命名された（表Ⅲ.4）．これにより，これまで「1つの病害」につき「1つの病原ファイトプラズマ」が命名されていたが，大幅に整理された．わが国に発生するファイトプラズマ病も7暫定種のファイトプラズマにまとめられた．すなわち，同一（暫定）種のファイトプラズマは同じと考え，その中に複数の系統（strain）が存在することになる．

(2) 形態と感染・増殖・生活環

ファイトプラズマは，大きさ約0.1〜0.8 μmの多形性の原核細胞で，細胞膜に包まれ細胞壁を欠く．細胞質には小器官は存在しない（図Ⅲ.12左）．ファイトプラズマに感染した植物では篩部組織の篩管細胞や篩部柔細胞に局在し増殖する．ほとんどのファイトプラズマはヨコバイにより永続伝搬されるが，ナシやリンゴのファイトプラズマ（暫定種，Phytoplasma mali）はキジラミにより永続伝搬される．ファイトプラズマはこれらの媒介昆虫体内でも植物細胞内と同様の形態を示す（図Ⅲ.12右）．罹病植物から口針を通して媒介昆虫に吸汁されたファイトプラズマは，中腸で吸収されて増殖し，血リンパに遊離して全身に運ばれ，各種組

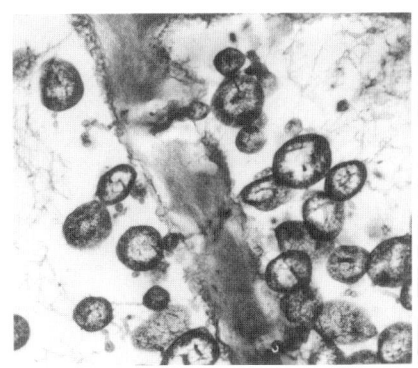

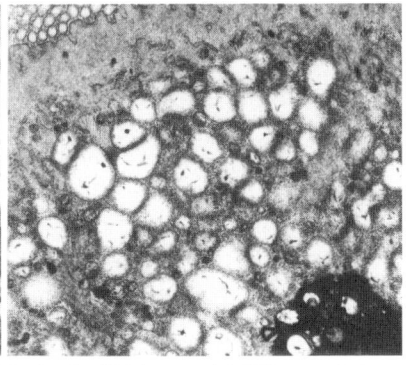

図Ⅲ.12　ミツバてんぐ巣病罹病葉篩管内のファイトプラズマ(左)(×11,100)と保毒ヒメフタテンヨコバイ中腸上皮細胞内のファイトプラズマ(右)(×6,200)(奥田原図)

織で増殖する．ファイトプラズマが唾液腺細胞に到達し増殖したのち，細胞外に出ると，吸汁行動の際に植物の篩管に伝搬される．獲得吸汁してから伝搬能をもつまでの虫体内潜伏期間は最短で約2週間程度である．

(3) ゲノムと染色体外DNA

ⅰ) ゲノム　ファイトプラズマのゲノムサイズは約530～1185 kbpである．最近，暫定種P. asterisのゲノムのほぼ全容が明らかにされた．これは篩部局在性の植物病原細菌では初めてである．

ゲノム解析からわかったことは，ファイトプラズマはDNA複製や転写，翻訳を行うのに必要な基本的な遺伝子が認められる一方で，アミノ酸合成系，脂肪酸合成系，TCA回路，酸化的リン酸化に関与する遺伝子は認められない（図Ⅲ.13）．これは動物マイコプラズマと似た特徴であり，核酸合成をはじめとする代謝に関与する多くの物質を宿主細胞に依存しているものと考えられる．また，ペントースリン酸回路など炭水化物の代謝系に関する遺伝子も認められず，動物マイコプラズマと比較しても代謝関連遺伝子が少なく，これは植物篩部という栄養豊富な環境に生息していることと関係があるものと思われる．このほか，生物では初めてATP合成酵素遺伝子が認められず，これも宿主から取り込んでいるか，解糖系に大きく依存している可能性がある．

ⅱ) 染色体外DNA　ファイトプラズマにはユニークな染色体外DNAが見出されている．これらの染色体外DNAはその複製酵素のタイプから2種類，DNAの構造から3種類に分類されることが知られている．特にプラスミドにコードされる複製タンパク質は，バクテリアのプラスミドとウイルス，双方の複製タンパク質の構造的特徴を兼ね備えたユニークなものである．このような他のバクテリアでは見られない特徴は，細胞内寄生という特殊な環境と関連しているものと考えられる．また，DNAの構造的特徴に注目すると，複製酵素のタイプから区別される2種類の染色体外DNAの一部が互いに融合したタイプのものが認められ，染色体外DNAどうしによる組換えという，これまで例のない現象が起こったことが示唆される．

(4) 検出，診断，同定

ファイトプラズマ病は，その特徴的な病徴のゆえに病徴による診断も不可能ではないが，菌類病によるてんぐ巣病，フシダニ類によるてんぐ巣病，植物成長調節剤などによる奇形などまぎらわしい例もあり，注意を要する．ファイトプラズマの検出には電子顕微鏡による超薄切片観察法や，え死した篩部細胞の自家蛍光

や集塊したファイトプラズマ DNA を DAPI (4′, 6-diamidino-2-phenylindole) 染色して蛍光顕微鏡観察する方法がある．ファイトプラズマ病は，媒介昆虫の種類と植物の宿主範囲や病徴の相互関係についての研究の蓄積に基づき，詳細に分類された．しかし，近年罹病植物からファイトプラズマ DNA を含む全 DNA を分離し，PCR によりファイトプラズマゲノムの 16S rRNA 遺伝子を増幅して検出できるようになった上，その全塩基配列を系統解析することによりファイトプラズマの系統的分類が可能になった．

また，ファイトプラズマに特異的な，あるいは特定のファイトプラズマ種に特異的な遺伝子にコードされるタンパク質を大腸菌に大量発現させ，それぞれ特異抗体を作出することも可能となった．この方法は，一部のファイトプラズマ病で作成されたモノクローナル抗体に比べ，ファイトプラズマの診断・分類に有効となるものと期待される．

(5) スピロプラズマと難培養性原核微生物

ファイトプラズマの発見をきっかけに，ヨコバイなどの昆虫で永続的に伝搬される植物病の中で病原体が未確認のものについて再検討された結果，ファイトプラズマのほかにも新しい原核微生物病原が発見されることになった．

ⅰ) **スピロプラズマ**　スピロプラズマ (spiroplasma) はカンキツスタボン (stubborn) 病，トウモロコシスタント (stunt) 病の篩部に見出され，培養でき，長さ 3〜5 μm の回転運動性のらせん構造をとることからエントモプラズマ目 (Entomoplasmatales)，スピロプラズマ科 (*Spiroplasmataceae*)，スピロプラズマ属に分類される．らせん構造の粒子は光学顕微鏡でも観察できる．スピロプラズマには昆虫や動物から分離されるものもある．

ⅱ) **難培養性原核微生物**　篩部または木部局在性で培養に特殊な成分を必要とするか，または培養できない病原体の一群を難培養性原核微生物 (fastidious prokaryote) と呼ぶ．篩部局在性細菌の例に，アジアやアフリカでカンキツにグリーニング病を引き起こし，その蔓延により栽培に脅威を与えているリベリバクター (Liberibacter asiaticus (暫定種) など) がある．ミカンキジラミ (*Diaphorina citri*) などにより媒介され，厚い細胞壁 (約 25 nm) をもった細菌の一種であるが，分離・培養に成功していない．また木部 (導管) 局在性細菌の例に，ヨコバイなどにより媒介される *Xylella fastidiosa* があり，ゲノム上はカンキツかいよう病菌 (*Xanthomonas campestris* pv. *citri*) にやや近縁とされる．本細菌はブドウ (ピアス病)，カンキツ，モモ，コーヒーなど多くの作物や樹木に葉

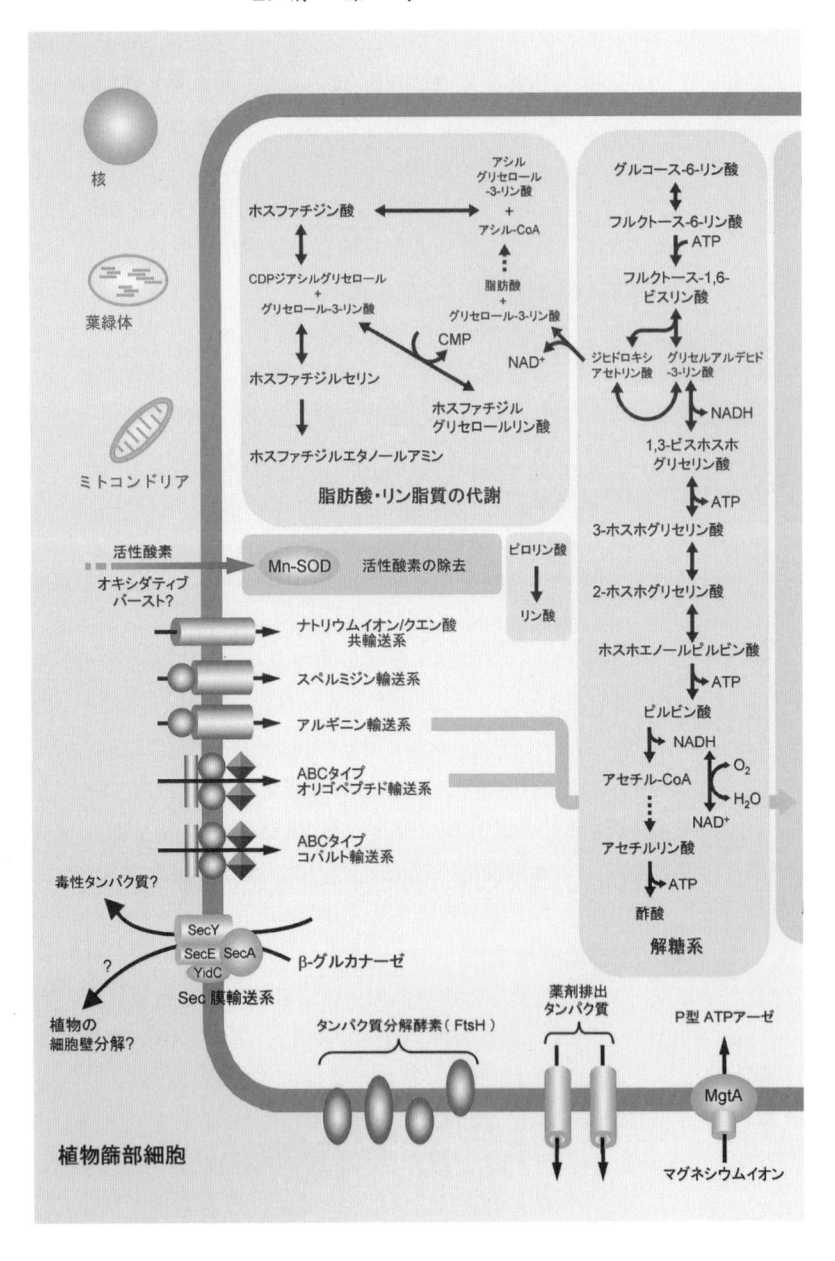

図Ⅲ.13 ファイトプラズマの代謝系およ
点線矢印は遺伝子は同定されていないが，存在する

3. ファイトプラズマ

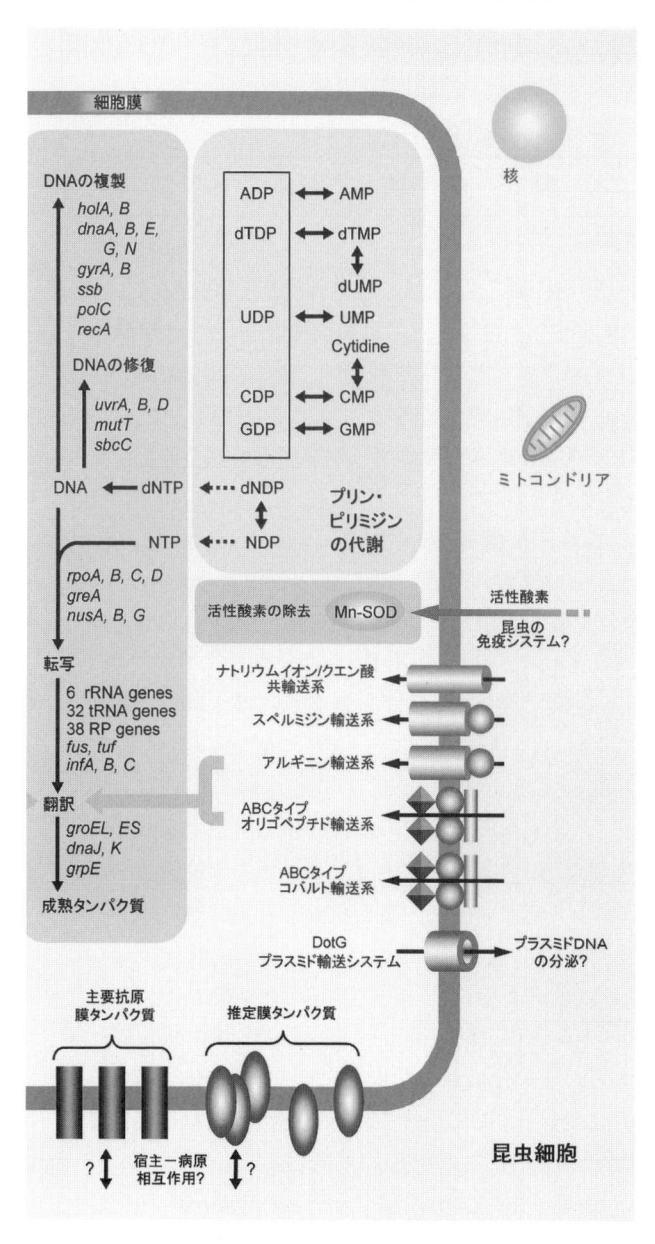

び輸送系の概略図（Oshima et al., 2004）[7]
と思われる経路を示す．？は確認されていないもの．

焼けや枯死をもたらし，南米，北米，台湾などで発生する．病原は径約 0.4 μm の桿状細菌で，特殊な培地で培養できる．

4. 細　　　菌

(1) 分　　　類

　細菌は原核生物（prokaryote）に属し，① 核の染色体 DNA は核膜に包まれず，② 細胞質内にミトコンドリアや小胞体などの膜構造物はない，③ 核酸は微量のヒストン（histone）様タンパク質と結合しているが，有糸分裂や減数分裂はみられず，2 分裂で増殖する，④ 一部の例外を除き，単細胞で組織分化しない，⑤ 原形質流動やエンドサイトーシス・エキソサイトーシス作用がみられないなどの点で真核生物（eukaryote）と異なる．

　細菌の分類や命名に関しては，国際細菌命名規約（International Code of Bacterial Nomenclature）によって分類の階級，命名（nomenclature）の仕方，先名権（priority）の保護など重要な事項が定められている．植物病原細菌の学名（scientific name）は属（genus）と種（species）を併記する二名法で表し，種類によっては亜種（subspecies; ssp.）に分けられる．また，特に病原型（pathovar）の記載が必要な場合には，種名の後に pv. として付記する．分離細菌の所属を決めることを同定（identification）という．

　i） **分類・同定の基準**　　植物病原細菌を属や種に分類・同定するためには多くの形態的，培養学的，生理学的，生化学的，および分子生物学的性質を基準（criteria）として用いる．これらの基準のうち，細胞壁などの脂肪酸，キノンなどの化学的な性質を指標として分類する方法を化学分類（chemotaxonomy）といい，核酸の GC 比率，DNA あるいは RNA の相同性，rRNA の塩基配列などを指標とした分類を分子分類（molecular taxonomy）という．近年の植物病原細菌の分類は，総合的な視点からの自然分類が重視され，伝統分類と化学的あるいは分子分類を組み合わせた方法で行っている．また，種以下の分類基準としては病原性（pathogenicity），血清学的性質（serological characteristics），ファージ感受性（phage sensitivity），生理・生態学的性質（physiological and biological properties）などが使われ，必要な場合には，これらの性質によってそれぞれ pathovar, serovar, biovar などとして分類する（表Ⅲ.5）．

表Ⅲ.5 植物病原細菌の種以下の分類

pathovar（病原型）	植物に対する病原性に基づく分類
serovar（血清型）	血清学的な違いに基づく分類
phagovar（ファージ型）	ファージに対する感受性に基づく分類
biovar（生理型）	生理，生態学的な違いに基づく分類
morphovar（形態型）	形態的な違いに基づく分類

ii）**分類法**

a）**細菌学的方法による分類**：形態的性質，生理的性質，生化学的性質，病原性などの表現形質に基づく分類で，最も一般的な分類方法である．調査項目として一般に表Ⅲ.6に示した性質があげられる．これらの結果は細菌の生育条件，方法，試薬の種類などによって，同じ菌株を用いても常に一致するとは限らないので注意する必要がある．

b）**数理分類法**（numerical taxonomy）：細菌が示す各種の性質それぞれに同等の重みをもたせて評価し，それを統計的に解析して，相似係数（similarity index）を求め，類縁関係を求める方法である．手順として，実験に用いる菌株間の類似性を計算し，類似度（similarity）で表し，相似度マトリックスを作成する．次に類似度を類縁性の高い順にグループ分けし，すなわち菌株を表現形質群（フェノン，phenon）に分け，樹状図（デンドログラム，dendrogram）で表す．

c）**化学分類法**：細菌の粘液層（または莢膜），細胞壁，細胞膜，リボソームなどの構成成分は細菌の1つの分類群では均一であるが，別の分類群では異なる．粘液層を構成する糖の種類と量比，細胞壁や細胞膜に含まれるタンパク質や脂肪酸の種類と量比，リボソーム構成タンパク質のペプチド組成などを分析することによって分類する方法である．

① 細胞壁成分：グラム陽性細菌では，細菌の種類によってペプチドグリカンの

表Ⅲ.6 細菌学的方法に基づく分類のための調査項目

形態的性質	細菌の形状，鞭毛の有無，着床位置，コロニーの形状，芽胞形成の有無など
培養的性質	栄養要求性，運動性，増殖適温，最高最低発育温度，色素生産，各種抗菌物質に対する耐性など
生化学的性質	グラム反応，呼吸酵素－カタラーゼ活性，オキシダーゼ活性 窒素化合物の代謝－ゼラチン分解性，Tween80分解性，アルギニンジヒドロラーゼ活性 硫酸塩および亜硫酸還元性－ウレアーゼ活性 硫黄代謝－硫化水素産生性 炭水化物代謝－エスクリン水解性，ペクチン質加水分解，レバン産生性，炭水化物の分解・利用，デンプン分解性，アセトイン生成（VP試験），メチルレッド試験（MR試験）

一次構造とアミノ酸・糖残基の種類に違いがあることから属記載に重要である.

②脂質成分：細胞膜および細胞膜複合体に存在し，特にキノンと脂肪酸に分類学的意義が認められている．脂肪酸は二重結合の位置，ならびに組成比率が分類基準に利用される．キノンの種類は属の特徴をよく表している．

③タンパク質およびアイソザイム：細菌がつくる菌体タンパク質や，酵素タンパク質をSDSポリアクリルアミド電気泳動で分析して，そのパターンの違いから細菌の類縁関係を求める方法である．

d) 分子分類法：細菌のDNAの塩基組成（GC比率），DNA-DNA相同性，リボソームRNA（rRNA）の相同性，DNA制限酵素断片長多型（restriction frag-

表Ⅲ.7 植物病原細菌の種類

Pseudomonas 属	*P. syringae* ―― キュウリ斑点細菌病菌 (*P. s.* pv. *lachrymans*), タバコ野火病菌 (*P. s.* pv. *tabaci*) など多数の病原型
Acidovorax 属 (旧 *Pseudomonas* 属)	*A. avenae* ―― イネ褐条病菌 (*A. a.* ssp. *avenae*), スイカ果実汚斑細菌病菌 (*A. a.* ssp. *citrulli*) など
Burkhorderia 属 (旧 *Pseudomonas* 属)	イネもみ枯細菌病菌 (*B. glumae*)，イネ苗立枯細菌病菌 (*B. plantarii*)，カーネーション萎ちょう細菌病菌 (*B. caryophylli*) など
Ralstonia 属 (旧 *Pseudomonas* 属)	トマト青枯病菌 (*R. solanacearum*)
Rhizobacter 属	ニンジンこぶ病菌 (*Rhizobacter dauci*)
Rhizomonas 属	レタス Corky root 病菌 (*Rhizomonas suberifaciens*)
Xanthomonas 属	*X. campestris* ―― キャベツ黒腐病菌 (*X. c.* pv. *campestris*), ミカンかいよう病菌 (*X. c.* pv. *citri*) など多数の病原型 *X. oryzae* ―― イネ白葉枯病菌 (*X. o.* pv. *oryzae*), イネ条斑細菌病菌 (*X. o.* pv. *oryzicola*) イチゴ角斑細菌病菌 (*X. fragariae*)
Xylophillus 属	ブドウかいよう病菌 (*Xyl. ampelinus*)
Xylella 属	ブドウピアス病菌，アーモンド葉焼け病菌 (*Xylella fastidiosa*)
Agrobacterium 属	毛根病菌 (*A. rhizogenes*)，根頭がんしゅ病菌 (*A. tumefaciens*)，ブドウがんしゅ病菌 (*A. vitis*)
Erwinia 属	リンゴ火傷病菌 (*E. amylovora*) *E. carotovora* ―― 野菜類軟腐病菌 (*E. c.* ssp. *carotovora*), ジャガイモ黒脚病菌 (*E. c.* ssp. *atroceptica*) *E. chrysanthemi* ―― トウモロコシ腐敗病菌 (*E.c.* pv. *zeae*) など
Clavibacter 属	*C. michiganensis* ―― トマトかいよう病菌 (*C. m.* ssp. *michiganensis*), ジャガイモ輪腐病菌 (*C. m.* ssp. *sepedonicus*)
Curtobacterium 属	*Cu. flaccumfaciens* ―― チューリップかいよう病菌 (*Cu. f.* ssp. *oortii*)
Rhodoccocus 属	エンドウ帯化病 (*Rhodococcus fascians*)
Streptomyces 属	ジャガイモそうか病 (*S. scabies*, *S. turgidiscabies*)
Spiroplasma 属	カンキツスタボン病菌 (*Spi. citri*)
"*Phytoplasma*" 属	イネ黄萎病，クワ萎縮病，アスター萎黄病など萎黄叢生病の病原

ment length polymorphism; RFLP), ゲノム DNA の全塩基配列などに基づいて分類群を決定する方法である．これらの方法は「菌類の新しい分類方法」(65頁) で解説する．

　e) **その他の分類法**：酵素反応による分類, 熱分解法による分類 (pyrolysis mass spectrometry), 血清学的分類などがある．

　iii) **植物病原細菌の種類**　植物に病原性を示す細菌は, 進化の過程で寄生性を獲得したごく一部の原核生物であり, それらの代表的な病原細菌の属と病害を表Ⅲ.7に示した．植物病理学の分野では病原性はきわめて重要な性質であり, 種以下の分類群として病原型を設けている．*Xanthomonas campestris* の中には140種以上の病原型が含まれており, また *Pseudomonas syringae, Erwinia chrysanthemi* などの中にも多数の病原型が含まれている．*E. carotovora* と *Clavibacter michiganensis* では種の下がそれぞれ複数種類の亜種に分けられている．分子生物学的手法の発達に伴い, 属, 種や病原型が見直される傾向にあり, 新属の創設, 属の再編, 病原型菌の種への昇格などが提案されている．*Pseudomonas* 属には蛍光色素産生菌と非産生菌が含まれていたが, 蛍光色素非産生菌の多くは新たに *Acidovorax, Burkholderia, Ralstonia* 属に移設された．ブドウかいよう病菌は新属 *Xylophillus* 属に移され, 新たに見出されたニンジンこぶ病菌は *Rhizobacter dauci*, レタス Corky root 病菌は *Rhizomonas suberifaciens*, ブドウピアス病やアーモンド葉焼け病などの難培養性細菌は *Xylella fastidiosa* と新病原菌名として命名された．イネ白葉枯病菌とイネ条斑細菌病菌は *Xanthomonas campestris* から独立して種に昇格させ, *Xanthomonas oryzae* pv. *oryzae* と *X. oryzae* pv. *oryzicola* となった．さらに, *Xanthomonas* 属菌を20種に再編しようとする意見も提案されている．また, *Agrobacterium tumefaciens* の biovar 3 であるブドウがんしゅ病菌は *A. vitis* と呼ばれることがある．

　(2) **構造と機能**

　大部分の植物病原細菌は単細胞で桿状 (rod), または短桿状 (short rod) の菌体に1本ないし多数の鞭毛をもっているものが多い (図Ⅲ.14). 菌体の大きさは幅 $0.5 \sim 1.0 \mu m$, 長さ $1 \sim$ 数 μm のものが多く, 菌体の最外層は粘液層 (slime layer) または莢膜 (capsule) で包まれており, その内側に細胞壁 (cell wall), 細胞膜 (cell membrane), 細胞質 (cytoplasm) を有する．細胞質はリボソーム (ribosome) で満たされており, その中心部には染色体 DNA (chromosome DNA) がある．また, 大部分の細菌は細胞質に複数のプラスミド (plasmid, 細胞質内遺

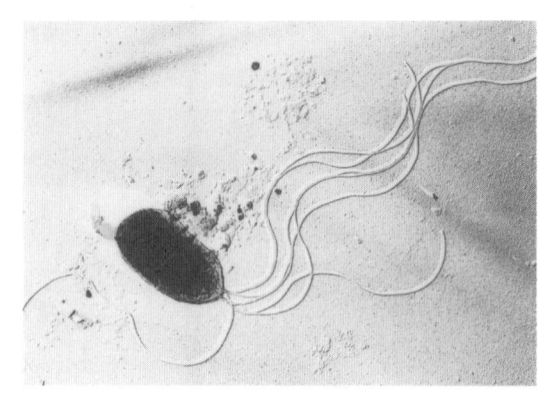

図Ⅲ.14 植物病原細菌(キュウリ斑点細菌病菌：束毛菌)の電子顕微鏡像(陶山原図)

伝子, 核外遺伝子) をもっている. 細菌の種類によっては細胞膜が陥入したメソソーム (mesosome) と呼ばれる構造物や貯蔵物質顆粒が細胞質内にみられる. また, 菌体表面に線毛 (pili) と呼ばれる繊維状構造物をもっているものがある. 細菌の中には芽胞 (spore) をつくるものがあるが, 植物病原細菌は芽胞をつくらず, 日和見的病原菌である *Clostridium* 属細菌と *Bacillus* 属細菌のみが芽胞を有する.

これらの構造物を一細胞内にまとめて模式的に示したのが図Ⅲ.15 である. また図Ⅲ.16 にイネ白葉枯病菌の超薄切片像を示した.

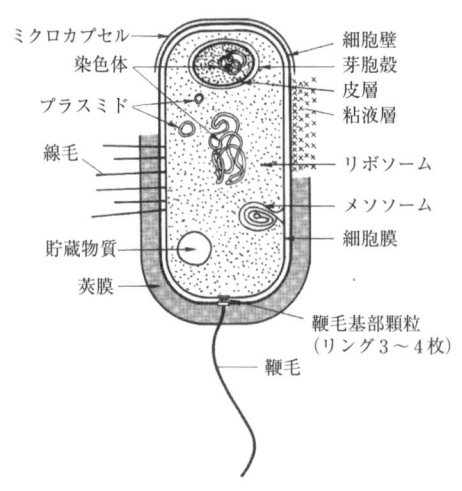

図Ⅲ.15 細菌の構造模式図

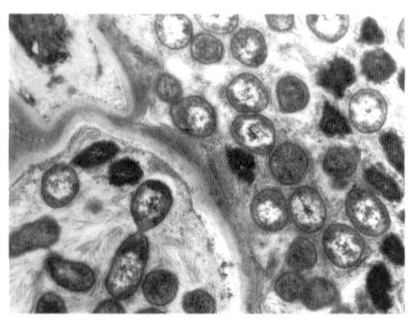

図Ⅲ.16 イネ白葉枯病菌の超薄切片像(加来久敏原図)

i) **粘液層と莢膜**　粘液層と莢膜は菌体の外側に形成される粘ちょうな厚い膜で，多糖がゆるく結合しており，洗浄によって容易に菌体が離脱するものを粘液層（例：イネ白葉枯病菌），離脱しにくく，明らかに構造物とわかるものは莢膜（例：トマトかいよう病菌）と呼ぶ．莢膜の成分である高分子・水溶性の菌体外多糖（extracellular polysaccharide; EPS）を細菌が体内で生産し体外に放出する．EPS の組成は細菌の種類によって一定で，グルコース，マンノースなどからなる多糖が多い．Xanthomonas 属菌が生産する EPS のザンタン（xanthan）は宿主認識機構に関与するといわれている．EPS は ① 外界のストレス（乾燥，異常高温，有害物質など）からの菌体の保護，② 感染の場での誘導抵抗性発現の阻害，③ 植物細胞表面への付着と細胞からの栄養分の漏出促進，④ 導管病では維管束の閉塞と萎ちょうなどに関与する機能をもっていると考えられている．

ii) **細胞壁**　細菌はグラム染色によって陰性菌と陽性菌とに分けることができる（「グラム染色法」(85頁) 参照）．両者の間には細胞壁の構造に基本的な違いがある．グラム陰性菌の細胞壁にはペプチドグリカン層（peptideglycan layer; PG layer）の外側にタンパク質，リポ多糖，リン脂質などを含む外膜（outer membrane）が結合している．グラム陽性菌では厚さ 15～89 nm の PG 層の表層にタイコ酸（teichoic acid）やタイクロン酸（teichuronic acid）などの酸性多糖類を含むのが特徴である．細胞壁は細菌の形態保持，栄養の摂取，代謝産物の排出などの役割を果たしている．細胞壁外膜には各種のタンパク質が含まれており，バクテリオファージやバクテリオシンの特異的レセプター（recepter），菌体抗原としての機能をもつものや，親水性・低分子の糖・アミノ酸などを通す孔を形成するポリンタンパク質（porin protein）も存在する．細胞壁とその内側にある細胞膜との間隙をペリプラズム（periplasm）と呼び，酵素活性の中心となっている．

iii) **細胞膜**　細胞壁ペプチドグリカン層の内側に細胞膜または細胞質膜（cytoplasmic membrane）がある．この膜はリン脂質の二重層からなる単位膜（unit membrane）の中に多量のタンパク質が埋まった構造になっている．リン脂質構造のリン酸部は親水性で膜の表面に位置し，脂肪酸部は疎水性で膜の内側に位置している．培地中の栄養素や菌体内で生産された代謝物質はこの細胞膜によって選択的に輸送される．細胞膜のタンパク質は膜の疎水部に含まれており，有機・無機栄養分の細胞内への選択的摂取，細胞壁や膜脂質成分の合成，高分子

物質の選択的排泄，染色体やプラスミドとの特異的な結合などの機能を有する．

iv) **リボソーム**　細菌のリボソームは 50S サブユニットと 30S サブユニットから構成される 70S の粒子で，50S サブユニットは 23S と 5S rRNA を含有し，30S 粒子サブユニットは 16S rRNA を含有する．リボソームの役割は菌体が生存と増殖のために必要とする数千種類のタンパク質の合成である．

v) **染色体 DNA とプラスミド**　細菌のゲノムを構成する染色体 DNA は二本鎖環状（closed double stranded DNA）であり，その大きさは 10^9 Da で，細菌の生命維持に必要なあらゆるタンパク質に関する情報をコードしている．染色体はヒストン様タンパク質を結合しており，真核細胞にみられる核膜はない．細菌はゲノムサイズが動物，植物に比べはるかに小さく，また，微生物の中で糸状菌に比べてもゲノムサイズは約 1/10 であることから，ゲノム解析が急速に進展している．植物病原細菌においても *Xylella fastidiosa*（ブドウピアス病）を皮切りに，フランスでは *Ralstonia solanacearum*（青枯病菌），アメリカでは *Agrobacterium tumefaciens*（根頭がんしゅ病菌），*Pseudomonas syringae* pv. *tomato*（トマト斑葉細菌病菌），ブラジルでは *Xanthomonas axonopodis* pv. *citri*（異名 *X. campestris* pv. *citri*，カンキツかいよう病菌）と *X. campestris* pv. *campestris*（キャベツ黒腐病菌），また，わが国の農業生物資源研究所では，*X. oryzae* pv. *oryzae*（イネ白葉枯病菌，図Ⅲ.17）の全ゲノム解析が完了している．ゲノム解析の進展

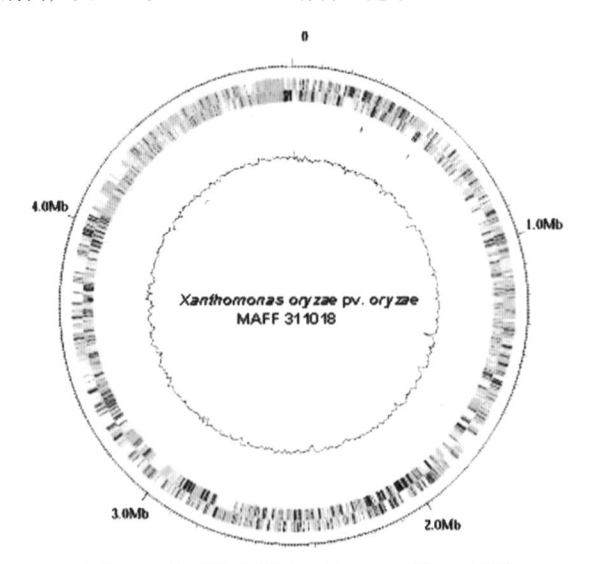

図Ⅲ.17　イネ白葉枯病菌ゲノムマップ（落合ら原図）

により植物病原細菌の病原性関連遺伝子のみならず，植物−病原細菌の相互作用の解析が飛躍的に進むものと期待される．

　プラスミドは細胞質内にあり，染色体 DNA と同様，二本鎖環状 DNA であるが，その大きさは染色体 DNA の 1/100〜1/1000 である．生命現象に必須でない性（sex），薬剤耐性，毒素産生，バクテリオシン産生など，付加的な性質をコードしている．プラスミドには接合（conjugation）により，他の細菌へ転移する伝達性プラスミド（transmissible plasmid）と転移しない非伝達性プラスミド（non-transmissible plasmid）がある．現在までに，多種類の植物病原細菌からプラスミドが分離されている．これらのうち，根頭がんしゅ病菌のプラスミド pTi は病原性発現と直接関係があり，しかも植物への遺伝子ベクター（vector，運び屋）として利用できることから，研究が著しく進歩している（「細菌の病原性発現機作」（88 頁）参照）．それぞれの植物病原細菌は複数のプラスミドをもっており，それらの中には機能の判明しているプラスミドもあるが（表Ⅲ.8），機能の不明なものが多い．

　vi）貯蔵物質　細菌の中には細胞内にグリコーゲン，デンプン，高エネルギーピロリン酸の複合体や原核細胞特有の脂質，ポリ−β−ヒドロキシ酪酸などを貯蔵するものがある．これらの貯蔵物質は飢餓時に消費される．これら貯蔵物質の集積は分類の指標として利用される．

　vii）鞭　毛　鞭毛（flagellum, pl. flagella）は細菌の運動器官で，鞭毛を回転して移動する．鞭毛の付着部位と本数は細菌の種類によって異なり，単極毛（monotrichous），束毛（lophotrichous），周毛（peritrichous），無毛（atrichous）

表Ⅲ.8　プラスミドの種類と形質例

プラスミド名	細　菌	形　質
pTi	*Agrobacterium tumefaciens*	バクテリオシン産生性，植物ホルモン産生性，物質分解経路，病原性関連
pRi	*A. rhizogenes*	植物ホルモン産生性
pAgK84	*A. radiobacter*	バクテリオシン産生性
pJTSP1	*Ralstonia solanacearum*	非病原性
pEA28	*Erwinia amylovora*	サイアミン要求性
pTP23D	*Pseudomonas syringae* pv. *tomato*	銅耐性
pXvCu	*Xanthomonas campestris* pv. *vesicatoria*	銅耐性，非病原性
pCOR1	*P. s.* pv. *atropurpurea*	毒素（コロナチン）産生，病原性関連
85kb	*P. s.* pv. *eryobotryae*	病原性
pDG101	*Curtobacterium flaccumfaciens* pv. *oortii*	ヒ素耐性，クロラムフェニコール耐性
5.3, 4.2Md	*E. carotovora* ssp. *carotovora*	ストレプトマイシン耐性

などに分けられる（図Ⅲ.18）．鞭毛はフラジェリン（flagellin）というタンパク質がらせん状に結合したものであり，中空でその太さは 15〜20 nm，長さは菌体の数倍に達するものがある．その基部は細胞壁および細胞膜と密接に関連した 2〜4 個のリング状構造物（L, M, S, P リングなど）からなっている．青枯病菌では鞭毛による運動性が宿主植物の根への侵入，定着といった感染の初期段階で必要なことやタバコ野火病菌（*Pseudomonas syringae* pv. *tabaci*）ではフラジェリンが植物に防御応答（過敏感反応）を誘導することが知られている．

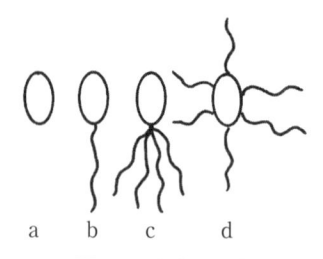

図Ⅲ.18 細菌の鞭毛
(a) 無毛菌（atrichate），
(b) 単極毛菌（monotrichate），
(c) 束毛菌（lophotrichate），
(d) 周毛菌（peritrichate）

ⅷ）**線 毛**　菌体の細胞壁から直線的に伸びている短い繊維状構造物を線毛（pili）と呼び，繊維はピリン（pilin）と呼ばれるタンパク質からなる．線毛には細菌の接合に関与する性線毛（sex pili）のほか，宿主細胞へのエフェクターの分泌機構に関わる Hrp 線毛，T 線毛や赤血球の凝集，ファージの吸着などの機能ももつものがある．

ⅸ）**芽 胞**　*Bacillus* 属，*Clostridium* 属細菌は環境条件が悪化した際に，細胞内に 1 個の芽胞（または胞子）を形成する．芽胞（spore）の外壁は厚い胞子膜（spore coat）で，その内側に皮層（cortex），さらに内部にコア（core）が存在する（図Ⅲ.15）．芽胞は高温，乾燥，薬剤，pH などの不良環境に対して強い抵抗性を示す．芽胞の形，大きさ，形成部位は細菌の種類で異なる．芽胞は芽胞染色法によって染め分けられるので，光学顕微鏡でも容易に観察できる．

ⅹ）**エフェクター（機能性分泌タンパク質）の分泌機構**　病原細菌は宿主の中で増殖しやすい環境を整えるためにタンパク質を分泌し，それが病原性に関与している場合が多い．これまでにタイプⅠ〜Ⅳの分泌機構が知られている（図Ⅲ.19）．

タイプⅠ：細菌のエフェクターはペリプラズムへ移行することなく直接，細胞外に放出される．例：*Erwinia chrysanthemi* のプロテアーゼ，リパーゼ．

タイプⅡ：2 段階の過程を経て分泌される機構．まず，エフェクターは細菌の細胞質から内膜を通過してペリプラズムへ移行する．輸送されるエフェクターには N 末端側にシグナルペプチド配列が存在する．次にシグナルペプチドが切断された後に内膜と外膜に局在するタンパク質の介在により菌体外に放出される．例：

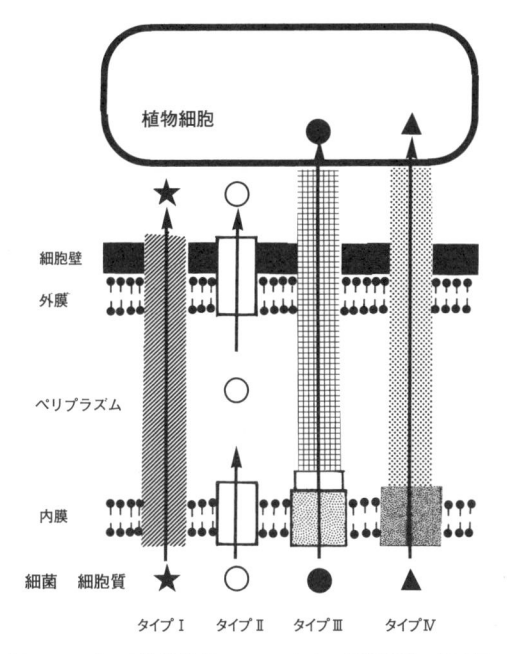

図Ⅲ.19 グラム陰性細菌のエフェクター分泌機構の模式図

Erwinia，Xanthomonas 属細菌のペクチンリアーゼ，ポリガラクツロナーゼやセルラーゼ．

タイプⅢ：鞭毛を構成する器官と類似した分泌機構で中空のニードル様構造物（Hrp 線毛）を菌体外につくり，それを通してエフェクターを直接，宿主細胞内へ注入する．植物病原細菌の非宿主植物における過敏感反応（HR）の誘導には hrp 遺伝子群が関与している．この遺伝子群にはタイプⅢ分泌機構を構成する数種のタンパク質がコードされており，動物病原細菌と同様に植物病原細菌もこの機構を使って avr（非病原力）遺伝子産物や病原性関連因子を宿主細胞内に輸送していると考えられている．

タイプⅣ：タンパク質だけでなく DNA の移行にも関与する．Agrobacterium tumefaciens の T-DNA は virD2 タンパク質とともに T 線毛を通って直接，植物細胞へ輸送される．

  xi）**hrp**（hypersensitive response and pathogenicity）**遺伝子群**　hrp は Pseudomonas 属，Xanthomonas 属，Ralstonia 属，Erwinia 属細菌などほとんどの植物病原細菌がもち，非宿主への HR 誘導能および宿主植物に対する病原性の発現

を制御している 25 kb 前後からなる領域で，20 以上の遺伝子が連続的に配列するクラスター構造を有し，タイプⅢ分泌機構の構成成分やいくつかの病原性に関わるタンパク質をコードしている．

(3) 培養・増殖

植物病原細菌は，宿主植物組織内で，また適当な栄養素（nutrients）を含む培地（medium）中でよく増殖（multiplication）する．細菌の培地中での増殖は栄養素の種類と濃度，pH，通気性（aeration），温度などによって影響される．

ⅰ）培地（栄養）　植物病原細菌は従属栄養生物（heterotroph）であり，増殖するためには菌体構成成分やエネルギー源として炭素化合物，窒素，リンを要求するほか，各種の微量要素やビタミン類が必要である．炭素化合物の中では，グルコース，ショ糖が広く利用されるが，マルトース，フルクトース，ラクトースなどを利用する細菌も多い．窒素源としては，アンモニア態または硝酸態の無機窒素化合物のほか，アミノ酸，ペプトン，酵母エキス，牛肉エキスなどの有機態窒素を利用する．リン酸やカリウムは核酸の合成または代謝生理に欠かすことができないものであり，無機塩の形で利用する．

細菌増殖用の培地をつくるには，蒸留水にこれら栄養素を加えたのち，pH を調整し，適当な方法（高圧，間欠，濾過など）で滅菌して使用する．固形培地（solid medium）の場合は寒天を加える．一般的に用いられる培地組成の例を表Ⅲ.9 に示した．

ⅱ）培養温度，通気　培養条件の中で最も重要な因子は通気と温度である．植物病原細菌は一部（*Erwinia* 属，*Clostridium* 属）を除いて好気性（aerobic）であり，その増殖には酸素が必要である．したがって，静置培養（still culture）よりも振とう培養（shake culture）でよく増殖する．植物病原細菌は 5〜35℃の範囲で増殖可能であるが，増殖適温（optimum growth temperature）は一般に 25〜30℃ の範囲にある．

ⅲ）生育曲線　生細菌数は好適な寒天平板培地上で培養し，形成されるコロニーを計数して測定する．この場合，単位は CFU（colony forming unit）で示す．細菌を液体培地中で培養し，経時的に定量すると，しばらくの間菌数の増加がなく推移する．この時期は誘導酵素の合成が行われるなど，急速な増殖のための準備期間（誘導期，lag phase）で，ついで細菌体は活発に分裂，増殖をくり返し，指数関数的に細菌数が増加する（対数増殖期，logarithmic phase）．その後，細菌数は安定（定常期，stationary phase）するが，栄養分や溶存酸素

4. 細　菌

表Ⅲ.9　細菌用一般培地の組成

① 肉エキス・ペプトン寒天培地（NA 培地）	
牛肉エキス	5 g
ペプトン	5 g
NaCl	2 g
寒天	15 g
水	1 l
	pH 7.0
② イーストエキス・ペプトン・デキストロース寒天培地（YPDA 培地）	
イーストエキス	10 g
ペプトン	10 g
デキストロース	10 g
寒天	15 g
水	1 l
	pH 7.0
③ ジャガイモ半合成培地（PSA 培地）	
ジャガイモ 300g 煎汁	1 l
$Na_2HPO_4 \cdot 12H_2O$	2 g
$Ca(NO_3)_2 \cdot 4H_2O$	0.5 g
ペプトン	5 g
ショ糖	20 g
寒天	15 g
	pH 7.0

の欠乏，有害代謝産物の蓄積などのために，しだいに死滅細胞が増加し（死滅期，death phase），細菌数が減少するという生育曲線を描く（図Ⅲ.20）．

対数増殖期には一定時間ごとに2分裂で増殖するため，ある時刻における細菌数 x と n 回分裂後の細菌数 y との間には次式が成り立つ．

$y = 2^n x$

(4) 変　異

植物病原細菌は，自然状態や人工培養中にしばしば自然突然変異を起こす．突然変異は，ある種の化学的・物理的処理（変異源，mutagen）によっても誘発でき，またトランスポゾン（transposon）の挿入によって人工変異株を作出できる．

化学的変異法：① DNA に取り込まれるプリン，ピリミジン塩基（2-アミ

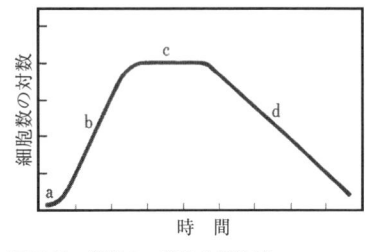

図Ⅲ.20　細菌の一般的生育曲線
　a：誘導期（lag phase）
　b：対数増殖期（logarithmic phase）
　c：定常期（stationary phase）
　d：死滅期（death phase）

ノプリン，5-ブロモウラシルなど），②DNAと化学的に反応する物質（ニトロソグアニジン，亜硝酸，ヒドロキシアミン，スルフォン酸類など），③DNAの塩基対間に架橋をつくる物質（アクリジン色素類，プロフラビン）などが変異源となる．

物理的変異法：紫外線（UV），イオン化放射線などの照射（irradiation）がある．UVを照射するとDNAに近接するチミン間でダイマー（pyrimidine dimer，二量体）が形成されるため，DNAの複製や転写が阻害され，変異体ができる．この二量体は可視光線によって解除される．イオン化放射線（X線，γ線，α線）が照射されると，生物体を構成する原子は一部がエネルギーを吸収してイオン化する．DNAに対しては塩基の修飾とDNA鎖の切断が生じ，変異を起こす．

トランスポゾン（transposon; Tn，動く遺伝子）：トランスポゾンは宿主細菌のゲノムに転移し，その部位の遺伝子の発現を抑制する．自然突然変異を起こした各種の変異株には病原性の変異株のほか集落型，薬剤耐性，ファージ感受性，生化学型（炭水化物利用能，アミノ酸要求性）などが認められ，これらは学問的にも産業的にもきわめて重要である．

i） 集落の形状変異　ナス科作物青枯病菌（*Ralstonia solanacearum*）は，栄養豊富な培地で培養すると集落変異体が高頻度に現れる．野生型の集落は流動性があり（fluidal），大型であるが，これから小型の集落が出現する．TTC（triphenyl tetrazorium chloride）培地を使用することにより，変異を鮮明に観察できる（図Ⅲ.21）．流動性で大型の集落をつくる細菌は，菌体外多糖質（EPS）を産生し病原性が高いのに対し，小型集落をつくる変異菌は宿主植物を枯らすことができない．大型集落から小型集落への突然変異は多くの*Xanthomonas*属細菌で

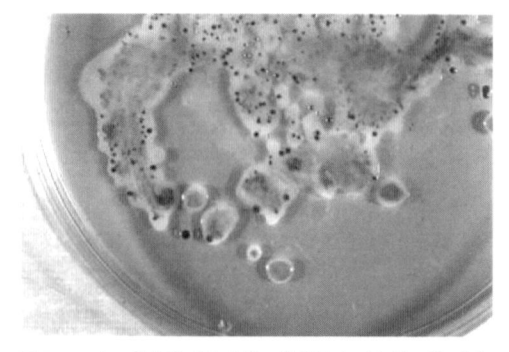

図Ⅲ.21　ナス科作物青枯病菌の集落異変（中保一浩原図）
大型流動的な集落が野生型，小型集落は非病原性変異型．

もしばしば認められる.

　ⅱ) **病原性変異**　植物病原細菌の中には継代培養中に容易に病原性を失うものが知られている.ナス科作物青枯病菌やイネ白葉枯病菌などは病原性と集落の形状との間に関連性が認められる.イネもみ枯細菌病菌では,集落の形状と無関係に病原性が低下する.この細菌は菌株によって異なる2〜6個のプラスミドをもっているが,病原性との間に関連性は認められない.

　ⅲ) **薬剤耐性変異**　薬剤耐性(drug tolerance)機構,耐性菌出現に対する対策,耐性遺伝子の解明とそのマーカーとしての利用などに関する研究が医学分野では著しく進歩している.薬剤耐性獲得の機構としては,染色体の突然変異に基づく抗生物質の第一次作用点の形質変化による場合と,分解酵素産生能力の獲得による場合とがある.後者は抗生物質分解酵素産生遺伝子をもつ薬剤耐性プラスミド(R因子)の接合伝達による.ストレプトマイシン(SM),クロラムフェニコール(CM),カナマイシン(KM)などの抗生物質に対する自然耐性菌は,R因子による薬剤不活性化酵素の生産による場合が多い.それらの酵素としては,ストレプトマイシン・リン酸転移型,アデニル転移型酵素,カナマイシン・アセチル化型,カナマイシン・アデニル化型酵素,クロラムフェニコール・アセチル転移型酵素が知られている.また,SMに対してはその作用点であるリボソームの30Sサブユニットが変化することによって耐性を獲得する場合が知られている.その他,テトラサイクリン(TC),CM,サルファ剤(SA)などに対する耐性機構として,R因子による細菌細胞の膜透過性の変化,SAに対する耐性機構としてR因子による葉酸合成系酵素の合成増加が知られている.

　変異で生ずる薬剤耐性は,1個の主働遺伝子の突然変異によるもの,または1個の遺伝子を獲得したために,1種以上の薬剤に対して同時に耐性となる場合がある.この場合,変異菌はこれらの薬剤に対して交叉耐性(交差耐性,cross resistance)を示すという.R因子による多剤耐性は1個の遺伝子によるものではなく,交叉耐性ではない.

　農薬用抗生物質剤の一種,SM剤は細菌病の防除に卓効を示したが,連続多用した作物では耐性菌が出現し,効果が減退した事例がある.

(5) 細菌が生産する生理活性物質

　植物病原細菌は,培地中にいろいろな生理活性物質を生産する.主なものは菌体外多糖質,植物組織崩壊酵素類,植物毒素類,植物ホルモン類,抗菌物質,およびシデロフォアの類である.これらのうち前4者は病原性発現のための重要な

因子である場合が多く，また後2者は自然界での自己保存の役割をもつ因子と考えられている．

ⅰ）多糖 菌体外多糖はヘテロ多糖質からなるものが多く，乾燥や高温などの環境変化に対する耐性に関与するといわれている．これらの構造と生理活性については「粘液層と莢膜」（43頁）を参照されたい．

ⅱ）酵素 病原細菌が生産する酵素（enzyme）類のうち，特に重要なものはペクチナーゼ，セルラーゼおよびプロテアーゼである．これらの多くは病原性発現に関与するものと考えられている．

a）ペクチナーゼ：植物病原細菌のうち，植物組織を軟腐させる *Erwinia* 属細菌（*E. carotovora* ssp. *carotovora*, *E. chrysanthemi* など）は，細胞と細胞を膠着させるペクチン質を分解する強いペクチナーゼ（pectinase）活性を示す．各種ペクチナーゼのうち，特にペクチン酸リアーゼ（PL）とペクチンリアーゼ（PNL）は軟腐性 *Erwinia* 属細菌の病原性発現に重要な役割を果たしている．ペクチン酸はこれら酵素によってピルビン酸とグリセルアルデヒド-3-リン酸に分解され，解糖系に入り，利用される．青枯病菌はペクチンメチルエステラーゼ（PME）と3つのアイソザイムからなるポリガラクツロナーゼ（PG）を産生する．PGを欠損させた変異株は野生株に比べ発病程度が低くなることからPGは病原因子（virulence factor）と考えられている．

b）セルラーゼ：多くの病原細菌は，セルラーゼ（cellulase）を分泌する．この酵素はD-グルコース直鎖の β-1,4-結合を切断することによって宿主植物細胞壁の重要構成成分であるセルロースを分解する．青枯病菌の産生するエンドグルカナーゼは，宿主植物の病徴発現に重要な役割を果たしていると考えられている．

c）プロテアーゼ：多くの病原細菌はプロテアーゼを生産し，ゼラチンやカゼインなどのタンパク質性物質を分解することが知られている．しかし，病原性発現との関わりは明らかでない．細菌に寄生し，増殖するデロビブリオ細菌（*Bdellovibrio*）は細胞内へ侵入後，強いプロテアーゼ活性によって宿主の細胞質を分解し，栄養源として利用する．

d）でんぷん分解酵素（アミラーゼ類）：植物病原細菌のうち，*Pseudomonas, Streptomyces, Xanthomonas* 属の細菌は，でんぷんを分解利用するためアミラーゼを分泌する．しかし，アミラーゼと病原性との関係は明らかでない．

ⅲ）植物毒素 植物病原細菌は，種類によって異なる各種の植物毒素（phy-

表Ⅲ.10 植物病原細菌が生産する毒素の例

毒素名	生産菌	作用機作
タブトキシン (tabtoxin)	*Pseudomonas syringae* pv. *tabaci*	グルタミン合成酵素阻害
コロナチン (coronatine)	*P. syringae* pv. *atropurpurea* など	アミノレブリン酸合成阻害
ファゼオロトキシン (phaseolotoxin)	*P. syringae* pv. *phaseolicola*	アルギニン代謝阻害
シリンゴトキシン (syringotoxin)	*P. syringae* pv. *syringae*	膜破壊
リゾビトキシン (rhizobitoxine)	*Bradyrhizobium japonicum*	メチオニン代謝阻害
トロポロン (tropolone)	*Burkhorderia plantarii*	鉄イオンキレート
トキソフラビン (toxoflavin)	*B. glumae*	電子伝達系阻害

totoxin)を生産する(表Ⅲ.10).また,タブトキシンやコロナチンにみられるように同じ毒素が複数の種類の細菌によっても生産される.これらの毒素の作用機作はそれぞれ異なるが,多くのものはアミノ酸代謝や糖代謝に関係する酵素を阻害し,植物のクロロシス(chlorosis)の原因になる.これらの毒素はいずれも病勢進展を促進する役割を果たすが,作用が宿主特異的でないところから,病原細菌が宿主を決定するための主な要因ではないと考えられている.

iv) 植物ホルモン 植物病原細菌のうち,植物組織にこぶ(gall)やがんしゅ(tumor)をつくらせるものは植物体内でインドール酢酸(indole acetic acid;IAA)やサイトカイニン(cytokinin)などの植物ホルモン(plant hormone)を生産する.根頭がんしゅ病菌(*Agrobacterium tumefaciens*),オリーブがんしゅ病菌(*Pseudomonas syringae* pv. *savastanoi*)などが生産するホルモンと病徴発現との関係については「根頭がんしゅ病」(181頁)で詳しく述べる.

v) 抗菌活性物質,バクテリオシン 多くの細菌は他の細菌や糸状菌に対して活性を示す抗菌物質(antibiotic)を生産する.表Ⅲ.10にあげた植物毒素のうち,シリンゴトキシン,トロポロンなどは微生物に対しても広く抗菌活性を示すことが知られている.また,植物病原細菌の中には特定の細菌種や同種の中の細分化されたグループにのみ抗菌活性を示す物質を生産するものもある.このような抗菌物質をバクテリオシン(bacteriocin)という.バクテリオシンはもともと細菌が生産する抗菌物質のうち,近縁菌に活性のあるタンパク質を指す言葉であったが,現在は範囲を拡大して使われている.細菌が生産するこれらの抗菌物

質を検定するには，図Ⅲ.22 の方法で，指示菌（indicator bacterium）として産生菌と近縁（同種異系統株）細菌を使用して行う．植物病原細菌が生産するバクテリオシンのうち，特に根頭がんしゅ病菌に近縁の *Agrobacterium radiobacter* 84 が生産するアグロシン 84 についての研究が進み，その構造も解明された．アグロシン 84 生産菌は根頭がんしゅ病の生物的防除に使われている（「根頭がんしゅ病」(181 頁) 参照）．同様にハクサイ軟腐病の生物的防除に *Erwinia carotovora* ssp. *carotovora* の非病原性，バクテリオシン生産菌が使用されている（「野菜類軟腐病」(185 頁) 参照）．

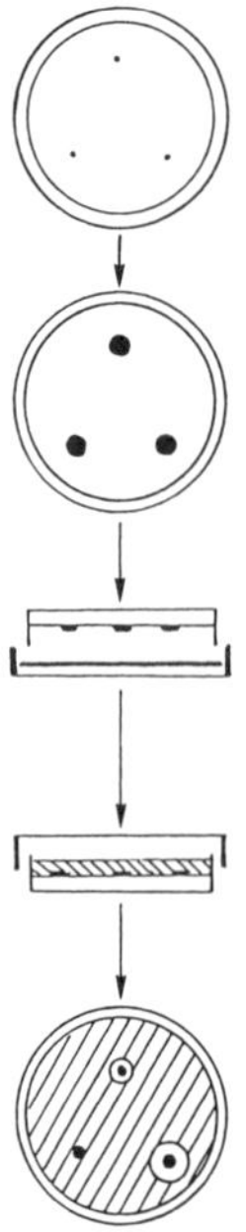

vi) シデロフォア *Pseudomonas* 属，*Agrobacterium* 属，*Erwinia* 属，*Rhizobium* 属などに含まれる多種類の

細菌用培地（寒天濃度 1.5%）培地で 30℃, 48 時間培養

コロニー形成

クロロホルム蒸気処理（約 1.5 ml, 2 時間）生産菌の殺菌

指示菌[a]（約 10^7cells/ml）を含む培地（寒天濃度 0.5%, 45〜50℃）5 ml を重層

30℃, 24 時間培養後，阻止帯を計測

図Ⅲ.22 細菌が生産する抗菌物質およびバクテリオシンの検定法
[a]：バクテリオシン検定の場合は産生菌と同種異系統の菌株を使用

植物病原細菌が Fe^{3+} をキレートする物質であるシデロフォア（siderophore）を生産する．シデロフォアの中にはシュードバクチン（pseudobactin），アグロバクチン（agrobactin），リゾバクチン（rhizobactin），トロポロン（tropolone）などが知られている．これらは菌体内で合成され，鉄含量の低い条件下では菌体外に放出されて鉄イオンと結合し，細胞壁に存在するレセプターを経由して再び菌体内に取り込まれる．このように鉄結合親和力をもつシデロフォアを分泌する腐生性細菌が生態的に優位になるため，他の微生物は鉄欠乏状態になり，土壌伝染性病害の発生を抑える．その結果，作物の生長が良好となり，収量が増大する．このような細菌を作物生育促進性根圏細菌（plant growth promoting rhizobacteria; PGPR）と呼び，生物的防除の素材として使われている（「生物的防除」(152 頁) 参照）．

5. 菌 類

(1) 分類と同定

i) 菌類の特徴　菌類（fungus, pl. fungi）は真核生物の一群で，一般にかび，きのこ，酵母，変形菌，粘菌などと呼ばれている生物の総称である．菌類は光合成能力をもたず，多くはその炭素源を死んだ植物（植物遺体）から獲得しているが，なかには生きた植物から直接にあるいは生植物を殺して獲得しようとするものがあり，その結果，植物は害を受けることになる．このような菌類が病原菌（pathogen）となる．植物の病原体として，菌類の占める割合は高く（全体の約80％），それらは植物病原菌類（plant pathogenic fungi）と呼ばれる．きのこ，かびおよび酵母のうち，植物の病気に関係するのはかび，すなわち糸状菌（filamentous fungi）が圧倒的に多い．一般的にかび類に起因する植物の病気を菌類病（fungal disease）あるいは糸状菌病と呼ぶ．

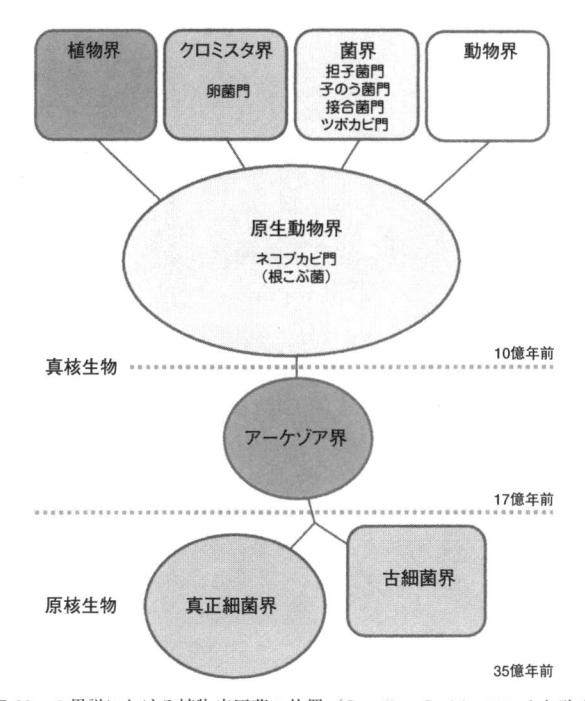

図Ⅲ.23　8界説における植物病原菌の位置（Cavalier-Smith, 1992 より改変）[8]

ii）**菌類の生物界での位置**　ウイタッカー（Whittaker, 1969）は，生物の体制や栄養の取り方に基づいた生物5界説を提唱した．この説により，菌類は，菌界（Kingdom Fungi）として，モネラ界，原生生物界，植物界，動物界とともに，初めて生物の中の1つの界を構成する一群として認識された．しかしながら，系統的に異なる原生生物の取扱いについては議論が多く，また菌類の中でも，変形菌類や細胞壁にセルロースを有する卵菌類の扱いについても異論があった．その後，rRNA などを用いた分子系統の解析や微細構造学的解析などにより，生物学の系統進化がしだいに明らかになり，これらの成果をもとに生物8界説が提唱された（図Ⅲ.23）（キャバリエ-スミス（Cavalier-Smith），1992）．生物8界説では，原核生物に古細菌界と真正細菌界の2つの界が，また，真核生物にミトコンドリアをもたないアーケゾア界とこれを有する原生動物界，植物界，クロミスタ界，菌界および動物界の6つの界が設けられている．8界説では菌類はクロミスタ界，菌界および原生動物界の系統的に異なる3つの界に属することになった．8界説に基づいたホークスワースら（Hawksworth et al., 1995）の菌類の分類体系も，5界説に基づくそれとは大きく異なっている（表Ⅲ.11）．この分類に従うと，原生動物界の菌類は4門に，クロミスタ界の菌類は3門に，また，菌界は4門に分類されている．表Ⅲ.12は植物病原菌類の主要な属をこの分類に基づいて一覧表にしたものである．

iii）**菌類の学名**　菌類の名前を国際的に通用するようラテン名（latin name）で統一したものが学名（scientific name）で，その取扱いは国際植物命名規約（International Code of Botanical Nomenclature）に準拠している．学名は分類の基本単位である種（species（sp.），pl. species（spp.））の階級で命名されており，これを種名という．種より上には属，科，目，綱，門，界と順次大きな単位がある．もし階級を細分する必要がある場合はこれらの分類群に接頭詞の亜をつけて細分する．それらは語尾から階級を知ることができる．各階級の語尾はそれぞれ，門が-mycota，亜門が-mycotina，綱が-mycetes，亜綱が-mycetidae，目が-ales，亜目が-ineae，科が-aceae および亜科が-oideae，となる．

一般に生物名を記す場合は，属名（genus name），種名，命名者の順に記載し，属名，種名はイタリックで示す．例えばムギ黒さび病菌は *Puccinia graminis* Persoon と記載するが，命名者名は省略するのが普通である．

iv）**菌類の分類と各分類群の形態的特徴**　以下に8界説に基づいた菌類の分類と各分類群の形態的特徴を示す（図Ⅲ.24）．

a) **原生動物界の菌類**：栄養体（vegetative body, thallus, pl. thalli）は細胞壁がなく，単核または多核の変形体（plasmodium）である．アメーバ運動により，細菌や固形物などを摂取して細胞内消化を行うが，一部のものは植物の細胞内に寄生して栄養分を吸収する．栄養体全体が生殖器官となる全実性（holocarpic）を示し，特別な子実体（fruit body）は形成しない．形態や生活環により4門に分類されているが，これらの中で，ネコブカビ門（Plasmodiophoromycota）ネコブカビ綱（Plasmodiophoromycetes）に所属する種が植物に寄生する．病原菌としてアブラナ科植物根こぶ病菌（*Plasmodiophora brassicae*），ジャガイモ粉状そうか病菌（*Spongospora subterranea*），テンサイそう根病菌（*Polymyxa betae*）などがある．いずれの菌も，遊走子（zoospore）が植物の根毛に感染し，変形体（plasmodium）を形成した後，遊走子のう（zoosporangium）を形成する．遊走子のう中に形成された遊走子は次に皮層に感染して，再び変形体を形成する．変

図Ⅲ.24 菌類の各分類群の器官とその形態的特徴（Agrios, 1997を一部改変）[9]

表Ⅲ.11 菌類の高次分類群(柿島, 2001を一部改変)[10]

5界説に基づく分類[1]	8界説に基づく分類[2]
菌界　Kingdom Fungi	原生動物界　Kingdom Protozoa
	アクラシス菌門　Acrasiomycota
変形菌門　Myxomycota	アクラシス菌綱　Acrasiomycetes
プロトステリウム菌綱　Protosteliomycetes	タマホコリカビ門　Dictyosteliomycota
ツノホコリカビ綱　Ceratomyxomycetes	タマホコリカビ綱　Dictyosteliomycetes
タマホコリカビ綱　Dictyosteliomycetes	変形菌門　Myxomycota
アクラシス菌綱　Acrasiomycetes	プロトステリウム菌綱　Protosteliomycetes
変形菌綱　Myxomycetes	変形菌綱　Myxomycetes
ネコブカビ綱　Plasmodiophoromycetes	ネコブカビ門　Plasmodiophoromycota
ラビリンチュラ菌綱　Labyrinthulomycetes	ネコブカビ綱　Plasmodiophoromycetes
真菌門　Eumycota	クロミスタ界　Kingdom Chromista
鞭毛菌亜門　Mastigomycotina	サカゲツボカビ門　Hyphochytridiomycota
ツボカビ綱　Chytridiomycetes	サカゲツボカビ綱　Hyphochytridiomycetes
サカゲツボカビ綱　Hyphochytridiomycetes	卵菌門　Oomycota
卵菌綱　Oomycetes	卵菌綱　Oomycetes
接合菌亜門　Zygomycotina	ラビリンチュラ菌門　Labyrinthulomycota
接合菌綱　Zygomycetes	ラビリンチュラ菌綱　Labyrinthulomycetes
トリコミケス綱　Trichomycetes	
子のう菌亜門　Ascomycotina	菌界　Kingdom Fungi
（綱レベルの分類未確定）	ツボカビ門　Chytridiomycota
担子菌亜門　Basidiomycotina	ツボカビ綱　Chytridiomycetes
菌蕈綱　Hymenomycetes	接合菌門　Zygomycota
腹菌綱　Gasteromycetes	接合菌綱　Zygomycetes
サビキン綱　Urediniomycetes	トリコミケス綱　Trichomycetes
クロボキン綱　Ustilaginomycetes	子のう菌門　Ascomycota[3]
不完全菌亜門　Deuteromycotina	古生子のう菌綱　Archiascomycetes
分生子果不完全菌綱　Coleomycetes	半子のう菌綱　Hemiascomycetes
糸状不完全菌綱　Hyphomycetes	不整子のう菌綱　Plectomycetes
	核菌綱　Pyrenomycetes
	ラブルベニア綱　Laboulbeniomycetes
	盤菌綱　Discomycetes
	小房子のう菌綱　Loculoascomycetes
	担子菌門　Basidiomycota
	サビキン綱　Urediniomycetes
	クロボキン綱　Ustilaginomycetes
	菌蕈綱　Hymenomycetes
	（Mitosporic fungi）[4]

[1] Hawksworth et. al., 1983 より抜粋． [2] Hawksworth et al., 1995 より抜粋．
[3] [2]では綱レベルの分類群は未確定であるため，岩波生物学辞典第4版(1996)に従った．
[4] [1]で不完全菌亜門として扱われた分類群は，[2]では正式な分類群とはされず Mitosporic fungi として一括された．

5. 菌 類

表Ⅲ.12 8界説による主な植物病原菌の分類(Hawksworth et al., 1995 および柿島, 2001 から抜粋, 一部改変)[11]

Protozoa　原生動物界
　Plasmodiophoromycota　ネコブカビ門
　　Plasmodiophoromycetes　ネコブカビ綱
　　　Plasmodiophorales　ネコブカビ目
　　　　Plasmodiophoraceae　ネコブカビ科　*Plasmodiophora, Polymyxa, Spongospora*

Chromista　クロミスタ界
　Oomycota　卵菌門
　　Oomycetes　卵菌綱
　　　Peronosporales　ツユカビ目
　　　　Albuginaceae　シロサビキン科　*Albugo*
　　　　Peronosporaceae　ツユカビ科　*Basidiophora, Bremia, Peronospora, Plasmopara,*
　　　　　　　　　　　　　　　　　　　Pseudoperonospora
　　　Pythiales　フハイカビ目
　　　　Pythiaceae　フハイカビ科　*Phytophthora, Pythium*
　　　Saprolegniales　ミズカビ目
　　　　Saprolegniaceae　ミズカビ科　*Achlya, Aphanomyces*
　　　Sclerosporales　ササラビョウキン目
　　　　Sclerosporaceae　ササラビョウキン科　*Peronosclerospora, Sclerospora, Sclerophthora*
　　　　Verrucalvaceae　ベルカルバ科

Fungi　菌界
　Chytridiomycota　ツボカビ門
　　Chytridiomycetes　ツボカビ綱
　　　Blastocladiales　コウマクノウキン目
　　　　Physodermataceae　フィソデルマ科　*Physoderma*
　　　Chytridiales　ツボカビ目
　　　　Synchytriaceae　サビツボカビ科　*Synchytrium*
　　　Spizellomycetales　スピゼロミケス目
　　　　Olpidiaceae　フクロカビ科　*Olpidium*
　　　　Urophlyctidaceae　ウロフィリクティス科　*Urophlyctis*

　Zygomycota　接合菌門
　　Zygomycetes　接合菌綱
　　　Mucorales　ケカビ目
　　　　Choanephoraceae　コウガイケカビ科　*Choanephora*
　　　　Mucoraceae　ケカビ科　*Mucor, Rhizopus*

　Ascomycota　子のう菌門
　　Hemiascomycetes　半子のう菌綱
　　　Protomycetales　プロトミケス目
　　　　Protomycetaceae　プロトミケス科　*Protomyces*
　　　Taphrinales　タフリナ目
　　　　Taphrinaceae　タフリナ科　*Taphrina*

　　Pyrenomycetes　核菌綱
　　　Diaporthales　ジアポルテ目
　　　　Valsaceae　バルサ科　*Diaporthe, Endothia, Gnomonia, Leucostoma, Valsa*
　　　Erysiphales　ウドンコカビ目
　　　　Erysiphaceae　ウドンコカビ科　*Blumeria, Erysiphe, Leveillula, Microsphaera, Phyllactinia,*
　　　　　　　　　　　　　　　　　　　Podosphaera, Sawadaia, Sphaerotheca, Uncinula, Uncinuliella

Hypocreales　ボタンタケ目
　Clavicipitaceae　バッカクキン科　*Claviceps*, *Epichloë*
　Hypocreaceae　ボタンタケ科　*Calonectria*, *Gibberella*, *Nectria*, *Nectriella*
Meliolales　メリオラ目
　Meliolaceae　メリオラ科　*Meliola*
Microascales　ミクロアスクス目
　所属科不明　　　　　　　*Ceratocystis*
Ophiostoamatales　オフィオストマ目
　Ophiostomataceae　オフィオストマ科　*Ophiostoma*
Phyllachorales　クロカワキン目
　Phyllachoraceae　クロカワキン科　*Glomerella*, *Phyllachora*
Sordariales　フンタマカビ目
　Lasiosphaeriaceae　ラシオスファエリア科　*Podospora*
　Sordariaceae　フンタマカビ科　*Neurospora*
Xylariales　クロサイワイタケ目
　Xylariaceae　クロサイワイタケ科　*Rosellinia*, *Xylaria*

所属目不明科
　Hyponectriaceae　ヒポネクトリア科　*Physalospora*
　Magnaporthaceae　マグナポルテ科　*Gaeumannomyces*, *Magnaporthe*

Loculoascomycetes　小房子のう菌綱
　Dothideales　クロイボタケ目
　　Botryosphaeriaceae　ボトリオスファエリア科　*Botryosphaeria*
　　Capnodiaceae　カプノジウム科　*Capnodium*
　　Chaetothyriaceae　カエトチリウム科　*Chaetothyrium*, *Phaeosaccardinula*
　　Dothideaceae　クロイボタケ科　*Dothidea*
　　Elsinoaceae　エルシノエ科　*Elsinoë*
　　Leptosphaeriaceae　レプトスファエリア科　*Ophiobolus*
　　Mycosphaerellaceae　コタマカビ科　*Guignardia*, *Mycosphaerella*
　　Pleosporaceae　プレオスポラ科　*Cochliobolus*, *Pleospora*, *Pyrenophora*
　　Venturiaceae　ベンツリア科　*Venturia*
　　所属科不明　*Didymella*

Discomycetes　盤菌綱
　Leotiales　ズキンタケ目
　　Dermateaceae　ヘソタケ科　*Mollisia*
　　Sclerotiniaceae　キンカクキン科　*Botryotinia*, *Monilinia*, *Sclerotinia*
　Rhytismatales　リチスマ目
　　Rhytismataceae　リチスマ科　*Lophodermium*, *Rhytisma*

Basidiomycota　担子菌門
　Ustomycetes　クロボキン綱
　　Exobasidiales　モチビョウキン目
　　　Exobasidiaceae　モチビョウキン科　*Exobasidium*
　　Graphiolales　グラフィオラ目
　　　Graphiolaceae　グラフィオラ科　*Graphiola*
　　Platygloeales　プラチグロエア目
　　　Platygloeaceae　プラチグロエア科　*Eocronartium*, *Helicobasidium*
　　Ustilaginales　クロボキン目
　　　Tilletiaceae　ナマグサクロボキン科　*Entyloma*, *Neovossia*, *Tilletia*, *Urocystis*
　　　Ustilaginaceae　クロボキン科　*Ustilago*, *Sphacelotheca*, *Sorosporium*, *Sporisorium*

5. 菌 類

Teliomycetes 半担子菌綱
  Septobasidiales モンパキン目
    Septobasidiaceae モンパキン科 *Septobasidium*
  Uredinales サビキン目
    Coleosporiaceae コレオスポリウム科 *Coleosporium*, *Chrysomyxa*
    Cronartiaceae クロナルチウム科 *Cronartium*
    Melampsoraceae メランプソラ科 *Melampsora*
    Phakopsoraceae ファコプソラ科 *Phakopsora*
    Phragmidiaceae フラグミジウム科 *Phragmidium*
    Pileolariaceae ピレオラリア科 *Pileolaria*
    Pucciniaceae プクニニア科 *Gymnosporangium*, *Puccinia*, *Stereostratum*, *Uromyces*
    Pucciniastraceae プクニニアストルム科 *Hyalopsora*, *Melampsorella*, *Melampsoridium*,
                                                Milesina
    Raveneliaceae ラベネリア科 *Ravenelia*
    Sphaerophragmiaceae スファエロフラグミウム科 *Hapalophragmium*, *Nyssopsora*
    所属科不明 *Blastospora*, *Hemileia*

Basidiomycetes 担子菌綱
  Agaricales マツタケ目
    Tricholomataceae キシメジ科 *Armillaria*
  Cantharellales アンズタケ目
    Cantharellaceae アンズタケ科 *Cantharellus*
    Hydnaceae ハリタケ科 *Hydnum*
    Typhulaceae ガマホタケ科 *Typhula*
  Ceratobasidiales ツノタンシキン目
    Ceratobasidiaceae ツノタンシキン科 *Ceratobasidium*, *Thanatephorus*
  Ganodermatales マンネンタケ目
    Ganodermataceae マンネンタケ科 *Ganoderma*
  Hymenochaetales タバコウロコタケ目
    Hymenochaetaceae タバコウロコタケ科 *Coltricia*
  Poriales アナタケ目
    Coriolaceae コリオロス科 *Coriolus*, *Fomes*, *Trametes*
    Polyporaceae サルノコシカケ科 *Athelia*, *Polyporus*
  Schizophyllales スエヒロタケ目
    Schizophyllaceae スエヒロタケ科 *Schizophyllum*
  Stereales ウロコタケ目
    Stereaceae ウロコタケ科 *Stereum*
  Tulasnellales ツラスネラ目
    Tulasnellaceae ツラスネラ科 *Tulasnella*

Mitosporic fungi
Alternaria, *Ascochyta*, *Aspergillus*, *Botrytis*, *Cercospora*, *Cladosporium*, *Colletotrichum*, *Curvularia*, *Cylindrosporium*, *Fusarium*, *Gloeosporium*, *Graphium*, *Helminthosporium*, *Monilia*, *Oidium*, *Penicillium*, *Pestalotia*, *Pestalotiopsis*, *Phoma*, *Phomopsis*, *Phyllosticta*, *Pyricularia*, *Rhizoctonia*, *Rhynchosporium*, *Sclerotium*, *Septoria*, *Sphaceloma*, *Trichoderma*, *Ustilaginoidea*, *Verticillium*

形体は後に休眠胞子（resting spore）を形成し，土壌中で長期間生存する．

　b）　**クロミスタ界の菌類**：栄養体は単細胞の菌体または菌糸で，生活環のある時期に鞭毛をもった遊走子を生じる．菌糸は隔壁（septum, pl. septa）を欠く無隔菌糸（aseptate hyphae）で，菌糸体は多核の細胞からなる（多核菌糸体，coenocytic mycelium）．この界には3門あるが，植物に寄生することが知られているのは卵菌門（Oomycota）の菌類のみである．卵菌門の菌類は，尾型と羽型の鞭毛をそれぞれ1本ずつもつ遊走子を形成するのが特徴である．また，栄養体の一部に生殖器官が形成される分実性（eucarpic）を示す．病組織内の菌糸の部分に造卵器（oogonium, pl. oogonia）と造精器（antheridium, pl. antheridia）を生じ，両者の接合による受精により卵胞子（oospore）ができる．卵胞子は休眠後発芽する．この門には多くの植物病原菌類が含まれ，ツユカビ目，フハイカビ目，ミズカビ目，ササラビョウキン目の4目が病原菌を含む目として重要である．

　c）　**菌界の菌類**：この界の菌類は，有性生殖世代の形態（テレオモルフ，teleomorph）により，ツボカビ門，接合菌門，子のう菌門および担子菌門の4門に分類されている．なお，5界説に基づく分類では不完全菌亜門として取り扱われていた無性生殖世代のみ知られ有性生殖世代の不明な菌類は，8界説に基づく分類ではMitosporic fungiとして一括され，特別な分類群は設けられていない．このように菌類は基本的にはそのテレオモルフによって分類される．しかし菌類の分類学的位置を調べるためには，テレオモルフの形態とともにその無性生殖世代の形態（アナモルフ，anamorph）も考慮して検索，分類する必要がある．

　① ツボカビ門（Chytridiomycota）：1本の尾型鞭毛をもつ遊走子を形成する．栄養体は多核ののう状体または菌糸体で，この栄養体から遊走子のうや厚壁のう（休眠胞子のう）を形成し，内部に多数の遊走子を生じる．全実性と分実性のものがある．有性生殖は多様であるが，ふつう遊走子が互いに接合し，接合体を形成後，休眠胞子または休眠胞子のうを形成する．

　② 接合菌門（Zygomycota）：同型の配偶菌糸の接合（有性生殖）により形成される接合胞子（zygospore）と，無性生殖において形成される運動性のない胞子のう胞子（sporangiospore, aplanospore）によって特徴づけられる分類群である．胞子のう胞子は，胞子のう（sporangium, pl. sporangia）内に形成される．胞子のうを支えている菌糸は胞子のう柄（sporangiophore）と呼ぶ．成熟した胞子のうは容易に破れ，中から胞子のう胞子が飛散する．栄養体は無隔菌糸であり，多核の細胞からなる．

③ 子のう菌門（Ascomycota）：有性生殖により，子のう胞子（ascospore）を子のう（ascus, pl. asci）内に内生的に通常8個形成する．栄養体はふつう菌糸であるが，酵母のように出芽細胞の形態をとるものもある．菌糸には隔壁がある．菌糸が生育すると，一般に分生胞子（conidium, pl. conidia）と呼ばれる無性胞子を多量に形成する．有性生殖において，子のうは菌糸上に裸で形成されるものもあるが，多くは菌糸などからなる子実体中に形成される．この子実体は子のう果（ascocarp）と呼ばれ，この形態は子のう菌の分類の重要な形質になっている．子のう果のうち，子のうの集団が球形の殻で囲まれて閉じた構造のものを閉子のう殻（cleistothecium, pl. cleistothecia），殻の頂部に孔口（ostiole）と呼ばれる子のう胞子の噴出孔を備えたものを子のう殻（perithecium, pl. perithecia）という．子のう殻と同類の器官で茶碗状または皿状をなすものは子のう盤（apothecium, pl. apothecia）と呼ぶ．また，子のうが殻に囲まれることなく子座の中に個々に発達したものを子のう子座（ascostroma, pl. ascostromata）といい，その中で成熟して子座内部が1室となり，子のう殻状になった場合を偽子のう殻（pseudothecium, pl. pseudothecia）という．子のうが菌糸上に裸で形成されるものは，半子のう菌綱（Hemiascomycetes）に入り，裸生子のう（naked ascus）を生ずる．核菌綱（Pyrenomycetes）のうちウドンコカビ目は閉子のう殻を，その他は子のう殻を生ずる．盤菌綱（Discomycetes）は子のう盤を，小房子のう菌綱（Loculoascomycetes）は偽子のう殻を生ずる．子のう菌門には，植物病原菌として重要なものが多く含まれているが，その形態や生活環は多様である．

注：無性生殖世代の形態で，分生子を生じるための特別な器官は分生子果（conidioma）と呼ばれ，分生子果が球形やフラスコ形のものを分生子殻（あるいは柄子殻）（pycnidium, pl. pycnidia），浅い皿状のものを分生子盤（または分生子層）（acervulus, pl. acervuli）という．一方，基質の表面にマット様の菌糸体が発達し，それらの菌糸先端に分生子が形成される場合は分生子座（sporodochium, pl. sporodochia）という．また，分生子を生じるために特別に分化した菌糸を分生子柄（conidiophore），さらに分生子柄が束状に密集したものを分生子柄束（synnema, pl. synnemata）という．

④ 担子菌門（Basidiomycota）：核の融合と減数分裂が行われる担子器（basidium, pl. basidia）と担子器より外生的に通常4個形成される担子胞子（basidiospore）によって特徴づけられる．さび病菌（rust fungus）や黒穂病菌（smut fungus）ではそれぞれ冬胞子（teliospore, teleutospore）や黒穂胞子（smut spore）と呼ばれる厚壁胞子から担子器である前菌糸（promycelium）を形成し，その上に担子胞子を形成する．栄養体は，主に隔壁を有する菌糸であるが，出芽細胞の形態をとる場合もある．菌糸の形態は，他の分類群のものと異なり，多くの種では，

たる型孔隔壁（dolipore septum）と呼ばれる特徴的な隔壁孔が認められる．また，菌糸の隔壁部近くで細胞壁の一部が外側に小突起を形成することがあるが，これは担子菌類の二核性菌糸体（dikaryotic mycelium）に特有なもので，かすがい連結（clamp connection）と呼ばれている．担子器は，ふつう担子果（basidiocarp）と呼ばれる子実体に形成される．また，寄生した植物組織の表面に子実層（hymenium, pl. hymenia）を発達させるものもある．担子器の形態と担子胞子の形成様式も多様である．担子菌門は大きくクロボキン綱（Ustomycetes），半担子菌綱（Teliomycetes），担子菌綱（Basidiomycetes）の3系統に分かれる．クロボキン綱には黒穂病菌が含まれ，厚壁の黒穂胞子の発芽により生じた前菌糸に直接担子胞子を形成する．半担子菌綱はさび病菌に代表され，厚壁の冬胞子の発芽により生じた前菌糸上の小柄（sterigma）に担子胞子ができる．担子菌綱は担子器がきのこの子実層に生じる．多くの植物病原菌類が含まれているが，その形態や生活環は分類群により大きく異なる．

⑤ Mitosporic fungi：この菌類は，もしテレオモルフを有するとすれば多くは子のう菌門に所属する．一部に担子菌門に所属するものもある．Mitosporic fungi の菌類のテレオモルフが発見された場合には，テレオモルフに対して与えられた学名が正式に用いられる．しかし植物病原菌では植物の罹病部にアナモルフのみが現れる場合があり，このときはテレオモルフの学名が確定している病原菌でももっぱらアナモルフの学名を用いることがある．

　v）　**種以下の分類**　　基本的な形態が同じで，分類学的には同一種（species）に属すものの中に，変種（variety），分化型（forma specialis; f. sp., pl. formae speciales（f. spp.）），レース（race），交配群（mating population），菌糸融合群（anastomosis group; AG），体細胞和合群（vegetative compatibility group; VCG）というような種以下のレベルで分類が行われている．

　a）　**変　種**：若干の形態的差異あるいは病原性の差異など，形質が基本種とわずかに異なるものは変種として扱われている．例えばムギ類立枯病菌（*Gaeumannomyces graminis*）はイネ，エンバク，コムギに対する病原性の違いや子のう胞子の長さなどの違いから，var. *graminis*, var. *avenae*, var. *tritici* の3変種に分けられている．

　b）　**分化型**：ある植物種には寄生できるが，他の種には寄生できないというような病原性の異なる菌系の場合，その差異は分化型として記載される．例えば *Fusarium oxysporum* には約50種類の，また *F. solani* には8種類の分化型が知ら

れ，例えば *F. oxysporum* f. sp. *lycopersici* のように記される．

c） レース：宿主植物の品種に対する病原性が異なる菌系をレースと呼ぶ．レースは菌のもっている非病原力遺伝子と植物の品種のもっている抵抗性遺伝子との組合せによって決定される．

d） 交配群：種または分化型の中でさらに互いに交配できる群に分化している場合，交配群という．*Fusarium solani* はいくつかの交配群に分かれており，それらはほぼ分化型と一致している．

e） 菌糸融合群：菌糸間の融合現象を利用した類別群であり，融合の見られる菌株どうしを集めて同一の菌糸融合群とする．*Rhizoctonia solani* では AG-1〜AG-13 および AG-BI の 14 菌糸融合群が知られている．

f） 体細胞和合群：種または分化型の中で互いにヘテロカリオン（heterokaryon）を形成できる菌株どうしを集めて同一の体細胞和合群とする．

(2) 新しい分類方法

これまで，菌類の分類は形態を重視して行われてきたが，有性生殖世代が発見されていない菌類の分類や，形態の他に病原性や宿主範囲などの表現形質を重視する植物病原菌類の分類では，必ずしも菌類間の系統的関係が正確に表現されていないことがあり，系統分類の観点からは問題を含んでいた．一方，最近は菌類においても分子遺伝学的分類法が重要視されており，遺伝子の相同性や遺伝子型を比較検討して類縁関係を示すようになってきている．

ⅰ） 遺伝子分析による分類

a） DNA 塩基組成に基づく分類：DNA の全塩基中のグアニン（guanine）とシトシン（cytosine）の占める割合を求めて GC 含量（モル％）で表す．GC 含量は大まかな分類学的位置を知る目的には有用な指標である．GC 含量が近似しても必ずしも DNA の塩基配列が同じとはいえないが，その値に大幅な違いが認められるとき，それらの生物間の類縁性は低いことがわかる．

b） DNA-DNA 相同性に基づく分類：DNA-DNA 相同性の比較から菌株間の類縁関係を知ることができる．植物病原菌類において相同性が 65〜100％ あるものは形態的に同一な種に属し，そのうち 85〜100％ はレースを異にする種内群，65〜85％ は明らかに寄生性の分化が認められる種内群に相当する．また，20〜65％ では系統的に近縁であるが別種に属し，20％ 以下では明らかに異なる種であると考えられている（図Ⅲ.25）．

c） 電気泳動核型分析に基づく分類：菌類では一般に染色体のサイズが小さ

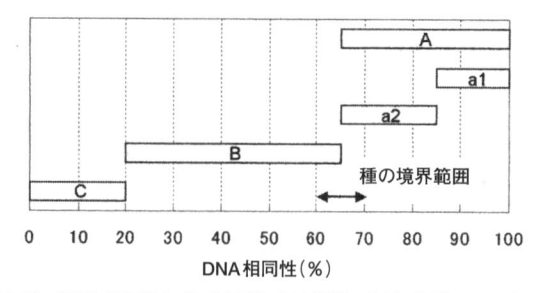

図Ⅲ.25 DNA相同性に基づく植物病原菌類の分類（国永，1995）[12]
A：形態的に同一な種，a1：レースを異にする種内群，a2：明らかに寄生性の分化が認められる種内群，B：形態的に酷似する近縁な種，C：形態的に明らかに異なる種

いため，顕微鏡での観察は困難である．しかし，二方向の電場を交互にかけるパルスフィールドゲル電気泳動（pulse field gel electrophoresis；PFGE）により菌類の染色体DNAを分離することができる．このPFGE泳動パターンは電気泳動核型（electrophoretic karyotype）と呼ばれる．

  d) **リボソームRNA遺伝子の塩基配列に基づく分類**：リボソームRNA遺伝子（rDNA）は，リボソーム粒子を構成するRNAをコードする遺伝子で，生物が共通にもつ保存性が高い遺伝子である．したがって，rRNAの比較は種レベルの分類ではなく，主に属以上の高次分類群の解析に用いられる．一方，rDNA領域のうち，転写されないスペーサー領域は変異が蓄積されやすいため，この領域は種間だけでなく種内変異の解析に適している．

  e) **RFLPおよびRAPD分析に基づく分類**：ゲノムDNAあるいはPCR（polymerase chain reaction）により増幅した特定の遺伝子領域を制限酵素処理した後，電気泳動によってその切断パターンを直接検出したり，プローブDNAを用いて特定の切断DNA断片のみを検出すると，切断パターンに違いがみられることがある．これを制限酵素断片長多型（restriction fragment length polymorphism；RFLP）と呼んでいる．また，特定の遺伝子領域を増幅するのではなく，10塩基程度の適当なプライマーによって増幅されるrandom amplified polymorphic DNA（RAPD）を比較する方法もある．RFLPとRAPDはともにDNAフィンガープリントとして菌株の識別や分類に使用される．

  ⅱ) **菌体成分分析による分類**　菌体成分のうち，タンパク質，ユビキノンおよび脂肪酸などが分類学的研究に応用されている．全タンパク質の電気泳動パターンは種の区別に，酵素タンパク質（アイソザイム）のパターンは種内変異や遺伝的多様性解析に用いられる．また，ミトコンドリアに局在する呼吸酵素系の

補酵素成分であるユビキノンは高次分類群（属や科）の分類に使用される．

(3) 遺伝と進化

植物病原菌類は，植物に対する寄生性という特殊な機能を備えた一群の菌類である．自然界には病原菌と同じ種に属する多くの腐生菌あるいは非病原菌が存在しており，非病原力遺伝子を除き両者の遺伝子構造がきわめて似ていることが明らかになってきている．また，新たに作出された病害抵抗性の品種にそれを侵すレースが数年のうちに出現することがある．植物病理学上，病原菌類がいかにして非病原力遺伝子を獲得したのか，また，新レースがどのようにして出現するのかは大変興味深いテーマである．病原力遺伝子の獲得機構はまだ明らかでないが，新レースの出現については以下のように考えられている．

ⅰ) **交雑**（hybridization）　病原性変異の原因の第一は交雑であり，これによって病原性を異にする多くのレースが自然発生的に現れる．菌類の多くは雌雄異株性（heterothallic）であり，有性胞子をつくるためには異なる交配型（mating type）間の融合を必要とする．病原性の遺伝についても，単一遺伝子座位において2つの交配型相同染色体によって決定されるもの，また複数の対立遺伝子によって支配されるものが知られている．さび病菌，黒穂病菌およびうどんこ病菌では交雑によって新しいレースがつくり出されている．

ⅱ) **自然突然変異**（spontaneous mutation）　突然変異とは，親と異なった遺伝的形質が出現する現象である．有性世代を経過しない菌類における新しいレースの出現は，主として自然突然変異によって生じた菌株の増殖と考えられる．

ⅲ) **ヘテロカリオシス**　菌類の菌糸あるいは胞子の1細胞内に遺伝的に異質の核が存在する場合，これをヘテロカリオン（heterokaryon），その現象をヘテロカリオシス（heterokaryosis）という．ヘテロカリオンができるためには，菌糸が生育して異株の菌糸と接触後，融合し（anastomosis），互いの細胞質や核が混ざり合わなければならない．互いにヘテロカリオン不和合性遺伝子をもたないかぎり，ヘテロカリオンのまま細胞分裂を行い生育する．このようにして形成されたヘテロカリオンは1細胞内に異質の核をもち，母菌とは遺伝的に異なった菌糸体ができる（図Ⅲ.26）．このようなヘテロカリオンによる新しい病原性をも

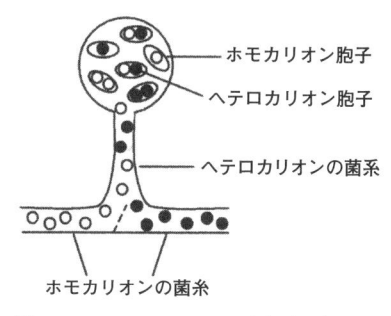

図Ⅲ.26　ヘテロカリオンの形成（大滝原図）

った変異菌の生成はさび病菌，*Fusarium*，*Helminthosporium* などで認められている．

iv) **準有性生殖**（parasexual recombination）　ヘテロカリオンの菌糸は2つの異なった核（一倍体）どうしが $10^{-6} \sim 10^{-7}$ の頻度で融合してヘテロ二倍体の核となって安定化する．このようにして生じた二倍体は，まれに有糸分裂中に染色体交叉（mitotic crossing over）を起こして親とは性質の異なる新たな組換え二倍体を生じることがある．また染色体の分離（mitotic chromosomal segregation）中に二倍体から安定な一倍体（haploid）が生ずる．このように有性生殖によらない遺伝子の組換えを準有性生殖という．この現象による変異株の生成は *Fusarium*，*Penicillium*，*Aspergillus* などでみられている．

(4) **生育と代謝生理**

i) **菌類の生育**　すべての植物病原菌類は従属栄養（heterotrophy）を営み，必要な栄養源を宿主である植物体から摂取して生育・増殖している．菌類に利用される炭素化合物の範囲は広いが，利用の効率は化合物の形や菌の種類によって異なる．接合菌門（Zygomycota）の菌類の中には，しばしば "sugar fungi" と呼ばれるものがある．これらはグルコース，フルクトース，マンノースのような単純な糖類を利用できるが，セルロースやリグニンを利用することができない．これに対し，担子菌門（Basidiomycota）に属す木材腐朽菌には，セルロース，またはセルロースとともにリグニンを利用して生育するものがあり，"cellulose fungi" と呼ばれている．また，菌類は，窒素化合物を無機塩の形で利用することもできる．大部分の菌類はアンモニウムや硝酸塩の形で窒素を取り込み，これを有機化合物に変えて代謝経路に送り込む．また，菌類はアミノ酸，特にグルタミン酸，アスパラギン酸などが与えられた場合にはこれらをよく利用して生育することができる．

硫黄とリンも菌類の生育にとっては必須の元素であり，これらはいずれも硫酸塩やリン酸塩など，簡単な無機塩の形で供給される．その他，鉄，マンガン，亜鉛，コバルトなどの金属，マグネシウム，カリウム，ナトリウム，カルシウム，塩素，などの微量要素およびビタミン B_1, B_2, B_6, B_{12}, ビオチン，ニコチン酸などの微量生育因子も酵素活性化の補助因子として要求されることがある．

ii) **菌類の代謝生理**　菌類の生体内では絶えずさまざまな物質の合成と分解が行われている．これらは主として酵素の触媒作用によって進行する化学反応であり，これらを総称して代謝という．生物にとって直接生命の維持に関わる代

謝を一次代謝と呼ぶ．何らかの形で供給された有機物が生体内でさまざまな反応を受け，究極的に炭酸ガスと水にまで分解される過程は呼吸（respiration）であり，嫌気的に分解中間体としてアルコールや乳酸などの有機物質に変化してゆく過程は発酵（fermentation）と呼ばれる．一方，生物の生存に必須でない代謝は二次代謝と呼ばれる．この二次代謝産物には，植物病原菌類の産生する宿主特異的毒素，病徴発現に関与する非特異的毒素，マイコトキシンなどの生理学的に特異な活性を有するきわめて多様な代謝産物が含まれる．

6. そ の 他

(1) 寄生性顕花植物

寄生性顕花植物は他の植物の根，幹あるいは枝に寄生し養分を吸収する．世界中に12科，約1700種が知られ，それらのうちヤドリギ科とゴマノハグサ科が過半数を占める．主なものとして，ツクバネノキ，シオガマギク，ツチトリモチ，ナンバンギセル，ヤドリギ，ネナシカズラなどがある．

(2) 線 虫 類

線虫類は線形動物門（Nemathelminthes）に属し，20000種以上あるが，そのうち植物寄生性線虫（plant parasitic nematode）は約4000種が知られている．多くは土壌中に生息して植物の根に寄生するが，一部に葉，茎，実あるいは材など地上部に寄生する種がある．

植物寄生性線虫は，長さが0.3～3.0 mmでうなぎ形をしており，頭部に栄養を吸収するための口針（stylet）をもつことが特徴である．虫体には食道，腸などの消化器系や雌雄別に発達する卵巣，精巣などの生殖器系，さらに神経系などを備える．

線虫の寄生様式には，内部寄生，半内部寄生，外部寄生の3つの型があり，種類で異なる．また摂食活動の方式には，移動しながら加害個所を拡大する移住性の種類と，感染部位を定めて組織内に定着する定住性の種類がある．前者は組織や細胞を破壊することでえ死病斑を生じるが，後者は線虫が感染部位から栄養を摂取するための特異な機能をもつ巨大細胞（giant cell）や多核体（syncitium）などの特殊構造を誘導し，いわば適応型の宿主寄生者相互作用を営む．植物寄生性線虫はいずれも絶対寄生者であり，宿主植物がなければいずれ死滅する．

植物寄生性線虫の多くは，Tylenchida目，特にTylenchina亜目に含まれる．

ネコブセンチュウ属，シストセンチュウ属，ネグサレセンチュウ属などの有害線虫はこの亜目の線虫である．移動性で内部寄生性のネグサレセンチュウ属，ハリセンチュウ属およびクキセンチュウ属の線虫は，根や茎葉に侵入して組織を機械的に損傷するとともに組織のえ死を引き起こし，大きな被害を与える．ネコブセンチュウ属，シストセンチュウ属，ニセフクロセンチュウ属の線虫は，定着性の内部（または半内部）寄生性の線虫である．これらは，卵から孵化した幼虫が植物体内に侵入し，組織の中を移動した後に頭部を中心柱付近に位置させて定着する．幼虫は脱皮をくり返しながら成長を続ける．口針を突き刺された植物細胞は，細胞分裂や細胞融合によって多数の核をもった巨大細胞となる．線虫はこの細胞から成長に必要な養分を摂食する．加害された植物はホルモンのバランスが崩れ，生育が著しく阻害される．

また，植物寄生性線虫と他の病原体との関連によるさまざまな疾病現象が知られている．それらは複合病害（complex disease）と線虫伝搬性病害（nematode transmitted disease）に分けられる．前者の複合病害は，線虫と他の病原体との相互作用によって発病し，単一の病原体が起こす病徴発現と比べてなんらかの変化が認められる病害をいう．一般的には，線虫寄生によって他の病原の発病が助長されることが多い．後者の線虫伝搬性病害は特定の病原ウイルスの伝搬に関わっており，これについては「ウイルス病」（165頁）で述べられている．

なお，線虫の分類はこれまで形態的特徴をもとに行われてきたが，この同定技術はきわめて専門的であり，熟練を要する．また，形態的特徴のみでは識別が不可能なレースの出現もある．近年は線虫の分野においても分子生物学的手法が積極的に取り入れられ，PCR-RFLP法，種特異的プライマー，リバース・ドット・ブロット・ハイブリダイゼーションなどDNA情報を利用する種の識別や分類が見直されている．

(3) 非 伝 染 病

非伝染病（生理病）の原因には，不適当な土壌や気象条件，大気汚染物質，農薬や産業廃棄物による薬害がある．不適当な土壌条件としては，カリウム欠乏，ホウ素欠乏などの養分欠乏あるいは過剰，湿害や乾害といった土壌水分の過不足，土壌中の有害物質の蓄積，不適当な土壌pHなどがある．また，不適当な気象条件としては，低温，高湿，日照不足，強風，多雪，多雨，寡雨などがある．こうした物理的，化学的障害は病気の主因となるばかりでなく，伝染性病原による発病を促す誘因として作用することも多い．

IV. 発 生 生 態

1. 発生の仕組み

　病気は，病気にかかる体質をもつ植物（素因），これを侵すことができる病原（主因）ならびに病気の発生に必要な環境条件（誘因）が揃ったときにのみ発生する．これらは病気の三角関係（disease triangle）として知られ，図Ⅳ.1のように示される．病原には前章で述べたように種々のものがあるが，これらすべてが常に病原となりうるものではなく，ある特定の植物との組合せにおいてのみ病原となる．植物の素因は，その種が本来もっている病気にかかりやすい性質である種族素因と，個々の植物が病気にかかりやすい状態にある個体素因に分けて考えられる．誘因は，気象条件（温度，湿度，光，風，雪など），土壌条件（種類，pH，肥料，土壌微生物など）などである．病害発生の程度に最も大きな影響を与えるのは誘因といえる．それは，環境条件の変化が植物および病原体の生育に大きな影響を与えるからである．毎年同じ畑で（同一地域で）同じ作物を耕作していても，病気の発生程度には気象条件などの変化に伴う大きな年次変動が見られる．病気の発生生態を明らかにすることは，病気の発生予察や制御のためにきわめて重要である．

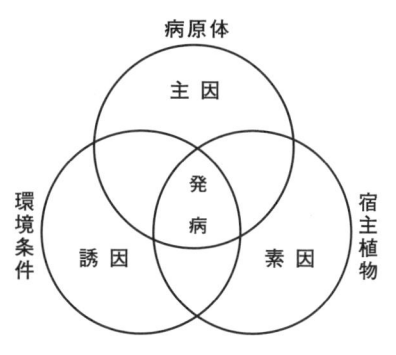

図Ⅳ.1　病気の発生に関わる3要因

2. ウイルス病の発生生態

(1) 伝　　染

　自然条件下でウイルスがどのように伝染し，広がっていくかを知ることは，ウイルス病の防除にとってきわめて重要である．また，伝染法はウイルスの分類に

おける重要な基準の1つでもある．自然界におけるウイルスの伝染には，接触による伝染，昆虫，線虫，菌類などの媒介生物による伝染，種子伝染や栄養繁殖の苗による伝染，感染植物の花粉による伝染，などがある．接ぎ木は実験的な伝染法として用いられるが，果樹などの接ぎ木繁殖の際に，作業者に自覚されることなく接ぎ木伝染が行われていることがある．植物個体間の伝染を水平伝搬（horizontal transmission），種子伝染や栄養繁殖体を通して次世代に伝えられるのを垂直伝搬（vertical transmission）と呼ぶことがある．

ⅰ） **接触伝染**　罹病植物と健全植物との茎葉の触れ合いなどによって小さな傷ができ，それを通してウイルスが伝染する．ウイルスに汚染された土壌が風雨とともに茎葉に触れ，また作業者の汚染された衣服，手指，農機具などからも，耕耘，摘芽などの農作業の際に伝染する．このような接触伝染が起こるのは，物理的に安定で罹病葉内の濃度が高いウイルスに限られる．タバコモザイクウイルス（TMV），キュウリ緑斑モザイクウイルス（KGMMV），ジャガイモXウイルス（PVX）などがその例である．

ⅱ） **種子伝染**　罹病植物由来の種子により伝染する．種子伝染の有無はウイルスと宿主植物の組合せによって決まり，組合せによって全く伝染しなかったり，種子伝染率1〜2%のもの，また，100%近くに達するものもある．すなわち，種子伝染はウイルスや植物固有の性質によるものではない．マメ科植物のウイルス病で種子伝染の例が多く（表Ⅳ.1），また，種子伝染性の潜在性ウイルスの存在も知られている．種子伝染はウイルスの親植物から胚への移行によって起こるが，トマトにおけるトマトモザイクウイルス（ToMV）のように，種皮内外の表面に存在することもある．罹病植物の花粉の受粉によって種子伝染することがあり，これを花粉伝染という．種子伝染はウイルスの遠隔地への広がりをもたらすので注意が必要である．

表Ⅳ.1　植物ウイルスの種子伝染の例

ウイルス	宿主植物	種子伝染率(%)
インゲンマメモザイクウイルス	インゲンマメ	42
ダイズ萎縮ウイルス	ダイズ	5〜100
タバコ輪点ウイルス	ダイズ	54〜78
クワ輪紋ウイルス	ダイズ	11
オオムギ斑葉モザイクウイルス	オオムギ	84
トマトモザイクウイルス	トマト	2〜3
アルファルファモザイクウイルス	アルファルファ	0.8〜5

iii) **苗による伝染**　ジャガイモ，サツマイモ，イチゴ，チューリップなどの栄養繁殖によって増やされる作物では，罹病した親植物の塊茎，塊根，球根や株分けした苗などがウイルスを保毒している．これらの繁殖用の苗や球根などによる伝染は，ウイルスの種類を問わず，普遍的に起こる重要な伝染経路である．ひとたびウイルスが入った栄養繁殖性植物では，ウイルスが自然に消失することはなく子孫に代々伝搬されるので，健全種苗の確保が重要である．

iv) **土壌伝染**　土壌を介しての伝染をいい，この伝染法によるウイルスを土壌伝染性ウイルス（soil-borne virus）と呼ぶ．土壌伝染の機構には，① 土壌中のウイルスの接触による伝染，② 線虫を媒介者とする伝染，③ 菌類を媒介者とする伝染，の3種が知られている．

a) **接触による伝染**：TMVやスイカ緑斑モザイクウイルス（CGMMV）のように物理的安定性が高く，植物体内での濃度の高いウイルスは，土壌中の罹病植物の根や茎，葉などの遺体に残る．これらの植物残渣が腐敗するまでウイルスの活性は保たれ，また，これらの植物から遊離したウイルスが土壌を汚染する．これらのウイルスが新たに植えつけられた植物の根や下葉などに接触することによって伝染する．土壌中のウイルスの残存期間は，土壌の種類や環境条件によって異なる．

b) **線虫による媒介**：土壌中に生息する線虫によって媒介されるウイルスの存在が知られている．線虫媒介性ウイルスは3つのグループに分けられ，球状粒子をもつウイルスには *Nepovirus* 属および *Dianthovirus* 属のウイルスがある．棒状粒子をもつウイルスとしては *Tobravirus* 属のウイルスがある．媒介線虫としてはこれまでに表IV.2に示すように4属が知られていて，いずれも植物根を吸汁加害する外部寄生性線虫である．罹病植物の吸汁によってウイルスは線虫の口針から体内に入り，食道内壁などに吸着される．このウイルスは唾液とともに再び吸

表IV.2　線虫で媒介される主なウイルス

ウイルス	媒介線虫	主な発生植物
タバコ茎えそウイルス	ヒメユミハリセンチュウ（*Paratrichodorus* 属） ユミハリセンチュウ（*Trichodorus* 属）	タバコ，スイセン，アスター，ホウレンソウ，チューリップ
クワ輪紋ウイルス	クワナガハリセンチュウ（*Longidorus* 属）	クワ
トマト黒色輪点ウイルス	ナガハリセンチュウ（*Longidorus* 属）	スイセン，ガーベラ，ジンチョウゲ
トマト輪点ウイルス	アメリカオオハリセンチュウ（*Xiphinema* 属）	スイセン，メロン
タバコ輪点ウイルス	アメリカオオハリセンチュウ（*Xiphinema* 属）	グラジオラス，ダイズ，タバコ
アラビスモザイクウイルス	クワオオハリセンチュウ（*Xiphinema* 属）	スイセン，フキ

汁に際して新しい植物に入り感染を起こす．線虫とウイルスの関係は特異的で，特定のウイルスを特定の線虫が媒介し，ウイルスの外被タンパク質の構造と線虫の吸着部位との間の親和性によって決定される．獲得されたウイルスは1カ月から1年以上活性を保つ．線虫体内においてウイルスが増殖する証拠はなく，線虫の脱皮によって無毒化される．

　c）　**菌類による媒介**：土壌中に生息する菌類によって媒介されるウイルスがあり，現在では20種以上のウイルスと4属6種の媒介菌が知られている（表Ⅳ.3）．これらはネコブカビ門ネコブカビ科の *Polymyxa* 属菌と *Spongospora* 属菌，およびツボカビ門フクロカビ科の *Olpidium* 属菌に属し，いずれも菌糸体をもたず，遊走子，遊走子のう，休眠胞子などからなり，人工培地による培養はできない．いずれの菌も鞭毛をもった保毒遊走子が宿主植物の根部組織に到達して感染し，ウイルスを伝染する．ウイルスを保毒した菌の休眠胞子を含む乾燥土壌中で，ウイルスの伝染性は長年保たれる．

表Ⅳ.3　菌類によって媒介される主なウイルス

ウイルス	媒介菌	主な発生植物
タバコネクロシスウイルス	*Olpidium brassicae*	タバコ，チューリップ
タバコわい化ウイルス	〃	タバコ
メロンえそ斑点ウイルス	*O. cucurbitacearum*	メロン
ムギ類萎縮ウイルス	*Polymyxa graminis*	コムギ，オオムギ
オオムギ縞萎縮ウイルス	〃	オオムギ
イネえそモザイクウイルス	〃	イネ
ビートえそ性葉脈黄化ウイルス	*P. betae*	ビート
ジャガイモモップトップウイルス	*Spongospora subterranea*	ジャガイモ

　ⅴ）　**昆虫などによる媒介**　　自然界におけるウイルスの伝染に最も大きな役割を果たしているのが，昆虫などの節足動物による媒介である．わが国の高田鑑三（1895）は，イネ萎縮病の発生がヨコバイ類と関係があることを主張した．これは昆虫と植物ウイルスとの関係について指摘した世界最初の報告であり，バイエリンク（Beijerinck）によるTMV発見（1898）に先立つ重要な業績といえる．現在では，約400種の媒介虫によって300種以上の植物ウイルスが媒介されることが知られている．これらの媒介虫のうち，アブラムシ（aphid）とヨコバイ（leafhopper），ウンカ（planthopper）が主役であり，例えばモモアカアブラムシ（*Myzus persicae*）は160種以上のウイルスを媒介する．昆虫以外の節足動物であるダニによる媒介もある（表Ⅳ.4）．

2. ウイルス病の発生生態

表Ⅳ.4　植物ウイルスを媒介する主な節足動物

媒　介　虫　の　種　類			媒介虫の概数
節足動物門			
昆虫綱	半翅目	アブラムシ科	200
		コナカイガラムシ科	15
		コナジラミ科	3
		ヨコバイ科・ウンカ科	60
	鞘翅目	ハムシ科	82
	アザミウマ目	アザミウマ科	10
	鱗翅目		5
	双翅目		2
クモ綱	ダニ目	フシダニ科	8
		ハダニ科	2

a) **伝染様式**：アブラムシおよびヨコバイ類による伝染は，循環型（circulative type）の永続的伝染（persistent transmission）と非循環型（non-circulative type）の非永続的伝染（non-persistent transmission）とに大別される．循環型とは，ウイルスが虫体の腸壁からリンパ液に入り，虫体内を循環した後，伝染力をもつようになることをいう．永続的伝染には獲得吸汁後，伝染力をもつに至るまで数時間から数日以上にわたる虫体内潜伏期間（latent period）があり，保毒虫は数日以上，ときには終生伝染力を保持する．またこの伝染様式では，ウイルスが虫体内で増殖するか否かによって増殖型（propagative type）と非増殖型（non-propagative type）に分けられる．非循環型とは，媒介虫が感染植物を吸汁（獲得吸汁，aquisition feeding）することによって秒単位でウイルスを獲得・保毒し，その後ただちに次の植物を吸汁（接種吸汁，infection feeding）することによって伝染する様式である．この伝染様式は口針型（stylet-borne）と

表Ⅳ.5　植物ウイルスの媒介虫による伝染様式

伝染型	伝染様式	ウイルスの獲得吸汁時間	虫体内潜伏期間	虫体内保持期間	主なウイルス
非循環型（口針型）	非永続的	短い(秒～分)	なし	分～時	ジャガイモYウイルス キュウリモザイクウイルス
	半永続的	短い(分～時)	なし	時～日	ビート萎黄ウイルス カンキツトリステザウイルス
循環型（永続型）	永続的非増殖型	長い(時～日)	時～日	日～週	ジャガイモ葉巻ウイルス ダイズわい化ウイルス
	永続的増殖型		日～週	週～終生	イネ萎縮ウイルス イネ縞葉枯ウイルス

もいわれ，口針部に付着したウイルスによって伝染が行われて，脱皮によって媒介能力が消失する．伝染力の保持時間は獲得吸汁後，数十分から数時間内である．虫体内潜伏期間がなく，伝染力保持期間が10〜100時間にわたるものを非循環型の半永続的伝染 (semipersistent transmission) と呼び，非増殖型永続的伝染と非永続的伝染の中間型といえる（表IV.5）．

　b）　**アブラムシによる媒介**：モモアカアブラムシ，ワタアブラムシ (*Aphis gossypii*) などによる伝染は非永続的伝染が主体であり，媒介されるウイルスはモザイク症状を示すものが多い．CMVや*Potyvirus*属のウイルスなどである．CMVでは，アブラムシによって媒介される系統と媒介されない系統が見出され，それは外被タンパク質のアミノ酸配列の違いによって左右されることが知られている．また，*Potyvirus*属のウイルスのアブラムシによる伝染には，ウイルスのゲノムから翻訳されるタンパク質のヘルパー成分 (helper component) が必要である．これらの事実は，ウイルスがアブラムシの口針によって媒介されるためには，口針とウイルスの表面構造の間の直接的あるいは間接的な親和性が必要であることを示している．

　非増殖型の永続的伝染の例として，ルテオウイルス (*Luteovirus*) 属ウイルスのモモアカアブラムシなどによる伝染がある．本属のウイルスは植物の篩部組織に局在し，葉巻，黄化，萎縮などの病徴を生ずる．アブラムシは篩管液を吸汁することによってウイルスを獲得する．

　c）　**ヨコバイ，ウンカ類による媒介**：ヨコバイおよびウンカ類は，イネの主要ウイルス病害の媒介者として重要な役割を果たしている．これらはいずれも獲得吸汁1〜3日で保毒し，2〜25日の虫体内潜伏期間を経て，長期間伝染力を保持する増殖型の永続的伝染をする．福士貞吉 (1933) は，ツマグロヨコバイ (*Nephotettix cincticeps*) の保毒雌の卵を通してイネ萎縮ウイルスが次世代に伝わることを初めて見出した．これを経卵伝染 (transovarial transmission) という．その後，イネ縞葉枯ウイルスもヒメトビウンカ (*Laodelphax striatellus*) によって経卵伝染することが明らかにされた．数世代にわたる経卵伝染はウイルスの虫体内増殖なしには考えられない．虫体内で増殖するこれらのウイルスは，本来は昆虫ウイルスであるとする見方があり，長い進化の過程で植物組織における細胞間移行能力を獲得した変異体が植物ウイルスへと進化したと考えることもできる．

　d）　**その他の節足動物による媒介**
　①　ハムシ類 (beetle, Coleoptera)：咀しゃく性昆虫であるハムシ類によって，

コモウイルス（*Comovirus*）属，ティモウイルス（*Tymovirus*）属，ブロモウイルス（*Bromovirus*）属，ソベモウイルス（*Sobemovirus*）属などの球状ウイルスが媒介される．

② コナジラミ（white fly, Aleyrodidae）：DNA ウイルスであるジェミニウイルス（*Geminiviridae*）科ベゴモウイルス（*Begomovirus*）属のウイルスが，コナジラミで媒介されるウイルスの代表的なものである．これはもともと熱帯地方における重要ウイルスであり，わが国ではタバコ巻葉ウイルス（TLCV）がタバココナジラミ（*Bemisia tabaci*）で永続的に媒介されることが知られていた．近年，わが国においても施設栽培のトマトを中心にトマト黄化葉巻ウイルス（TYLCV）による被害が増加しつつある．

③ アザミウマ（thrips, Thysanoptera）：アザミウマで媒介される重要ウイルスとしては，トスポウイルス（*Tospovirus*）属のウイルスがあげられる．わが国では，トマト黄化えそウイルス（TSWV）がネギアザミウマ（*Thrips tabaci*）やミナミキイロアザミウマ（*T. palmi*）などで媒介されることが知られている．アザミウマは，幼虫の時代にウイルスを獲得し，それが脱皮して成虫になってから増殖型の永続的な伝染を行う．

④ ダニ類（mite, Arachnida）：昆虫以外の媒介虫としてダニ類があり，リモウイルス（*Rymovirus*）属のライグラスモザイクウイルス（RGMV）などがフシダニによって媒介される．

(2) 発生と環境

ウイルス病の発生あるいは発病には，植物および媒介生物ならびに伝染源の存在状況などの環境条件が大きな影響を与える．

ⅰ）**媒介虫の発生**　ウイルス病の発生は，第一次伝染源の存在と媒介生物の発生密度ならびにその保毒率によって左右される．媒介虫の発生の多寡は気象条件の変動によって変化するが，基本的なパターンは変わらない．イネ萎縮ウイルスを媒介するツマグロヨコバイは，前年秋に感染したイネあるいはイネ科雑草を吸汁した越冬世代の幼虫に由来する第1回成虫が水田に飛来して，ウイルスを媒介する．イネ萎縮病はイネの早期栽培によって増加する．

ウイルス媒介アブラムシの中で最も重要なモモアカアブラムシは，アンズ，モモなどで多くは卵で越冬し，翌春，平均気温が 15℃ 前後になるとその飛来が見られるようになる．わが国では地方によって異なるが，通常初夏と晩秋に飛来の山があるので，植物のウイルス感受性の高い時期と飛来のピークとが一致しないよ

うな作付け法がよい防除手段となる．

ⅱ) **伝染源**　病害が発生するためには，その伝染源が必要である．ウイルスは，TMV などのような物理的安定性の高いウイルスを除いて，種子，種苗，塊茎，塊根あるいは雑草や樹木の中に潜在してウイルス源となり，これらの宿主の中で越冬をくり返す．CMV のように宿主範囲の広いウイルスの場合，冬作の作物，畑の周囲の雑草や樹木が越冬宿主としての役割を果たしている．ジャガイモの掘り残しいもがジャガイモ葉巻ウイルス（PLRV）などの重要な伝染源であることも知られている．

ⅲ) **発生の様相**　ウイルス病の発生の様相は，個々のウイルスの伝染法に深く関わっている．伝染力が強く，接触伝染する TMV やトマトのトマトモザイクウイルス（ToMV）などでは，農作業に伴う伝染によって多くの植物個体が連続して発病する例が多い．線虫や菌類で土壌伝染するウイルスの場合は，畑のある部分で集団的に発生し，媒介者の拡散に伴って年々発生部位が広がることがある．また，アブラムシなどによって非永続的伝染するウイルスの場合は同じ畑の中でも伝染源に近い部分で多発し，永続的伝染の場合には発生が畑に散在する傾向がある．

ⅳ) **気象環境**　気象環境は，媒介生物の発生状況や成育状況に影響を与えてウイルス病の発生に間接的に影響するとともに，宿主植物の生育ならびにウイルスの増殖に種々の直接的影響を与える．以下に，両者に大きな影響を及ぼす温度を例にとって説明する．温度は，ウイルスの感染・増殖・移行，ならびに病徴発現のすべての段階に大きく影響する．ウイルスの種類によって感染・増殖の適温は異なる．イネなどの夏作物に発生するウイルスは高温でよく増殖し，ムギなどの冬作物のウイルスは低温でよく増殖する．タバコわい化病のように，17℃以下の低温でよく病徴を現し，20℃以上になると病徴が消失してしまうものもある．

3. ウイロイド病の発生生態

ウイロイド病の発生生態で最も特徴的なことは，既知のウイロイド病は栄養繁殖性でしかも多年生の作物に多く，また，実験的には多くのウイロイドが汁液によって何種もの植物に比較的容易に伝染するにもかかわらず，圃場で他の作物や雑草に感染して伝染源となる実例はほとんどないことである．

(1) 伝　　　染

　圃場での伝染は，苗による伝染と接触伝染が主なものであり，人為的要因の占める割合が高い．なかには種子伝染するものもあり，昆虫で伝搬されたという報告もあるが，いずれも農業上問題にならない．

　ｉ）**苗による伝染**　保毒した母株から，塊茎，挿し芽などで繁殖すると苗に伝染する．果樹のように主に接ぎ木によって苗を生産する場合，穂木または台木のいずれかにウイロイドが感染していると高い確率で伝染する．

　ⅱ）**接触伝染**　植物間で茎葉，根などが触れ合うことによって伝染する場合と，農作業の際，罹病植物の汁液に触れた刃物，手あるいは機械などで次々に伝染する場合とがある．カンキツエクソコーティスウイロイドは，刃物に付着した状態で１日程度感染性を失わない．

(2) 発生と環境

　ウイロイド病は，30℃前後の高温で植物中のウイロイド濃度が高くなり，病徴も顕著になり，感染から発病までの時間が短縮する例が多い．しかし，キクわい化病のように21℃が病徴発現に最適で，30℃以上では病徴がマスキングするものもある．

　キクわい化病で見られる退緑斑点は強光線下ではっきり現れ，弱い光では不明瞭となる．他のウイロイド病でも強光線下の方がウイロイドはよく増殖し，病徴が激しくなる傾向がある．

(3) ウイロイドの検出

　ウイロイド病の防除には第一に無毒苗の生産が重要であり，その検定のためウイロイドの検出法を確立する必要がある．タンパク質成分をもたないウイロイドでは血清反応を利用できないが，①生物検定，②ポリアクリルアミド電気泳動（polyacrylamide gel electrophoresis; PAGE），③遺伝子交雑の3つの方法がある．生物検定は，判別植物に汁液または接ぎ木で接種して反応を見るもの（図Ⅳ.2）で，ウイロイドによっ

図Ⅳ.2　ホップわい化ウイロイドのブドウ変異株を接種したキュウリ（品種：四葉）の病徴（右：無接種）（奥田原図）

てそれぞれ特徴的な病徴を現す植物が知られているが，一般に発病までの時間がやや長い欠点がある．PAGEはやや感度が低く，検出感度の高い遺伝子交雑は，

ウイロイド RNA に相補的な cDNA や cRNA をプローブとし，交雑（hybridization）によって相同性を調べる方法である．

4. ファイトプラズマ病の発生生態

(1) 伝　　　染

ファイトプラズマ病の伝染方法は，栄養繁殖植物の苗による伝染とヨコバイなどの昆虫による永続伝搬とに限られる．種子，接触，土壌，アブラムシやダニ類の媒介による伝染は見られない．実験的には接ぎ木，媒介昆虫のほかネナシカズラ類（*Cuscuta* spp.）でも伝染するが，汁液接種ではうつらない．

ⅰ）**苗による伝染**　　イモ類，イチゴ，果樹，クワ，キリなど，栄養繁殖で苗を生産する作物では，ファイトプラズマが全身感染するため，保毒母株から苗へ高率に伝染する．

ⅱ）**昆虫伝搬**　　ファイトプラズマ病の発生生態を考える上で最も重要な要因は昆虫伝搬である．大多数のファイトプラズマ病は媒介者がヨコバイ科のヨコバイであるが，ナシディクライン（decline）病はキジラミが，キリてんぐ巣病はカメムシが媒介する（表Ⅳ.6）．

伝搬様式は虫体内増殖型の永続伝搬で，保毒虫の媒介可能期間は長く，多くの場合，終生伝搬能力をもち続ける．獲得吸汁は最短 1 時間以内で，長く吸汁するほど保毒率が高くなる．虫体内潜伏期間は 10 日から 1 カ月以上で，一般に 30℃

表Ⅳ.6　主なファイトプラズマ病と媒介昆虫

ファイトプラズマ病	媒　介　昆　虫	
イネ黄萎病	ツマグロヨコバイ	*Nephotettix cincticeps*
	クロスジツマグロヨコバイ	*N. nigropictus*
	タイワンツマグロヨコバイ	*N. virescens*
リンドウてんぐ巣病	キマダラヒロヨコバイ	*Scleroracus flavopictus*
マメ類てんぐ巣病	ミナミマダラヨコバイ	*Orosius orientalis*
ミツバてんぐ巣病	ヒメフタテンヨコバイ	*Macrosteles striifrons*
aster yellows *	aster leafhopper	*Macrosteles fascifrons* ほか
クワ萎縮病	ヒシモンヨコバイ	*Hishimonus sellatus*
	ヒシモンモドキ	*Hishimonoides sellatiformis*
キリてんぐ巣病	クサギカメムシ	*Halyomorpha mista*
pear decline *	pear psylla	*Psylla pyricola*

* 北アメリカで発生

程度の高温で最も短く,低温になるにつれて長くなる.保毒虫は1時間以内の吸汁で伝搬する.幼虫,成虫ともに保毒でき,脱皮でもファイトプラズマは失われないが,経卵伝染はしない.幼虫越冬するツマグロヨコバイは,イネ黄萎病を保毒していると,羽化してイネに飛来したときにただちに伝搬しうるが,ヒメフタテンヨコバイやヒシモンヨコバイのように卵越冬する場合は,ふ化した幼虫はすべて無毒である.

ファイトプラズマの虫体内増殖は,虫体内注射法で証明されたが,保毒虫切片の電子顕微鏡観察でも実証されている.保毒虫はファイトプラズマの影響をほとんど受けないこともあるが,組織・細胞の病変が認められ,また寿命が短くなる例が多い.ファイトプラズマは植物と昆虫のいずれの細胞でも増殖できる点で,その進化学的起源について興味がもたれている.

(2) 発生と環境

媒介虫の口針を通してファイトプラズマに感染した植物が,病徴発現までに要する時間は約3週間から1カ月以上で,一般に高温ほど短く,低温になるほど長くなり,過度の低温では病徴がマスキングする.高冷地を中心に栽培されるリンドウでは,秋にてんぐ巣病に感染した場合,茎葉には病徴が現れず,越冬芽が異常となり,翌年の萌芽時に著しいてんぐ巣症状を現す.一方,北アメリカのアスターイエローズ(yellows)病やイチゴてんぐ巣病では,夏期に35℃以上の高温になると病徴が一時消失し,秋に再び現れる.

キリてんぐ巣病では冬期の低温で発病枝は枯れ,その中のファイトプラズマも死滅する.キリやクワのように冬期に休眠する木本植物では地上部のファイトプラズマ濃度は極端に減少し,根部で越冬したファイトプラズマが春の生育時に再び地上部へ移行・増殖して新たな発病枝をつくるものと考えられる.

レタス萎黄病では,芯止まりとてんぐ巣の2つの病徴が見られるが,幼苗時に感染すると生長点の生育が完全に止まって急速に枯死し,数葉期以後に感染すると細い葉が叢生してんぐ巣になる.キリてんぐ巣病でも,若い苗木が感染すると1,2年で枯れやすく,成木ではてんぐ巣枝をくり返し形成して徐々に衰退する.

ファイトプラズマ病は刈取り後の再生芽に顕著な病徴を現す病徴があり,イネ黄萎病,ミツバてんぐ巣病,クワ萎縮病などで典型的に見られるが,この原因としては,刈ることによって植物のホルモンバランスが変動し,腋芽の伸長を促進するものと推定される.

5. 細菌病の発生生態

(1) 生態研究法

　植物病原細菌は宿主植物の組織内で活発に増殖するが，植物が不適当な環境条件に遭遇したときや収穫後は急速に死滅していく．しかし，完全に死滅することはなく，生態系のどこかで必ず生き残り，翌年の発生源になる．病原の生態を明らかにするためには検出された微生物を同定する必要があるが，細菌は菌類のように顕微鏡で形態的に同定することが困難であるため，病原細菌を検出・同定するための各種の方法が考案されている．

［病原細菌の検出法］

　a）　**感受性植物への接種法**：試料を磨砕し，そのまま，または遠心分離などの方法で細菌を濃縮し，最も感受性の高い植物に接種して，発病の有無を観察する．発病は好適な環境条件でも数日～十数日の期間を要する．また，発病するためには一般に $10^5 \sim 10^6$ CFU/ml 以上の病原細菌濃度が必要であるため，本接種法は検出感度が低いなどの欠点がある．

　イネ白葉枯病菌を検出するには，多針（約20本の昆虫針を束ねたもの）でイネ品種金南風（きんまぜ：抵抗性遺伝子をもたない）の葉に接種し，数日後に接種部を切り取って顕微鏡下で菌泥噴出現象を調べる方法がある．この方法は発病まで待たずに，結果が数日早く得られる．野菜類軟腐病菌はジャガイモ切片やハクサイ中肋組織の腐敗能から，キュウリ斑点細菌病菌は病斑組織を直接切片にしたとき，白色，涙状の菌泥噴出の有無から簡易同定する（図Ⅳ.3）．

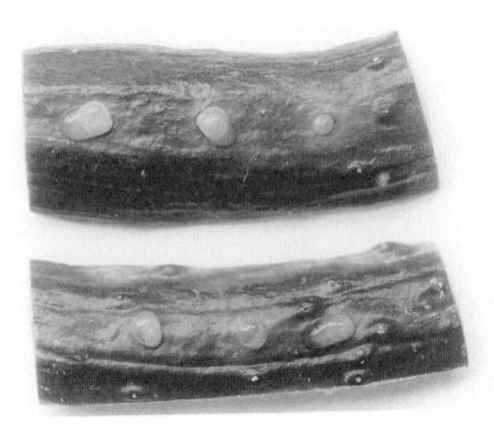

図Ⅳ.3　キュウリ斑点細菌病菌による菌泥噴出

表Ⅳ.7 選択培地の例と組成（原・小野，1982；津山，1962；對馬，1986；New and Kerr, 1971）[13]

ナス科作物青枯病菌用選択培地（原・小野）		軟腐病菌用選択培地（変法ドリガルスキー培地, 津山処方）	
ジャガイモ半合成培地	1 l	普通寒天培地	1 l
ポリミキシンB硫酸塩	50 ppm	ラクトース	10 g
クロラムフェニコール	10 ppm	クリスタルバイオレット (0.1%)	5 ml
クリスタルバイオレット	5 ppm	ブロムチモールブルー (0.2%)	40 ml
シクロヘキシミド	50 ppm		pH 7.0〜7.2
トリフェニルテトラゾリウムクロライド	25 ppm	イネもみ枯細菌病菌用選択培地（對馬ら）	
根頭がんしゅ病菌用選択培地（New and Kerr）		KH_2PO_4	1.3 g
エリトリトール	5 g	$NaHPO_4 \cdot 2H_2O$	1.2 g
$NaNO_3$	2.5 g	$(NH_4)_2SO_4$	5.0 g
KH_2PO_4	0.1 g	$MgSO_4 \cdot 7H_2O$	0.25 g
$CaCl_2$	0.2 g	$Na_2MoO_4 \cdot 2H_2O$	24 mg
NaCl	0.2 g	EDTA-Fe	10 mg
$MgSO_4 \cdot 7H_2O$	0.2 g	L-シスチン	10 μg
Fe-EDTA (0.65%)	2 ml	D-ソルビトール	10 g
ビオチン	2 μg	フェネチシリンカリウム	50 mg
寒天	18 g	アンピシリンナトリウム	10 mg
水	1 l	セトリミド	10 mg
	pH 7.0	メチルバイオレット	1 mg
加熱滅菌後次の抗生物質を添加		フェノールレッド	20 mg
シクロヘキシミド	250 ppm	寒天	15 g
バシトラシン	100 ppm	水	1 l
チロトリシン	1 ppm		
セレン酸ナトリウム	100 ppm		

b）**選択培地による方法**：検出しようとする細菌の栄養生理的な特性，生育阻害物質や各種抗生物質に対する感受性の差異を利用し，目的細菌を選択的に生育させるか，あるいは特殊な集落を形成させ判別するよう調合した培養基を選択培地といい，病原細菌の生態研究に用いている．目的細菌以外の微生物の生育を完全に抑制し，目的細菌のみを増殖させる理想的な培地はないが，目的細菌の種類に応じ，各種の選択培地が報告されており，その数は100種余りに及ぶ．例としていくつかの培地組成を表Ⅳ.7に示した．選択培地の選択性が不完全な場合は培養特性などの指標や血清法などを併用し，選択性を高めることが望ましい．

c）**ファージ法**：宿主特異的なファージ（phage）は特定の細菌のみに寄生して増殖する．したがって，試料中の目的の病原細菌が生存しているか否かを検定する場合，試料に宿主特異的な目的細菌のファージを加えて培養する．その後，ファージを溶菌斑計数法（plaque counting method）で計数し，ファージ数が増加していれば，その試料中には目的細菌が存在していたことになる．具体的な方

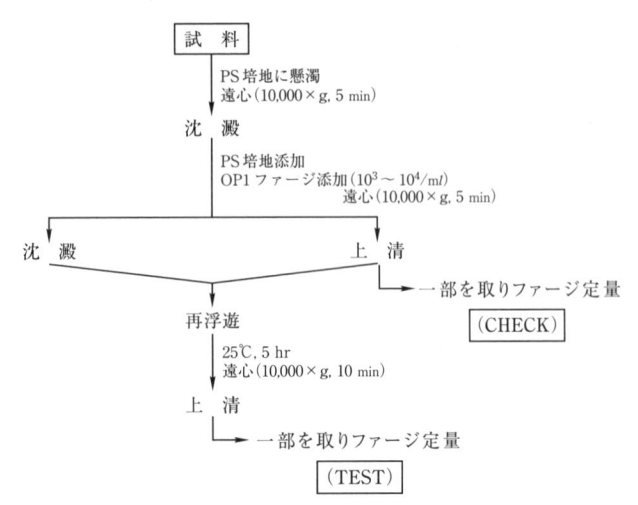

```
         ┌──────┐
         │ 試 料 │
         └──┬───┘
            │ PS培地に懸濁
            │ 遠心(10,000×g, 5 min)
          沈 澱
            │ PS培地添加
            │ OP1ファージ添加($10^3 \sim 10^4$/ml)
            │ 遠心(10,000×g, 5 min)
      ┌─────┴─────┐
    沈 澱        上 清
      │           └──→ 一部を取りファージ定量
    再浮遊              (CHECK)
      │ 25℃, 5 hr
      │ 遠心(10,000×g, 10 min)
    上 清
      └──→ 一部を取りファージ定量
            (TEST)
```

CHECK ＜ TEST：イネ白葉枯病菌存在

図Ⅳ.4　ファージによるイネ白葉枯病菌の検出法

法は図Ⅳ.4に示した．この方法の感度は試料の種類によって異なり，土壌の場合にはファージが土壌へ吸着されるために，感度が著しく低下する．

　d）血清法：生きた完全な細菌（whole cell）は菌体抗原（O-抗原）と鞭毛抗原（H-抗原）からなる．O-抗原は菌体外膜を構成する複数種類のタンパク質が主体で，H-抗原は鞭毛タンパク質（フラジェリン，flagellin）で，前者は耐熱性，後者は易熱性である．これらのタンパク質はそれぞれが異なる抗原決定基（エピトープ，epitope）をもっており，これらを家兎へ注射すると抗血清（抗体）が得られる．種々の異なったクローンの抗体産生細胞が抗体分子を産生するために，このような抗体をポリクローナル抗体（polyclonal antibody）と呼ぶ．それぞれのタンパク質がもつ複数の抗原決定基のうち，特定の抗原決定基に対するモノクローナル抗体（monoclonal antibody）をつくることもできる．この抗体は同じ特異性をもつ均一な抗体であるから，ポリクローナル抗体より目的細菌の検出精度は高い．病原細菌の検出には血清法が最も便利で感度のよい方法であるが，唯一の欠点は抗原性さえあれば死菌でも陽性の結果となることである．

　抗血清を利用した検出法には，スライド凝集反応法，寒天ゲル内拡散法，ELISA法（enzyme-linked immunosorbent assay），DIBA法（dot immunobinding assay），蛍光抗体法（fluorescent antibody method）などさまざまな方法が開発

表Ⅳ.8 グラム染色の手順

1. 新鮮な培養菌をスライドグラス上に塗布，風乾，火炎固定
2. クリスタルバイオレット（またはゲンチアナバイオレット）による染色（1分間）
3. 水洗
4. ヨードヨードカリ液（ルゴール液）で処理（1分間）
5. 純アルコール洗浄，ついで水で洗浄
6. サフラニンで染色
7. 水洗，検鏡：陽性菌は紫，陰性菌は赤に染色

注）簡便法：スライドグラス上に置いた菌に3% KOH液を1滴加えて混ぜた場合，菌が糸を引くように粘ちょうになればグラム陰性菌，変化がなければグラム陽性菌

されているが，それらの中で特に利用価値の高いものは個々の細菌が染色され，定量的に検出できる蛍光抗体法と多数の試料を同時に検定できる ELISA 法や DIBA 法である．

e) **グラム染色法**：植物病原細菌の中では例の少ないグラム陽性菌であるジャガイモ輪腐病菌やトマトかいよう病菌などはグラム染色法（表Ⅳ.8）によって検出することができる．しかし，グラム陽性菌は自然界に広く分布していることから，植物組織などの一般試料に応用することは危険である．

f) **polymerase chain reaction（PCR）法**：植物病原細菌に特異的なプライマー（毒素合成遺伝子や病原性関連遺伝子などに対応）を用いて PCR を行い，予想されるサイズの DNA 産物の有無により検出する方法である．植物体内や土壌中に低密度で存在する病原細菌を検出するために，いったん普通培地あるいは選択培地で病原細菌を増殖させてから PCR を行う BIO-PCR が開発されている．本法では植物体や土壌に含まれる PCR 反応阻害物質や死菌の DNA の影響も排除できる．インゲンマメかさ枯病菌（*Pseudomonas syringae* pv. *phaseolicola*）の場合では，インゲンマメ種子の浸積液を KG 寒天培地で培養，生育した細菌を洗い流し回収したのち，毒素（ファゼオロトキシン）合成遺伝子を標的に nested PCR を行うことで病原細菌の高感度検出が可能である（nested PCR は 1st PCR で増幅した DNA 断片中，2nd PCR のプライマーとマッチする断片だけが増幅でき，PCR を 2 回行うことで，特異性を増す方法である）．

(2) 生活環と伝染環

病原細菌の生活環（life cycle）では罹病植物はもちろん，罹病植物からの種子（種子内部と表面），罹病植物遺体，土壌などが重要で，そのほか一見無関係と考えられる非宿主植物も生活環の一端を担っている．環境条件としては湿度，温度，

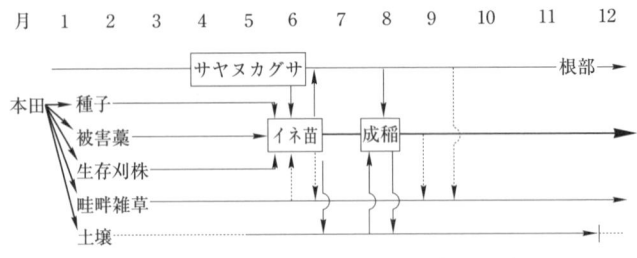

図Ⅳ.5 イネ白葉枯病菌の生活環(吉村,1963)[14]

および拮抗微生物の種類・有無，多少などが関係する．

 i) **イネ白葉枯病菌**（*Xanthomonas oryzae* pv. *oryzae*）　イネ白葉枯病菌は罹病種籾，罹病藁，暖地では罹病刈株，サヤヌカグサやエゾノサヤヌカグサの根圏などで生き残り，翌年の発生源になる．病原菌がこれらの伝染源から水媒伝染によって水孔，または傷口を経由して導管にまで達すると感染が成立し，その後，導管内で増殖して，イネは発病する．病原細菌は種籾，罹病藁や菌泥（ooze）内で，乾燥状態であれば長時間生存できる．またサヤヌカグサ根圏や生き残り刈株（ヒコバエ）などでは増殖形態のまま越冬し，伝染源となる（図Ⅳ.5）．わが国では1960年代から機械移植栽培が急速に普及し，苗感染の機会がない箱育苗が行われるようになったために，発生が著しく減少した．しかし，熱帯アジアでは，箱育苗は普及しておらず，しかも1年中絶え間なくイネが栽培できる地域が多い．このような地域では白葉枯病が苗の時期から発生し，激しいときには急性萎ちょう症状（クレセック症状）となる．病原細菌は主に田面水，河川水，風雨によって伝搬し，特に暴風雨や豪雨後に著しく発病する．

 ii) **カンキツかいよう病菌**（*Xanthomonas campestris* pv. *citri*）　常緑のカンキツ類では潜在感染および古い病斑組織内で越冬し，翌春小病斑を生じて伝染源となる．病原細菌は抵抗性品種よりも罹病性品種の病斑組織内で，また春葉の病斑よりも夏葉の病斑で越冬しやすい．細菌は気孔や皮目などの自然開口部や傷口から侵入，感染する．台風による傷やミカンハモグリガ幼虫などの食痕は発病により好都合となり，急速に流行させる．

 iii) **ナス科作物の青枯病菌**（*Ralstonia solanacearum*）　青枯病菌は微生物活性が高く，宿主植物がなくても土壌中で長期にわたり生存し，1mの深層土壌中でも検出される．植物残渣や雑草の根でも生き残る．病原細菌は主に根部の傷口から侵入し，導管内で急速に増殖して植物を萎ちょう，枯死させる．なお，青枯

5. 細菌病の発生生態

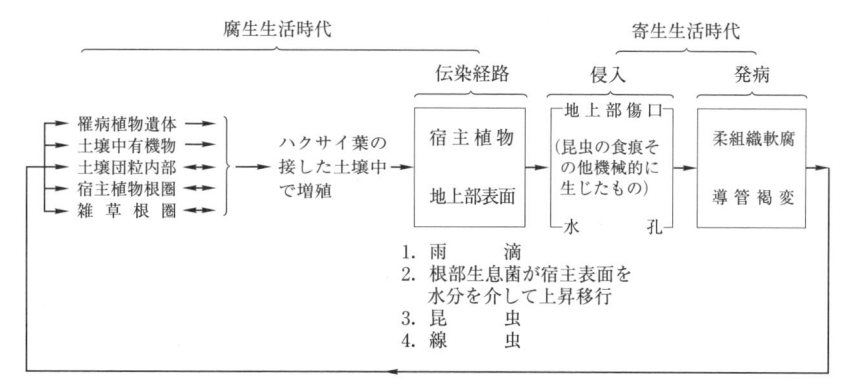

```
腐生生活時代                          寄生生活時代
                          伝染経路    侵入      発病
┌→ 罹病植物遺体 →┐                   地上部傷口
│  土壌中有機物  │  ハクサイ葉の    宿主植物   (昆虫の食痕そ   柔組織軟腐
│  土壌団粒内部 ←→→ 接した土壌中 →  地上部表面 → の他機械的に → 導管褐変 →┐
│  宿主植物根圏 ←┤  で増殖                    生じたもの)                │
│  雑 草 根 圏 ←┘                            水   孔                 │
│                         1. 雨     滴                                │
│                         2. 根部生息菌が宿主表面を                     │
│                            水分を介して上昇移行                       │
│                         3. 昆    虫                                 │
│                         4. 線    虫                                 │
└─────────────────────────────────────────────────────────────────────┘
```

図Ⅳ.6 ハクサイ軟腐病菌の生活環(津山, 1962 を一部改変)[15]

病菌は栄養分のない純水中でも増殖し, そのまま高濃度を保ちながら長期に生存するという特殊な性質がある.

　iv) **野菜類軟腐病菌**(*Erwinia carotovora* ssp. *carotovora*)　多くの野菜類に軟腐病を起こす病原細菌は土壌伝染性であり, 土壌湿度が高いと長期間生存可能である. 病原細菌は宿主植物が植えつけられると, まず宿主植物の根圏で増殖し, 植物の成長に伴い, 葉が接する株元の表面土壌で急激に増殖し, 昆虫による食害跡や各種の傷口から侵入して発病させる (図Ⅳ.6).

　v) **イネもみ枯細菌病菌**(*Burkhorderia glumae*)　病原細菌は罹病種子の組織内で越冬する. 保菌籾が播種されて, 箱育苗のような高温多湿条件で育苗されると, 籾の出芽に伴ってできる傷口からイネに侵入し, 葉鞘褐変や芯枯れなどの苗腐敗症状を起こす. 発病しなかったイネではその株元に存在し, イネの生長に伴って上位葉鞘へ移行するが, 出穂まで病斑は現れない. 穂孕期には病原細菌が幼穂に達し, 穎に達した細菌は内穎, 外穎の内表皮の気孔から組織内へ侵入して増殖し, 籾を発病させる. 夏期に高温多湿が続く年に多発する傾向があるが, 発生程度は年によって著しく変化する.

　vi) **トマトかいよう病菌**(*Clavibacter michiganensis* ssp. *michiganensis*)　トマトかいよう病菌は, 種子の組織内と表面で越冬する. 種子の組織内へは維管束を通って侵入し, 表面へは種子調製のときに付着する. 病原細菌の伝染経路としてはこの汚染種子が最も重要であるが, 罹病植物の遺体, 土壌, 栽培資材 (支柱など) などでの越冬も知られている. 病原細菌は摘芽跡, 根の傷口などから侵入して茎の維管束や髄部を侵し, またトマト地上部の自然開口部から組織内に侵入

して小斑点を形成する.

vii) キュウリ斑点細菌病菌（*Pseudomonas syringae* pv. *lachrymans*） 病原細菌は種子, 被害茎葉, 農業資材, 土壌などで生存し, 伝染源となる. 高湿度条件下で育苗すると発病苗が急速に増加する. これは, 病原細菌が結露した水滴とともに飛散・伝搬し, 周囲の葉に伝染するためである. 本病は, 1980年代に全国で多発生し, 壊滅的な被害を与えたが, 伝染源の特定, 発生環境の解明により, それらに対応した総合的防除法が確立され, 現在はほとんど確認されない.

(3) 病原性発現機作

病原細菌は植物の表皮を貫通して侵入することはなく, 自然開口部または傷口から侵入する. 病原細菌が植物の組織内へ侵入した後は, 環境の影響を受けながら宿主との相互関係によって発病の有無と程度が決まる. 病原細菌の病原性発現機作には病原菌が生産する酵素や毒素などの生理活性物質と, 宿主側が示す静的, および動的な抵抗性反応が関与する.

i) 野菜類軟腐性病害 *Erwinia carotovora* ssp. *carotovora* や *E. chrysanthemi* などは野菜類をはじめ, 各種植物の傷口, 昆虫などによる加害跡, 気孔, 水孔などから侵入し, 細菌が分泌するペクチナーゼによって植物細胞を遊離させ, 組織を軟腐させる. 病原性発現に特に関係のあるペクチナーゼはペクチン酸リアーゼ（Pel）であり, *E. carotovora* では主要な Pel アイソザイムとして PelA～PelD が, また *E. chrysanthemi* では PelA, D, E と PelB, C の 2 つのファミリーと, 植物体内およびペクチン酸塩を含む最小培地のみで誘導される PelI, L, Z, X が知られている. 各々のアイソザイムの生産量は異なり, 植物組織を軟化させる能力に差がある. PL の他に, ペクチンリアーゼ（Pnl）やポリガラクツロナーゼ（Peh）, ペクチンメチルエステラーゼ（Pme）の分泌が知られている. *Erwinia* 属細菌のペクチナーゼはタイプⅡ分泌機構により菌体外に産生される.

ii) 根頭がんしゅ病 根頭がんしゅ病菌（*Agrobacterium tumefaciens*）が植物に感染して発病させるためには傷が必要であり, 1970 年代から遺伝子レベルでの発病機作が詳細に研究されている.

A. tumefaciens は複数のプラスミドをもっているが, 病原性株にはがんしゅを誘導する遺伝子が座乗するプラスミド pTi（tumor inducing plasmid）がある. pTi は 150～250 kb の大きさで, その上には植物細胞へ移行してがんしゅを形成させる機能をもつ T-DNA 領域（T_L-DNA, T_R-DNA）と T-DNA の移行のために必要な役割を果たす *vir* 領域（*virA*～*virG*）がある（図Ⅳ.7）. 病原性発現のため

5. 細菌病の発生生態　　89

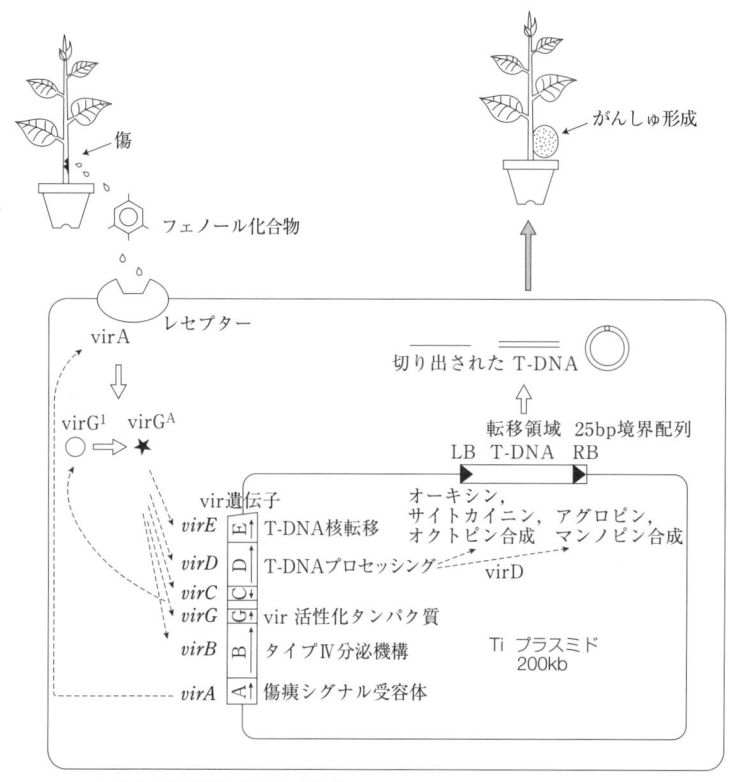

```
傷
フェノール化合物
レセプター
virA
virG¹　virG^A
vir遺伝子
virE  [E]  T-DNA核転移
virD  [D]  T-DNAプロセッシング
virC  [C]
virG  [G]  vir活性化タンパク質
virB  [B]  タイプIV分泌機構
virA  [A]  傷痍シグナル受容体

がんしゅ形成
切り出されたT-DNA
転移領域　25bp境界配列
LB  T-DNA  RB
オーキシン，
サイトカイニン，アグロピン，
オクトピン合成　マンノピン合成
virD
Ti プラスミド
200kb
```

↑ 枠内が病原細菌（細胞）を示す

図IV.7 根頭がんしゅ病の病原性発現機構の模式図（町田，1989を改変）

には，植物組織の傷口に分泌されるフェノール物質（アセトシリンゴンなど）や，単糖類（D-ガラクツロン酸など）によって vir 領域が誘導されることが必要である． *virA* はアセトシリンゴンなどのフェノール化合物と結合して活性型に変化し，virG タンパク質を活性化する．活性化された virG タンパク質は他の vir 遺伝子群の転写を誘導する．*virD* は，T-DNA のプロセッシング（processing）に必要なエンドヌクレアーゼをつくり，また，virD2 タンパク質は T-DNA の 5′末端に結合する．*virE* は植物の核への T-DNA の送り込みに必要な virE2 タンパク質を，*virB* はタイプIV型分泌装置である線毛をつくる．T-DNA/virD2 と virE2 は独立にタイプIV分泌機構を通じて宿主細胞内に入り，T 複合体（T-complex）を形成し核内に移行する．移行した T-DNA は植物の染色体の複数個所にランダムに組み込まれ，その上に座乗するオーキシン合成遺伝子（*iaaH*，*iaaM*），サイ

トカイニン合成遺伝子（*ipt*）およびオパイン合成遺伝子（*ocs*）が発現する．オーキシン，サイトカイニンやオパインの生産により植物細胞は異常増殖し，がんしゅ（クラウンゴール）を形成する．

トマト，メロン，バラ，テンサイなど，多くの植物の細根を異常分岐させる毛根病菌（*A. rhizogenes*）も根頭がんしゅ病菌の pTi に似たプラスミド pRi をもち，そのプラスミド上の T-DNA 上に座乗する rolA～D の4個の遺伝子が植物細胞に毛根をつくらせる．

iii) **ナス科作物青枯病** 青枯病菌（*Ralstonia solanacearum*）はナス科作物を中心とする多くの植物に寄生して全身を萎ちょうさせ，大きな被害を与える．病原細菌は，菌体外に宿主植物への定着と萎ちょう症状を引き起こすための物質を産生する．なかでも菌体外多糖質（EPS）は，導管の水分通導を妨げることにより感染植物に萎ちょう症状を引き起こす主要な病原因子（virulence factor）である．EPS 欠損株は完全に病原性は失わないものの感染植物の茎での定着ができないことから，EPS は細菌表面の構造を認識して誘導される植物の防御機構を妨げる役割があると考えられる．また，青枯病菌は植物細胞壁分解酵素として3つのポリガラクツロナーゼ（PehA～PehC），エンドグルカナーゼ（Egl）とペクチンメチルエステラーゼ（Pme）を産生する．このうち Peh と Egl は病原因子である．

(4) **拮抗微生物**

自然界には病原細菌に対して拮抗的に働くいろいろな微生物が存在し，その生態と発病に大きな影響を及ぼしている．それらのうち主なものは，ファージ（phage；バクテリオファージ，bacteriophage），デロビブリオ（*Bdellovibrio*），原生生物（protozoa），および抗菌物質産生菌などである．

i) **ファージ** バクテリオファージは細菌に感染して増殖するウイルスで，"細菌を食う"生物という意味で命名された．すべての植物病原細菌には，それぞれに対応する複数種類のファージが存在すると考えられており，罹病葉，土壌，田面水などから簡単に分離できる．試料中にファージが存在すれば十数時間～1日以内に溶菌斑（plaque, 図Ⅳ.8）が現れる．

ファージにはビルレントファージ（溶菌ファージ，virulent phage）とテンペレートファージ（溶原化ファージ，temperate phage）とがある．前者の場合は細菌に感染後，細菌体内へ注入されたファージ核酸がただちに転写，翻訳，複製し，子ファージがつくられる．数十分後にはリゾチームによって宿主細胞を溶菌

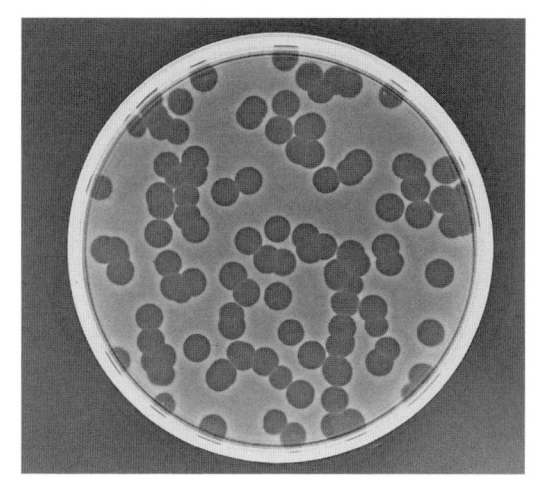

図Ⅳ.8 イネ白葉枯病菌ファージ(OP$_{1h2}$)による溶菌斑(植松原図)

して，増殖した多数の子ファージが放出される．これに対し，後者の場合は，子ファージをつくらず，ファージ核酸がプロファージとして細菌の染色体に組み込まれ，細菌の分裂に伴いファージDNAも複製され，分裂した細菌へと伝達される．この状態にある細菌を溶原菌（lysogenic bacterium）といい，溶原化したファージゲノムをプロファージ（prophage）という．

溶原菌に対してなんらかの変異誘発源（UV，X線照射，マイトマイシン処理，過酸化水素，アスコルビン酸，グルタチオン処理など）を与えれば容易に変異し，

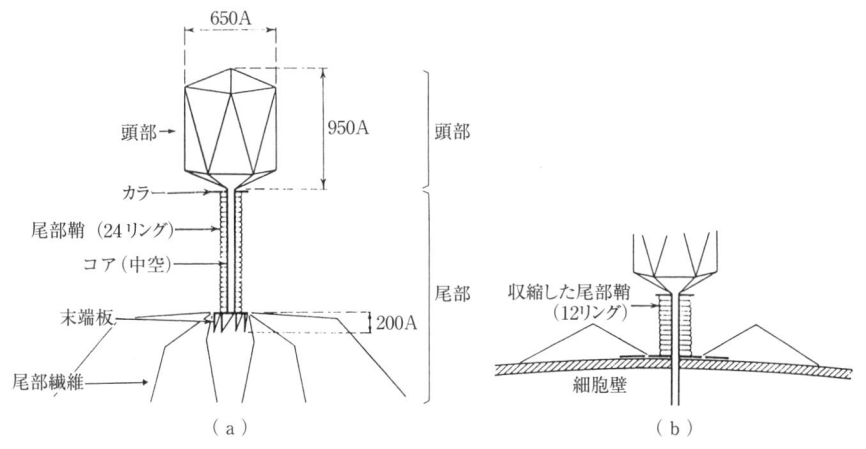

図Ⅳ.9 大腸菌ファージT4の構造(Luria and Darnell, 1978)[16]
(a) 尾部繊維が伸長したときの形態，(b) 細菌表面へ吸着したときの形態

ファージの複製が開始され、子ファージの産生、溶菌へと導かれる。溶原化したクワ縮葉細菌病菌（*P. syringae* pv. *mori*）ではクワ葉の熱水抽出物によりファージが高率に誘発されることが知られている。

ファージは形態的に精虫形（tadpole）、球形（spherical）、繊維状（filamentous）の3つに分けられ、精虫形のものは収縮性の尾部をもつものと非収縮性の尾部をもつものとがある。大腸菌のT4ファージ（図Ⅳ.9）は多角体の頭部と収縮性の尾部をもっており、尾部の先端にはスパイク（spike）と尾部繊維（tail fiber）がある。頭部はタンパク質と二本鎖DNAからなり、尾部は中空のコア（core）と収縮性の鞘（sheath）からなる。尾部繊維とスパイクで細菌表面に吸着し、ついで、尾部鞘が収縮してコアを菌体へ挿入し、中空のコアを通ってDNAを注入する。注入されたDNAは子ファージの生産を開始する。非収縮性のファージも尾部先端で吸着するが尾鞘は収縮しない。

ファージ粒子の複製には数十種類の遺伝子が関与し、これらがそれぞれ頭部タンパク質、尾部鞘タンパク質、尾部繊維などを合成しながら、最後に活性のある粒子を完成する。

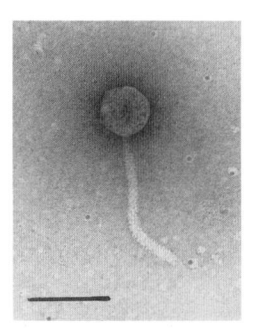

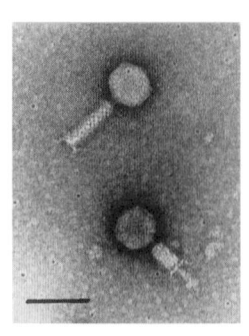

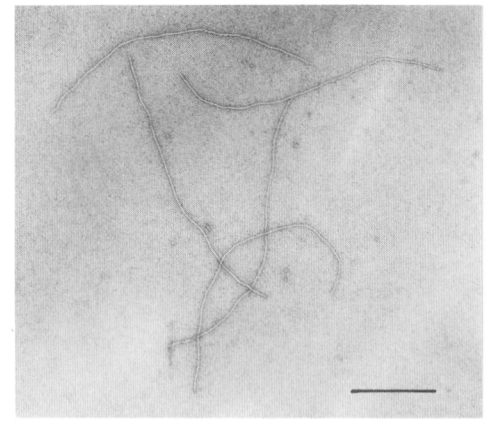

図Ⅳ.10　イネ白葉枯病菌ファージ（上運天原図）
（左上）OP_1（バー：100 nm）、
（左下）OP_2（バー：100 nm）、
（右）Xf_2（バー：500 nm）

植物病原細菌ファージについても，多くのものが分離されているが，それらの形態，構造，機能などが詳細に研究されているものは少なく，イネ白葉枯病菌に感染する Xf, Xf_2，カンキツかいよう病菌の Cf, XCf_1, XCf_2 などが知られている．図IV.10 に形態的に異なる3種類のファージ（OP_1：非収縮性精虫形，OP_2：収縮性精虫形，Xf_2：繊維状）の電子顕微鏡像を示した．植物の罹病部から分離したファージには宿主特異的（host-specific）なものが多いが，土壌中から分離したものには非特異的なものがしばしば見られる．宿主特異的なファージは宿主細菌の生態研究や発生予察に利用することができる．ファージは，発見当初から防除手段としての期待がかけられたが，これまで実用化されたものがなかった．しかし，最近また，農薬使用量削減のための手段として再び注目を集めている．

ⅱ）**デロビブリオ**　デロビブリオ（*Bdellovibrio*）は細菌に寄生して増殖する細菌で，自然界には水田の田面水中，河川水中，土壌中などに広く分布している．その宿主範囲は系統によって異なるが，多くの系統は多種類のグラム陰性菌（*Xanthomonas*, *Pseudomonas*, *Erwinia* など）に寄生して増殖する．菌体の大きさは 0.7～1.9 × 0.3 μm のものが標準的（図IV.11）で，例外的に直径約 0.3～0.5 μm の球形や卵形のもの，および長さ数～十数 μm に及ぶらせん形または棒状のものが認められる．

侵入から新生デロビブリオ細菌が放出されるまでに要する時間と，1個の宿主細胞から放出される新生デロビブリオ細菌の平均数などは，一段増殖実験によっ

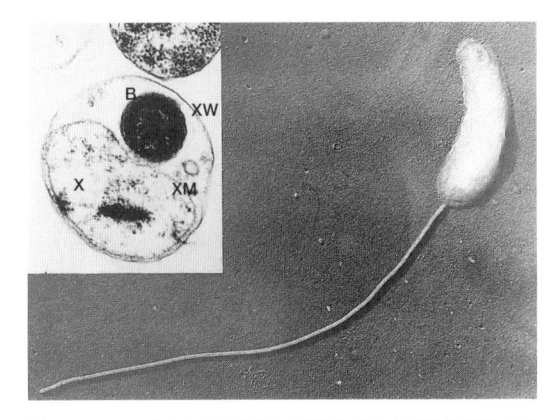

図IV.11　デロビブリオ属細菌の形態とイネ白葉枯病菌内の増殖像(植松原図)
X：イネ白葉枯病菌，XW：イネ白葉枯病菌細胞壁，
XM：イネ白葉枯病菌細胞膜，B：デロビブリオ細菌

て明らかにすることができる．

　デロビブリオ細菌は自然界で植物病原細菌の密度を下げる方向に働いているものと思われるが，デロビブリオに寄生するファージも分布しており，生態系は単純ではない．

　iii）その他の拮抗微生物　ファージ，デロビブリオのほか，自然界には細菌を捕食する原生動物（protozoa）や抗菌物質を生産する *Streptomyces* 属や *Pseudomonas* 属などの細菌をはじめとする多くの拮抗微生物（antagonistic microorganism）が存在し，植物病原細菌の密度を下げるのに役立っているものと考えられている．これらの拮抗微生物のうち，バクテリオシンや抗菌物質産生菌は，生物的防除剤（「生物的防除」（152頁）参照）として利用されるものがある．

6. 菌類病の発生生態

(1) 空気伝染病の発生生態

ⅰ）伝染経路

a）病原菌の生存と伝染源：菌類は生活に不利な条件下では，活動を停止して生き残る．わが国のような温帯地域の病原菌は，越冬または越夏のための生存戦略を備えている．それらは，菌糸や無性胞子（分生胞子），子のう胞子や卵胞子のような有性生殖器官，あるいは菌核や厚壁（厚膜）胞子のような休眠繁殖体により生存する．生き残った病原菌は伝染源（inoculum）となり，第一次伝染（primary infection）を引き起こす．さらに，発病した植物上に次世代の繁殖体（propagule）を形成し，これが第二次伝染（secondary infection）を引き起こす．生き残りの場所や様式は病原菌の種類によって異なる．

　① 種苗：作物の種子，鱗茎，塊茎，塊根，苗木などの種苗に病原菌が生存し，伝染源となることが多い．

　種子には，トマト，リンゴ，ダイズなどのように果実や莢の内部に形成される内生種子と，ホウレンソウ，イネ，麦類のような外生種子とがある．これらの違いにより，病原菌の感染経路と保菌様式は異なり，病原菌が種皮，胚乳，胚に及ぶ侵入型保菌，種皮に付着している付着型保菌，種子と混在する混入型保菌に分類される（表Ⅳ.9）．

　侵入型保菌の感染様式には，病原菌が導管を通って種子内に侵入する導管通過型，果肉を腐敗させて種子に侵入する果肉腐敗型，マメ科植物のさやなどから種

6. 菌類病の発生生態

表Ⅳ.9　植物病原糸状菌の種子保菌様式

種子保菌様式	感染様式	病原菌例
侵入型保菌	導管通過型	トマト萎ちょう病菌(*Fusarium oxysporum* f. sp. *lycopersici*)
		ナス半身萎ちょう病菌(*Verticillium dahliae*)
	果肉腐敗型	キュウリ炭疽病菌(*Colletotrichum lagenarium*)
	外皮貫通型	ダイズ紫斑病菌(*Cercospora kikuchii*)
		エンドウ褐斑病菌(*Ascochyta pisi*)
	果実貫通型	イネいもち病菌(*Pyricularia oryzae*)
		イネばか苗病菌(*Gibberella fujikuroi*)
	花器感染型	オオムギ裸黒穂病菌(*Ustilago nuda*)
付着型保菌		ダイコン黒斑病菌(*Alternaria japonica*)
混入型保菌		イネ科植物の麦角病菌，牧草類の菌核病菌

皮に達する外皮貫通型，イネの内・外穎の組織内や種皮などに侵入する果実貫通型，雌ずいの柱頭から侵入し，子房に達する花器感染型などがある．

付着型保菌では，被害果実，被害さやなどから採取した種子に胞子や菌糸が付着して保菌され，混入型保菌では，病原菌の菌核などが種子に混入して保菌される．

鱗茎，塊茎，塊根，苗木などの栄養繁殖器官も病原菌の生存の場となる．例えば，ジャガイモ疫病菌（*Phytophthora infestans*）は塊茎の表皮や組織内に，チューリップ白絹病菌（*Sclerotium rolfsii*）は球根の表皮に侵入して生存する．

② 休眠芽・樹皮など：多年生の果樹や樹木では，菌類が休眠期間中宿主の組織内に生存している場合がある．各種うどんこ病菌は芽の鱗片中に菌糸の状態で越冬し，春に分生胞子を形成する．ナシ黒星病菌（*Venturia nashicola*）も芽の鱗片内で菌糸により越冬する．

モモ縮葉病菌（*Taphrina deformans*）やカンキツ炭疽病菌（*Colletotrichum gloeosporioides*）は樹皮の割れ目などの健全組織に菌糸で潜在して生き残る．ブドウ晩腐病菌（*Glomerella cingulata*）は結果母枝の節部や果梗痕で菌糸により越冬するが，外見上健全な枝と見分けがつかない．病徴を示さない宿主組織に病原菌が存在していることを潜在感染（latent infection）という．

マツ葉枯病菌（*Pseudocercospora pini–densiflorae*）は枝幹枯死部に菌糸で，カラマツ先枯病菌（*Botryosphaeria laricina*）は胞子で越冬する．ナシ輪紋病菌（*B. berengeriana* f. sp. *piricola*）は枝幹部に「いぼ」状組織を生じ，その表皮下に子のう殻，柄子殻をつくり越冬する．

③ 植物遺体：作物の栽培中あるいは収穫後，罹病植物の遺体（茎葉，根部，花器，果実など）が病原菌の生存の場となる．

リンゴ斑点落葉病菌（*Alternaria alternata* apple pathotype = *A. mali*），オウトウ褐色せん孔病菌（*Mycosphaerella cerasella*）などは罹病落葉の病斑部に菌糸で越冬し，第一次伝染源となる．モモ灰星病菌（*Monilinia fructicola*）は罹病果梗，枝梢で生存するとともに，罹病果は樹上に残ったり，地上に落下し，菌核をつくり越冬する．翌春菌核は子実体をつくり，子のう盤内に形成される子のう胞子が伝染源となる．ユウガオうどんこ病菌（*Sphaerotheca cucurbitae*）は罹病葉に子のう殻をつくって越冬し，春に子のう胞子が第一次伝染源となる．

④ 宿主以外の植物：病原菌の中には，雑草など非栽培植物に感染するものがある．それら植物の生育期間が，宿主作物の栽培期間と異なっている場合や，多年生である場合には，病原菌の生き残りや伝染源の形成に重要な役割を果たす．さび病菌が典型的な例であり，これについては後述する．ハクサイ黄化病菌（*Verticillium dahliae*）はノボロギクで生存する．果樹の炭疽病菌（*Glomerella cingulata*）はリンゴ，ナシ，モモ，オウトウ，ブドウなどを侵すが，ニセアカシアにも感染して，周辺の果樹への伝染源となる．

b）伝　染：病原菌が伝染源から宿主植物に到達することを伝播（伝搬，dispersal または dissemination）という．病原菌が伝播し，宿主への感染（infection）が次々と起こることを伝染（transmission, spread）という．広義の空気伝染性病（air-borne disease）の伝染方法には，種子伝染，風媒伝染，水媒伝染，動物媒介伝染がある．

① 種子伝染：作物の種子は一般に乾燥条件下で保存されるため，乾燥に耐久力をもつ菌類も同時に保存されることが多い．種子保菌には，前述のように侵入型保菌，付着型保菌および混入型保菌の３つの状態がある．保菌種子を第一次伝染源として，発芽して生じた幼植物が発病し，第二次伝染源となる繁殖体が形成される．

近年，イネは育苗箱に播種し，高湿条件下で育苗する．高密度であるため罹病種子がもち上げられたり，土壌間隙ができ空気に触れると表面の芽，根に分生胞子が形成される．これらの胞子が周辺の発芽種子に接触したり，飛散して感染を起こす．土で十分被覆されていると分生胞子は形成されない．

イネばか苗病菌（*Gibberella fujikuroi*）の罹病種子から生じた苗は徒長あるいは萎縮する（「イネばか苗病」（190頁）参照）．外見は一見，健全な罹病苗を本田

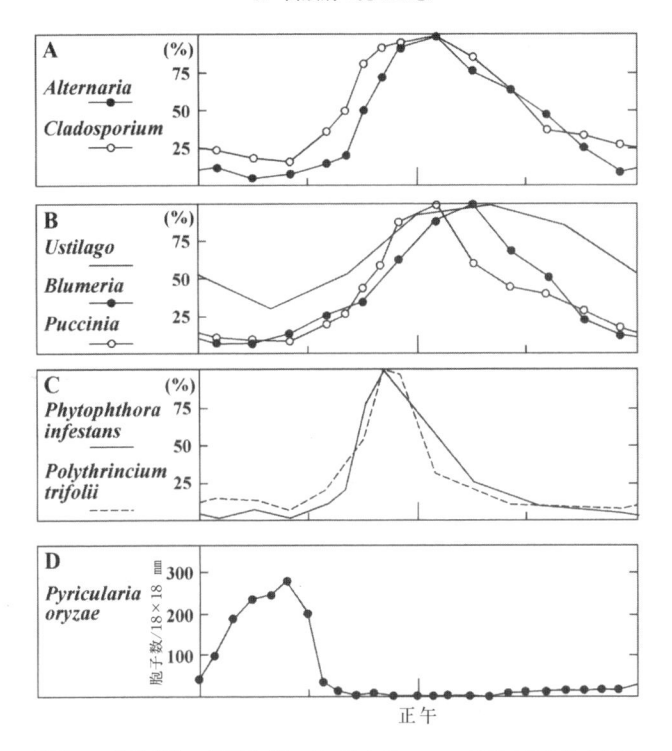

図Ⅳ.12 胞子飛散の日変動（A, B, C：Gregory, 1973；D：鈴木穂積, 1969）[17]

に植えると菌糸は組織内に伸展する．イネは生育期間中に徒長をはじめ，葉鞘上に分生胞子を形成する．開花期には胞子が籾に沈着し，感染を起こし保菌種子となる．ムギ類裸黒穂病菌（*Ustilago nuda*）の罹病種子内に生存する菌糸は，宿主の生長に伴い組織内で進展を続け，再び種子に達して，登熟期間中に黒穂胞子が穎内部に充満し伝染源となる．

② 風媒伝染：空気伝染性病の最も主要な伝染法である．伝搬の主体は胞子（分生胞子，柄胞子，子のう胞子，担子胞子など）であるが，菌核なども土砂とともに風で運ばれることがある．罹病植物からの胞子の離脱法は菌類の種類によって異なる．例えば，*Peronospora* では高湿状態から乾燥状態に移行するときに，分生子柄は膨圧を失い，ねじれの運動を起こして分生胞子を離脱させる．

Alternaria, *Blumeria*, *Ustilago*, *Puccinia* などは昼飛散型，*Pyricularia*, *Leptosphaeria*, *Diplodia* などは夜飛散型である（図Ⅳ.12）．一般に，降雨直後に飛

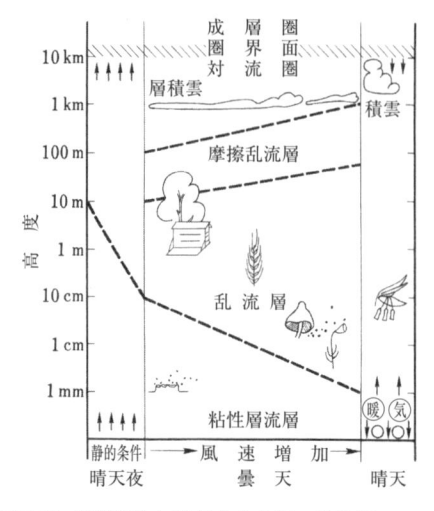

図Ⅳ.13　風媒伝染に関与する大気の様相(Gregory, 1973)[18]

図Ⅳ.14　アメリカ合衆国におけるコムギ黒さび病の流行(Roelfs, 1986)[19]

散胞子数が急増する．

　植物体の表面には空気が動かない状態からわずかな層流のある粘性層流層（laminar boundary layer）があり，その外部に乱流層（turbulent boundary layer）がある．病原菌の繁殖体は乱流層に達し，空気のうずの働きにより伝搬される．さらに，上昇気流によって運ばれ，上層の気流に乗ると遠距離の飛散が可能となる（図Ⅳ.13）．北アメリカでは，コムギ黒さび病菌（*Puccinia graminis* ssp. *graminis*）の夏胞子が南部地方からカナダへ順次発病をくり返しながら伝搬することが知られている（図Ⅳ.14）．また，アフリカからヨーロッパへコムギ黄さび病菌（*P. striiformis* var. *striiformis*）の夏胞子が飛来する．サトウキビ褐さび病菌（*P. melanocephala*）の夏胞子は，9日間で西アフリカのカメルーンからドミニカ共和国に達して感受性品種を侵し，その後アメリカのフロリダ州に伝搬したことが追跡されている．

　胞子の飛散状況を調べるには，以下の胞子採集器（spore trap）が用いられている．

　静置法：グリセリンゼリーを塗布したスライドグラスを水平台上に置き，この上に落下する胞子を捕捉する．

　回転式：上記スライドグラスや同様な処理をしたガラス棒をU字型にし，回転軸に取り付け，モーターにより回転させて胞子を捕捉する．

6. 菌類病の発生生態

表Ⅳ.10　飛沫伝染する病原菌の例

病原菌	繁殖体
イチゴなどの灰色かび病菌（*Botrytis cinerea*）	分生胞子
カンキツ黒点病菌（*Diaporthe citri*）	柄胞子
ブドウ晩腐病菌（*Glomerella cingulata*）	分生胞子
カンキツ疫病菌（*Phytophthora nicotianae*）	遊走子のう，遊走子
オオムギ雲形病菌（*Rhynchosporium secalis* f. sp. *hordei*）	分生胞子
コムギふ枯病菌（*Phaeosphaeria nodorum*）	柄胞子
リンゴ腐らん病菌（*Valsa ceratosperma*）	柄胞子

吸引式：スリットから空気を吸引し，同様なスライドグラス，培地，水などで捕捉する．

これらを用いて，経時的に自動採集する機械も考案されている．

③ 水媒伝染：水媒伝染とは，雨水，地表水，灌漑水などの水を媒体とした伝染様式である．雨は湿度を上げ，植物体をぬらすことにより，表面に沈着している病原菌胞子の発芽・侵入や病斑上での胞子形成・離脱に有効に働く．また水が病斑上から繁殖体を捕捉し，飛沫となって伝搬を行うことがある（表Ⅳ.10）．このとき乱気流により風下に飛散する．これを飛沫伝染（splash dispersal）という．また，雨滴は空中を飛散している胞子を捕捉して植物体上に運んだり，土壌表面に存在する病原菌の繁殖体を土壌粒子とともに植物体にはね上げたりする．スプリンクラーによる散水が雨滴と同様な働きをする場合がある．例えば，カンキツ褐色腐敗病菌（*Phytophthora citrophthora*）は，病原菌が繁殖している河川，貯水槽，ため池などの水をスプリンクラー灌水することで感染することがある．

病原体は灌漑水によっても伝搬される．キュウリ疫病菌（*P. melonis*）やピーマン疫病菌（*P. capsici*）が発病圃の下流で多発することが知られている．イネ黄化萎縮病菌（*Sclerophthora macrospora*）は，イネ科雑草上に卵胞子を形成するが，大雨による増水などで遊走子が運ばれ，イネの苗や若い分げつ芽に感染する．

近年，施設栽培においては，水耕あるいは礫耕栽培などが盛んであるが，培養液中に水媒伝染性の病原菌が混入した場合に大きな被害につながる．ミツバべと病菌（*Plasmopara nivea*），キュウリ疫病菌などがその例である．

④ 動物媒介伝染：鳥，昆虫，線虫などの生物が病原菌を伝搬することがある．イネばか苗病菌の分生胞子をウンカ・ヨコバイ類やスズメなどが，ウリ類炭疽病菌（*Colletotrichum lagenarium*）の分生胞子をウリハムシが運ぶ．欧米で被害の大きいニレ立枯病菌（*Ophiostoma ulmi*）はキクイムシ類が伝搬する．本菌はヨーロ

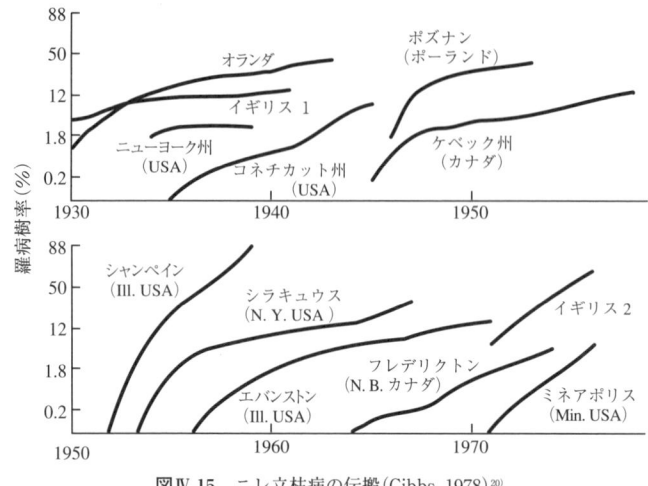

図Ⅳ.15 ニレ立枯病の伝搬(Gibbs, 1978)[20]

ッパから，北アメリカ，カナダに伝搬したものであるが，その後北アメリカから船積みされた原木に強病原性の菌の系統が媒介虫とともにイギリスに逆輸入された（図Ⅳ.15）．ムギ類麦角病菌（*Claviceps purpurea*）では麦角の分泌液にハエが集まって分生胞子を運び，ナシ赤星病菌（*Gymnosporangium asiaticum*）ではさび柄子殻の分泌液にハチやアリが集まり，さび柄胞子を運ぶ．

c) **宿主交代**：病原菌は通常，同一種の宿主上で全生活環を完了する．これを同種寄生（autoecism）という．ところが，さび病菌の中には2種の宿主上で異なる繁殖体をつくって生活環を完了するものがある．これを異種寄生（heteroecism）といい，このような現象を宿主交代（alternation of hosts）という．この場合，2種の植物のうち経済価値の小さいほうの宿主を中間宿主（intermediate host）という．

さび病菌の生活環には異なる胞子世代がある（「ムギ類のさび病」(195頁)参照）．これらを，0世代：さび柄胞子（pycniospore），精子（spermatium），Ⅰ世代：さび胞子（aeciospore），Ⅱ世代：夏胞子（uredospore），Ⅲ世代：冬胞子（teliospore），Ⅳ世代：担子胞子（basidiospore＝小生子［sporidium］）と呼ぶ．

コムギ赤さび病菌（*Puccinia recondita*）は，コムギ上の夏胞子堆（uredium）中に夏胞子（2核性）をつくり，風媒伝染をくり返す．やがて宿主葉の表皮を破って冬胞子堆（telium）をつくり，冬胞子（2核性）を形成する．冬胞子では核が融合して複相核となる．翌春発芽すると，担子器（basidium＝前菌糸 promyceli-

表Ⅳ.11　異種寄生性さび病菌の宿主と胞子世代

さび病菌	胞子世代		
	0, Ⅰ	Ⅱ	Ⅲ
コムギ黒さび病菌	ヘビノボラズ類	コムギ	コムギ
コムギ赤さび病菌	アキカラマツ	コムギ	コムギ
オオムギ小さび病菌	オオアマナ類	オオムギ	オオムギ
エンバク冠さび病菌	クロウメモドキ類	エンバク	エンバク
マツこぶ病菌	マツ類	ナラ，クヌギ類	ナラ，クヌギ類
ナシ赤星病菌	ナシ	—	ビャクシン類

um）となり，核は減数分裂して，それぞれ単核の4個の担子胞子を形成する．担子胞子は中間宿主であるアキカラマツに感染し，さび柄子殻（pycnium, spermagonium）をつくり，この中にさび柄胞子を形成する．さび柄胞子には2種の接合型があり，プラス性またはマイナス性の柄胞子は対応する性の柄子殻内菌糸（receptive hypha）に付着・ゆ合すると2核性菌糸となる．宿主の組織内に広がり，葉の裏面にさび胞子堆（aecium）をつくり，ここにさび胞子（2核性）を形成する．さび胞子がコムギに感染してさび病を引き起こす．

表Ⅳ.11に，異種寄生性さび病菌と宿主の例を示す．コムギ黒さび病菌は上記の0とⅠ世代がヘビノボラズ類，Ⅱ，Ⅲ世代をムギ類上で過ごす．マツこぶ病菌（*Cronartium quercuum*）の場合は，0，Ⅰ世代がマツ，Ⅱ，Ⅲ世代がナラ，クヌギ類を宿主とする．ナシ赤星病菌はビャクシン類でⅢ世代を，ナシに移って0，Ⅰ世代を形成する．本菌はⅡ世代を欠いている．ナシ園周辺では，中間宿主であるビャクシン類を垣根に植えないよう呼びかけている．

ⅱ）感染と発病

a）侵入と感染：伝染源から宿主上に到達した病原菌は，環境要因が適当であれば植物組織に侵入（invasion）する．宿主組織に定着し，栄養を吸収して増殖できるようになると感染が成立する．

① 角皮侵入：イネいもち病菌（*Pyricularia oryzae*），各種炭疽病菌，各種うどんこ病菌など多くの病原菌の分生胞子は宿主上で発芽後，付着器（appressorium）を形成する（図Ⅳ.16）．付着器から侵入糸（infection peg）を形成し，表皮を破って組織内に貫入（penetration）する．このような侵入様式を角皮（クチクラ）侵入（cuticular invasion）という．角皮侵入には，物理的な力と，植物組織の分解酵素であるクチナーゼ，ペクチナーゼ，セルラーゼなど（化学的侵入力）が関与する（第Ⅴ章参照）．

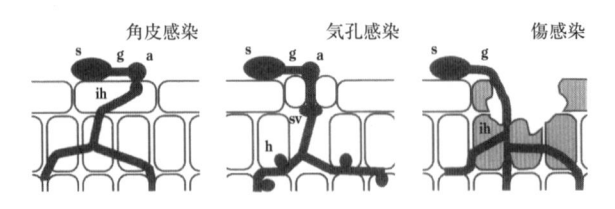

図Ⅳ.16 病原糸状菌の侵入と感染様式
s:胞子, g:発芽管, a:付着器, ih:侵入菌糸, sv:気孔下のう, h:吸器.

② 気孔侵入：各種さび病菌やべと病菌は気孔から侵入する．例えば，インゲンマメさび病菌（*Uromyces phaseoli* var. *phaseoli*）の夏胞子は発芽し，気孔上に付着器を形成した後，侵入糸により組織内へ侵入する（図Ⅳ.16）．本菌の発芽管は気孔上でのみ付着器を形成する．これは，発芽管先端が葉表面でわずかに盛り上がった孔辺細胞の高さ（約 0.5 μm）を認識することによって，付着器形成が誘導されるためである．自然開口部として葉縁に水孔があり，ここから病原菌が侵入する場合を水孔侵入という．

③ 傷侵入：宿主組織にできた傷は，一般に病原菌の侵入を容易にする（図Ⅳ.16）．傷がないと侵入できない病原菌もある．モモ胴枯病菌（*Leucostoma persoonii*）は，モモ枝幹部にできた日焼けや凍寒害による傷，虫害痕，人為的な傷から侵入する．リンゴ腐らん病菌（*Valsa ceratosperma*）の柄胞子は雨滴とともに飛散し，枝幹部にできた昆虫による食害部や人為的な切り口などから侵入する．カンキツ緑かび病菌（*Penicillium digitatum*）は土壌表面の有機物上で越夏し，秋に分生胞子を飛ばして風や吸蛾類のつけた果実の傷から侵入する．収穫時の侵入により貯蔵病害（postharvest disease）を引き起こす．

④ 花器侵入：ムギ類裸黒穂病菌は開花中の雌ずい上で発芽，柱頭から侵入し，胚に至る．同時に花粉による受精が行われると種子は登熟し，保菌種子となる．リンゴモニリア病菌（*Monilinia mali*）も柱頭から侵入し，花腐れ，実腐れを起こす．

b） **発病と環境**：感染後，菌類の菌糸が宿主組織内に蔓延すると，やがて外部に肉眼的に識別できる病徴（symptom）が現れ，発病する．病原菌が侵入を始めてから病徴が現れるまでの時間を潜伏期間（incubation period または latent period）という．発病には環境要因が大きく影響する．例えば，イネいもち病菌の潜伏期間（y 日）は気温の影響を受け，分げつ期のイネの葉身では，$y = -0.60x + 20.8$（x は日平均気温，$15℃ \leq x \leq 27℃$）の実験式で求められる．穂首節での潜伏期間は葉身の場合より 5〜7 日長くなる．潜伏期間を把握することは，発生予察や

防除時期の決定に重要である.

発病は,自然的環境と人為的環境に大きく影響される.

① **自然環境**:発病に影響する自然環境には,日照,温度,湿度,降雨などがあるが,これらは相互に密接に関連し合って発病に関係する.

日　照:日照不足は植物の光合成を低下させ,遊離の糖,アミノ酸,アミドを増加させる.また,蒸散作用の減少は物質吸収を抑制し,イネ科植物ではケイ酸の沈着量が減少して組織を軟弱にする.このような条件は,一般に植物の菌類に対する抵抗力を低下させる.日照不足のときには多雨・多湿であるため,病原菌の活動には適している.イネいもち病が日照不足の年に多発するのはその1つの例である.

光は,その波長と周期によって胞子形成の誘導あるいは抑制効果を示す.ビニルハウスに,近紫外線を透過しない紫外線カットフィルムを用いることによって,病原菌の胞子形成を阻害し,病害発生を抑制することができる.

温　度:温度は病原菌と宿主の両者に影響するため,病気の発生を左右する最も大きな要因である.病原菌によって生育適温はそれぞれ異なる.イネいもち病は14〜34℃で発生し,菌糸伸長と分生胞子形成の適温は24〜28℃である.ネギの疫病では,高温時には *Phytophthora nicotianae*(疫病菌)が,低温時には *P. porri*(白色疫病菌)が発生する.レタスべと病菌(*Bremia lactucae*)は低温性で,発病には8〜15℃が適温である.

湿　度:湿度は,病原菌の胞子形成や宿主への侵入に影響する.一般に糸状菌の胞子形成には95%以上の高湿度を必要とし,侵入には水滴が必要である.大気の湿度は気温によって変動し,大気がある温度で最大限の水分量を含んで飽和状態になったときに,この温度を露点という.露点以下に冷却していくと余分な水蒸気が凝結を起こす.地上では大気より物体の冷却のほうが早いので,その表面に水分の凝結が起こり露となる.樹木,家屋,山影など朝露が消えにくい場所で,イネのいもち病やごま葉枯病などが発生しやすい.カンキツ黒点病(病原菌:*Diaporthe citri*)の発生が北や西向きの斜面で多いのも同じ理由による.

野菜ハウスでは,昼夜の温度差で夜間ハウス内が加湿状態となり,感染の過程に高湿度が必要なべと病,疫病などの発生を促進する.一方,うどんこ病菌の発芽には水滴は不要であり,むしろやや低い湿度で発病する.

降　雨:降雨は病原菌の胞子の離脱,分散を助長するほか,植物表面をぬらすことによって病原菌の侵入を容易にする.罹病葉の表面から流れた雨水により,

健全葉に胞子が運ばれる．また降雨は湿度の増加をもたらし，特に長期の降雨によって高湿度状態が保たれ，発病を促進する．

風：前述したように，風は空気伝染性病原菌の伝搬に大きく関わっている．また強風は葉どうしの擦れや叩き合いにより葉面に傷をつけるので，病原菌の侵入を助長する．しかし，適度の風は湿度を低下させ，葉面の露を蒸発させるため，胞子形成や侵入を抑制し，病気の発生を抑える．多くのハウス病害は，通風を良くすることによって防止することができる．

② **人為的環境**：栽培技術は，施肥，栽培密度，灌水，施設栽培（日照，温度，湿度などの調節）などによって人為的な環境をもたらす．

発病は，感染時までに宿主が経過してきた条件にも影響される．栄養条件がよいと抵抗性が弱くなる病気と，逆に栄養条件が悪いとき抵抗性が弱くなる病気とがある．イネいもち病は前者の例で，特に窒素の吸収量が多いと多発する．同様な病気としては，キュウリの炭疽病やうどんこ病，トマト疫病，ブドウ晩腐病などがある．一方，イネごま葉枯病菌（*Cochliobolus miyabeanus*）は後者の例で，窒素，カリウム，マンガン，鉄，ケイ酸などの吸収量が少ないと多発する．トマト輪紋病菌（*Alternaria solani*），トマト葉かび病菌（*Cladosporium fulvum*），ダイコンべと病菌（*Peronospora parasitica*），キュウリべと病菌（*Pseudoperonospora cubensis*）なども窒素が少ないと多発する．

栽植密度は圃場の単位面積当たりの感染の場の面積を決定するとともに，微気象に影響して感染・発病に影響する．一般に，密植は病害の発生を助長する．

灌水やスプリンクラーも感染・発病に影響する（「水媒伝染」(99頁)参照）．地表面のポリエチレン布などによる被覆マルチはレタスの最下葉と地表の湿度を低くし，灰色かび病の発生を少なくする．またマルチや敷藁は地表面からの病原菌のはね上がりを防ぐ．植物をビニル屋根で覆う雨よけ栽培も病害の回避に有効である．

施設栽培では，夜冷や不十分な換気により高湿条件となりやすく各種の病気を発生させる．また無風であるため花弁の離脱が悪くなり，花弁を介して発生する灰色かび病などの感染期間が長くなる．

(2) **土壌伝染病の発生生態**

土壌伝染病（soil-borne disease）は土壌に生存する病原菌が，植物の根およびその他の地下部，あるいは土と接した茎葉から侵入して起きる病気をいう．土壌伝染病は一般に防除が難しく難防除病害といわれている．また，野菜や一般畑

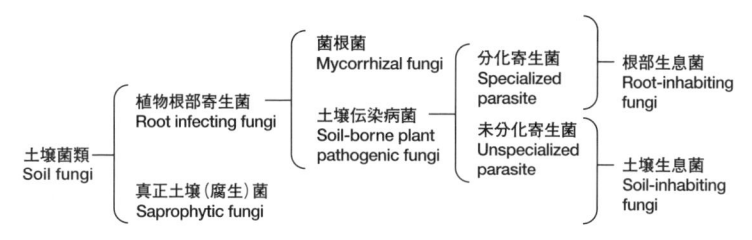

```
                              ┌─ 菌根菌              ┌─ 分化寄生菌      ┌─ 根部生息菌
                              │  Mycorrhizal fungi   │  Specialized     │  Root-inhabiting
            ┌─ 植物根部寄生菌 ┤                       │  parasite        │  fungi
            │  Root infecting │   土壌伝染病菌       ┤
土壌菌類 ───┤     fungi       └─ Soil-borne plant    │  未分化寄生菌    ┌─ 土壌生息菌
Soil fungi  │                    pathogenic fungi    └─ Unspecialized  │  Soil-inhabiting
            │                                           parasite       │  fungi
            └─ 真正土壌(腐生)菌
               Saprophytic fungi
```

図Ⅳ.17　土壌および根部生息菌の生態的分類(Garret, 1950, 1956を一部改変)[21]

作物の連作障害の主要な原因であり，産地崩壊をもたらすなど各地で問題となっている．

　植物寄生性の土壌菌類のうち植物に病気を起こすのは，根系に生息する「分化寄生菌（specialized parasite）」（絶対寄生菌や条件的腐生菌など，寄生性が分化し宿主範囲が限られているもの）と土壌に生息する「未分化寄生菌（unspecialized parasite）」（条件的寄生菌のような宿主範囲の広く腐生能力の高いもの）である．図Ⅳ.17に土壌伝染病菌（soil–borne pathogen）の位置関係を示した．

　土壌伝染病は，畑では集団的に発生する例が多く，発病時に小さい集団がスポット状～パッチ状に散在して発生するのが特徴である（図Ⅳ.18）．しかし，激しいときは空気伝染病でみられるように畑全面で一様に発生することもある．

　一般に，空気伝染性病害が作物の生育中に激増し短期間に大発生の様相を呈する"複利計算的に増加する病気（compound interest disease）"であるのに対し，土壌伝染性病害は長年月をかけて"単利計算的に増加する病気（single interest disease）"とされる．

図Ⅳ.18　*Rhizoctonia solani* AG-8によるアルファルファベアパッチ病(百町原図)

i) **土壌伝染病の伝染環** 土壌伝染病菌は宿主植物中での寄生生活の終了後，土壌中においてさまざまな様式で耐久生存を続ける．その後接近した植物の根の刺激に反応して休眠からさめ（賦活化），発芽管や菌糸あるいは遊走子の形態で植物体に到着し根面などで活動を始め，植物体に侵入して寄生生活を開始し宿主植物に病気を起こす．また，一部の土壌伝染病菌は土壌に加わった新鮮有機物の刺激に反応して休眠からさめ腐生生活を行う．すなわち，生存（休眠）→賦活→寄生（あるいは腐生）→増殖→生存をくり返している．

生態的には，土壌伝染病菌は次の3つのパターンに分けることができる．① 生存→寄生→生存，② 生存→寄生→（腐生）→生存，③ 生存→（寄生）→腐生→生存．① は絶対寄生菌のパターンであり，腐生生活はしない．*Plasmodiophora brassicae*（アブラナ科野菜根こぶ病菌）や *Spongospora subterranea*（ジャガイモ粉状そうか病菌）はこの例である．② は条件によっては腐生生活を行う条件的腐生菌の伝染環であり，*Fusarium oxysporum*（各種作物の萎ちょう病菌），*Gaeumannomyces graminis*（ムギ類立枯病菌）はこの例である．③ は腐生生活が主体であって条件によっては寄生生活をする条件的寄生菌の生活環である．*Rosellinia necatrix*（白

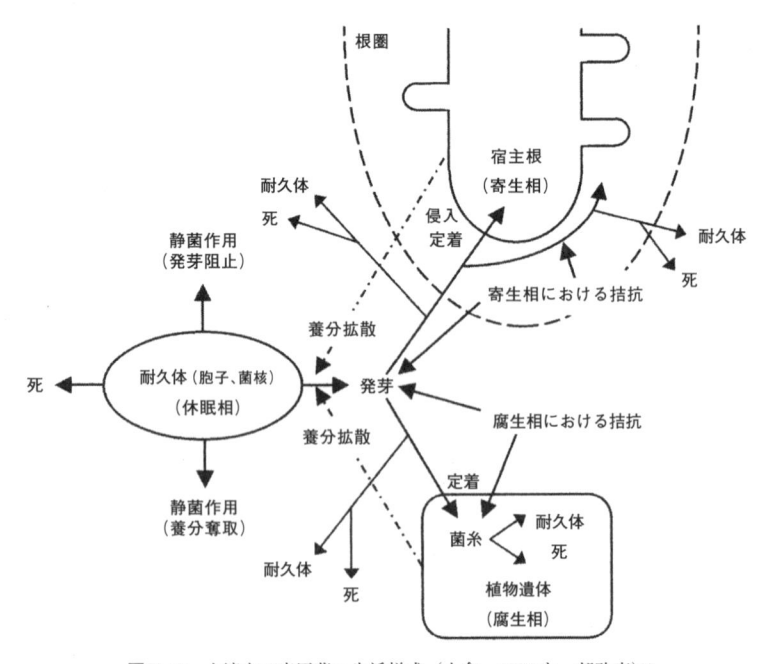

図Ⅳ.19 土壌中の病原菌の生活様式（小倉，1984を一部改変）[22]

紋羽病菌）や *Helicobasidium mompa*（紫紋羽病菌）はこの例とされる．

　土壌伝染病菌と種子伝染または空気伝染する病原菌との大きな差は，土壌伝染病菌の多くが土壌中で活動することができ，不良環境になると耐久体をつくり休眠状態で長く生存できる点にある．これに対し，種子伝染または空気伝染する病原菌は土壌中で数日から数週間で活動力を失ってしまう．図Ⅳ.19に土壌中における病原菌の生活様式を記した．土壌伝染病菌の各生活ステージとそれに関わる主な要因は以下のとおりである．

　a）　**生　存**：土壌伝染病菌の生存は大きく休眠的生存（dormant survival）と活動的生存（active survival）の2つに分けられる．後者の活動的生存は，宿主となる作物が存在しないとき，雑草に寄生し，あるいは根圏や有機物を利用し栄養器官である菌糸の状態で寄生生活あるいは腐生生活を続けることをいう．活動的生存も有機物などの栄養基質が欠乏したり土壌微生物による拮抗作用により，それぞれの病原菌の種類に特有な菌核，卵胞子，厚壁胞子，休眠胞子などの耐久生存器官をつくり，前者の休眠的生存に移る．感染に必要なエネルギーを保持しながら生存する期間（寿命）や様式は，病原菌によりさまざまである（表Ⅳ.12）．

　b）　**静菌作用**：土壌の静菌作用（soil fungistasis）は，土壌中で胞子や菌核の発芽が阻害されたり菌糸の伸長が阻害される現象をさす．静菌作用は自然土壌がもつ一般的性質で，病原菌のみならず各種菌類にも当てはまる非特異的な現象である．細菌も土壌静菌作用により増殖が抑制されている．この作用は土壌を殺菌すると失われ，また根や新鮮有機物の周囲ではそれらから分泌，溶出する物質によって失活する．静菌作用の機構については，胞子の可溶性貯蔵物質の溶出に伴う栄養欠乏に起因するとの説が主流となっている．

　c）　**賦　活**：休眠状態にあった各種耐久生存器官は，宿主のみならず非宿主

表Ⅳ.12　各種耐久生存器官の土壌中における寿命

耐久生存器官	病原菌の例	寿命(年)
微小菌核	*Verticillium* spp.	5〜15
厚壁胞子	*Fusarium* spp.	5〜15
卵胞子	*Phytophthora* spp.	2〜8
休眠胞子	*Plasmodiophora brassicae*	>7
菌核	*Rhizoctonia solani*	>5
根状菌糸束	*Armillaria mellea*	2〜5
分生胞子	*Heminthosporium* spp.	3
菌糸	*Gaeumannomyces graminis*	1〜2

の植物根や植物遺体から滲出・拡散してくる糖やアミノ酸などの栄養物質に反応して賦活化し活動を開始する．植物根から滲出してくる糖やアミノ酸の種類は各種の植物に共通するものが多く，また，賦活化に関係するのはグルコースやアスパラギンなどきわめて一般的な物質である．一方，病原菌の中には，宿主の特異的な物質に反応して賦活化するものがある．エンドウやダイコンの連作障害の一因とされる Aphanomyces 属菌は罹病組織内で主に卵胞子で生存している．卵胞子は宿主植物から滲出される物質に感応して発芽し，発芽管はそのまま遊走子のうとなって遊走子を放出する．遊走子は宿主植物組織から滲出される物質に誘引されて宿主上に集まり被のう胞子の集塊になる．*A. raphani* はダイコンが分泌するインドール-3-アルデヒドに，*A. euteiches* f. sp. *pisi* はエンドウが分泌するプルネチンに，また *A. cochlioides* はテンサイが分泌する5-ハイドロキシ-6,7-メチレンジオキシフラボンに誘引されて遊走子が宿主に到達する．

　d）寄　生：病原菌は宿主植物に到着した後，侵入して栄養をとり感染・増殖する寄生生活を始める．根こぶ病菌の休眠胞子や *Fusarium oxysporum* の厚壁胞子では，宿主の根面で発芽後ただちに根毛や柔組織の細胞に侵入する．一方，外生病原菌（ectotrophic pathogen）であるコムギ立枯病菌（*Gaeumannomyces graminis* var. *tritici*），リゾクトニア菌（*Rhizoctonia solani*），ナラタケ菌（*Armillaria mellea*）などでは菌糸が植物体上を網目状に生育した後にその一部が柔組織に侵入する．宿主への侵入様式は病原菌によりさまざまで，*Fusarium* のように単独の菌糸や付着器様の菌糸体（thallus）で侵入するものや，*R. solani* や *Helicobasidium mompa* のような付着器様器官（lobate appressoria）や侵入子座（infection cushion）を形成し，そこから感染菌糸（infection hypha）を出して侵入するもの，あるいは *Aphanomyces* spp. のような遊走子の集塊をつくりそこから侵入するものもある．病原菌は植物体表面ばかりでなく，傷，気孔，あるいは皮目などの開口部からも侵入し感染が始まる．

　土壌伝染性病害の種類は，柔組織病，導管病，および肥大病の3つに大別される．柔組織病は，地下部の茎，根その他に侵入した病原菌により，柔組織がえ死（necrosis）を起こす病気である．苗に発生したときは苗立枯病で，生育した植物では根腐病となる．導管病は根などから侵入した病原菌が，導管に入り，導管の閉塞などにより水の上昇が妨げられ，地上部が萎ちょうする病気である．肥大病は感染組織の細胞が異常に分裂し，あるいは肥大するため，こぶ状その他の肥大を起こす病気である．

①　感染源ポテンシャル：感染源ポテンシャル（inoculum potential）とは，宿主植物の表面で病原菌が感染に成功するために必要とするエネルギーの総和であり（ギャレット（Garrett），1970），そのエネルギーは土壌中の感染源の密度（inoculum density），感染源の内的・外的栄養状態，および根面の環境により増減する．賦活化した厚壁胞子，休眠胞子，卵胞子，および菌核などの耐久生存器官もしくは腐生生存している菌糸体などが感染源（inoculum）としての役割を担っている．

②　病原菌密度：病原菌の耐久生存器官の種類，宿主の栽培頻度，および土壌の性質により病原菌の分布や密度は異なる．一般に *Fusarium* spp.のような厚壁胞子で耐久生存する病原菌の畑土壌中における分布は，菌核や卵胞子で生存する *R. solani* や *Pythium* spp.に比べ均一である．

宿主の感染・発病にはある値以上の病原菌数（最小発病菌密度，least threshhold population density）が必要で，種類により著しい差があり，大きく3つのグループに分けられる．大型の菌核を感染源にもつ *Sclerotium rolfsii* や *R. solani* などの病原菌では，最小発病菌密度は100gの土壌に1～10個と最も少なく，次に休眠胞子や胞子のうから二次的に遊走子を生じる *Plasmodiophora brassicae* や *Pythium ultimum* では1gの土壌に10～350個と中程度の菌数を必要とする．一方，二次的な胞子や遊走子をつくらずに厚壁胞子の発芽管の先端から侵入する *Fusarium solani* では1gの土壌に1000個以上と多数必要である．

③　栄養：感染源ポテンシャルのレベルは，病原菌の内的および外的栄養により左右される．これは病原菌の耐久生存器官（厚壁胞子，休眠胞子，卵胞子，菌核など）の形成時に利用した基質の種類によりそれらの生存能力が異なることと同様である．また，外部から病原菌に供給される栄養の違いによっても，病原菌の病原性が異なることが知られている．

e）　腐　　生：条件的寄生菌あるいは未分化寄生菌は，土壌中の微生物と競争して植物遺体や有機物に腐生的に着生できる特有の性質，すなわち競合的腐生能力（competitive saprophytic ability）を備えており，それにより植物遺体や有機物から栄養をとり腐生的に生存できる．腐生能力は，①他の微生物より先に基質に着生できる発芽や菌糸生育の速さ，②基質のセルロースなどを利用する分解酵素の高い活性，③関係する微生物の生産する抗菌性物質に対する強い耐性，また④これら微生物の活動を抑える抗生物質や静菌物質の産生などで高くなる．

f）　拮抗作用：土壌伝染病菌はその生活環のほとんどを土壌中で過ごしてお

り，その間，さまざまな土壌微生物から各種のストレスを受けている．これらのストレスは拮抗作用（antagonism）と呼ばれ，一般的な微生物グループによる基質や場をめぐる競合（competition）に起因するストレスと，特異的な微生物グループによる菌寄生（hyperparasitism），捕食（predation），および抗生作用（antibiosis）など微生物と病原菌間の直接的な相互関係に起因するストレスに大別される．土壌中ではこれらの拮抗作用が単独ではなく総合的に働いており，① 土壌中に生存する病原菌の密度低下，② 植物遺体中に生存する病原菌の駆逐，③ 土壌中や宿主表面における病原菌の発芽や菌糸生育の抑制，④ 宿主組織に対する病原菌の侵入，定着の阻止，などが起こり，いずれも感染の低下や抑制につながる．

g） 溶菌・死：寄生生活時に宿主植物が死んだり，腐生生活している基質から栄養をとることができなくなった土壌伝染病菌は耐久生存器官をつくり休眠状態で生存を続けるが，長期にわたる栄養ストレスによりしだいに疲弊し，あるいは土壌微生物による拮抗作用によって溶菌し死滅してゆく．土壌中での病原菌密度の低下はしばしば発芽管の溶菌（germling lysis）によることが多い．

ii） 分散・伝播　土壌伝染病の発生は個体から始まってしだいにスポット状，パッチ状あるいは畑全面にまで広がるのに長年月を必要とする．この理由は，土壌伝染病菌がいわば"待機型の病原"であることによる．すなわち，大半の土壌伝染病菌は自ら動くことなく土壌中に存在し，接近した宿主の根などの刺激に反応し，活動を始め，植物の地下部に侵入するという，土壌伝染病菌の生態的特徴による．空気伝染性病害を引き起こす病原菌が風，水，昆虫などの媒介により宿主に運ばれる"移動型の病原"であるのとは対照的である．

一部の土壌伝染病菌では，鞭毛を有す細菌，ネコブカビ門や卵菌門の遊走子，および転流性菌類の菌糸や根状菌糸束などのように，土壌中を遊泳したり成長して宿主に到着し，そこから侵入する例も見られる．しかし，移動距離は移動型の病原に比べきわめて短い．

iii） 発病と環境　土壌伝染性病害の発生は，土壌中の病原菌の分布，菌量，また，土壌のさまざまな条件により左右される．すなわち，土壌のpH，肥料，温度，湿度，酸素などの非生物的環境は，直接的に病原菌の活動と宿主の抵抗性を左右し，同時に土壌の生物的環境，特に病原菌に拮抗する土壌微生物の活動に影響を与える．

iv） 土壌伝染性病害の抑制

a） 発病抑止土壌（disease suppressive soil）：発病抑止土壌とは，当然土壌

病害の発生が予想される環境にありながら,感受性作物を栽培しても病害が発生しないか,あるいはきわめて少ない土壌のことをいう.発病抑止土壌には,① 病原菌が定着できない土壌,② 定着できるが病害が発生しない土壌,および ③ 連作を続けると病気の発生がしだいに衰退する土壌が知られている.こうした土壌の発病抑止性は,多くの場合,土壌の理化学性と微生物性が結合した結果による.例えば,パナマ病として知られるバナナのフザリウム萎ちょう病(病原菌:*Fusarium oxysporum* f. sp. *cubense*)に対し,モンモリロナイト粘土含量が多く細菌の活性が高い土壌は病気の進行が遅く,発病抑止土壌となる.

連作を続ける間に初め激しかった病気の発生が徐々に低下する現象(発病衰退現象,disease decline phenomenon)を示した土壌は,発病抑止土壌の1つと考えられている.特にコムギ立枯病(病原菌:*Gaeumannomyces graminis* var. *tritici*)の衰退現象は take-all decline(TAD)としてよく知られている.現在,TADの機構はコムギ根上に集積した *Pseudomonas* spp.による特異的な抑止性によって説明されている.すなわち,抗生物質の 2,4-ジアセチルフロログルシノールを産生する *Pseudomonas* の一種のコミュニティが,病気の増大とともに立枯病の病斑上や,病原菌の菌糸上でしだいに形成され,病原菌の発芽を抑制したり菌糸の溶菌をもたらす.その結果,立枯病は減少し病気の衰退が生じると考えられている.

b) 生物的防除(biological control):近年,土壌微生物のもつ機能,特性を解明し,自然の仕組みを応用して土壌病害を抑制しようとする研究,いわゆる生物的防除研究が多くの研究者により世界的な規模で取り組まれている(詳細は「生物的防除」(152頁)参照).

土壌微生物の病原菌に対する抑制的な働きは,一般的拮抗作用(general antagonism)と特異的拮抗作用(specific antagonism)に分けられる.一般的拮抗作用は,土壌全体のどこにでも起こり,その作用は非特異的である.一方,特異的拮抗作用は病原菌の活動に対応しており,病原菌が増加した根面あるいはそのごく近くで起こる拮抗微生物の特異な作用である.

現在行われている土壌病害防除の中心的な技術として有機物施与や拮抗微生物の利用をあげることができる.有機物施与は土壌微生物の増殖や活性を促し,一般的拮抗作用を高め土壌の静菌作用を強める.その結果,病原菌の発芽力,病原力および生存力などの活性は低下する.また,感染の場である根面に特異的な拮抗微生物(specific antagonist)を定着させることで病原菌の侵入器官の形成を阻害し,侵入・感染を抑制しようとの試みが多くなされている.これらの微生物

の働きは菌寄生，捕食，抗生作用および競合などの特異的拮抗作用による．*Trichoderma* や *Gliocladium* などの拮抗微生物は，菌寄生や抗生物質を産生することでよく知られている代表的な特異的拮抗微生物である．抗生物質を産生して病原菌の発芽や成長を抑制する微生物ばかりでなく，植物根に高い親和性をもち定着能力に優れた微生物も感染の場や栄養をめぐって病原菌と十分に競争できる有望な生物的防除エージェント（biological control agent）として選ばれている．最近はこうした働きを強くもつ *Pseudomonas* spp.や *Bacillus* spp.などの細菌を種子に接種する"バクテリゼーション（bacterization）"の研究が盛んである．

これらの他に土壌微生物が宿主の抵抗性を誘導し，病原菌の感染行動を阻止する例も知られている．菌根菌，内生菌（endophyte），弱病原菌，あるいは植物生育促進根圏細菌（plant growth promoting rhizobacteria；PGPR）や植物生育促進菌類（plant growth promoting fungi；PGPF）などの有用な微生物の中に顕著な誘導抵抗（induced resistance）をもたらすものがあり，現在それらによる誘導抵抗のメカニズムの解明が精力的に行われている（「拮抗微生物による発病抑止作用の機作」（155頁）参照）．

v）　**土壌検診**　　土壌伝染病の場合，作付け予定の圃場に病原が存在するか，存在する場合その密度はどの程度かを知ることはきわめて重要である．このため土壌中の病原菌密度を調べる検診が必要となる．検診法には病原菌を直接検出する方法と，予備的に作物を土壌に植えつけてその発病を見る方法がある．直接検出する場合には，病原菌の性質に応じてそれぞれ検出法が工夫されている．主なものとして，土壌希釈平板法，土壌平板法，植物残渣法および捕捉法がある．また，最近では土壌中の病原菌の密度や活性の評価に関して病原菌の特異的プローブ（specific probe）や特異的プライマー（specific primer）を用いた検出技術がかなり進んでおり，近い将来にはほとんどの病原菌の検出が可能になると思われる．ただし，病原菌の定量に関しては，*Gaeumannomyces graminis* var. *tritici* や *R. solani* AG-8 などまだ一部の病原菌で成功しているにすぎず，今後の重要な課題となっている．

7.　発　生　予　察

農作物の病害虫による発生程度や被害程度を防除適期以前に予測することができると，その病害虫の防除要否を未然に判断し，適期にしかも経済的に防除を行

うことができる．

　わが国において病害虫の発生予察（disease forecast）が組織的に行われるようになったのは1941年からであるが，今日のように全国的規模で一定の実施要領に従って進められたのは植物防疫法（1950）に基づく農作物有害動植物発生予察事業が発足してからである．

　シミュレーションモデルの開発はコンピュータが実用化された当初から工学の分野では盛んに行われたが，植物病害研究に導入したのは米国のコネチカット州農業試験場のワーゴナーとホスフォール（Waggoner and Horsfall, 1969）であり，彼らは *Alternaria solani* によるトマト輪紋病の病害システムをシミュレーションモデルに構築して，EPIDEMと命名した．

　わが国では1970年代後半になって，現場への発生予察の適用を意識したモデルが構築されるようになり，多数のシステムモデルが発表されている．システムモデルは病害の発生場面を1つのシステムとしてとらえ，それを構成している多数の要因に時間的変化を加えてモデルとして構成したものである．実用化しているものとしては，イネいもち病のBLASTAM, BLASTL, イネ紋枯病のBLIGHTAS，カンキツ黒点病，カンキツかいよう病などのモデルがある．

(1) BLASTAMによる葉いもちの予測

　BLASTAMは，生物学的な根拠に基づいた簡単な判定基準によりいもち病流行のポイントとなる時期を予想しようとするモデルであり，アメダス（Automated

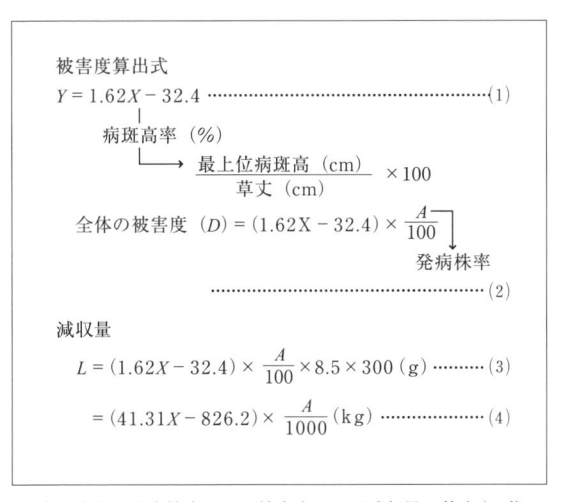

被害度算出式

$$Y = 1.62X - 32.4 \quad \cdots\cdots(1)$$

病斑高率（%）
$$\frac{最上位病斑高（cm）}{草丈（cm）} \times 100$$

全体の被害度 $(D) = (1.62X - 32.4) \times \dfrac{A}{100}$

発病株率

$$\cdots\cdots(2)$$

減収量

$$L = (1.62X - 32.4) \times \frac{A}{100} \times 8.5 \times 300 \, (g) \cdots\cdots(3)$$

$$= (41.31X - 826.2) \times \frac{A}{1000} \, (kg) \cdots\cdots(4)$$

図Ⅳ.20　病斑高率と発病株率からの被害度および減収量の算出（羽柴，1984）[23]

Meteorological Data Acquisition System；AMeDAS）で得られる気象データからイネ葉面の湿潤時間を推定し，さらに本病の生態的な知見に基づいていもち病の感染好適条件を日別に判定する．このモデルはアメダスデータの自動受信システムと結合させてパソコンによって処理できるシステムに改良されて全国各地で使われている．

(2) BLIGHTASによる紋枯病の予測

BLIGHTASはイネ紋枯病流行のシミュレーションを行って発病を予測するモデルであり，図Ⅳ.20に示した病斑高率および発病株率から作成した被害度および減収量算出式をもとにして，パソコンを用いて収穫時の減収量を予測する．次に現時点で防除した場合の防除効果を予測し，防除効果に相当する収量を推定する．防除したことによって増収した金額から防除費を差し引いて，どの時点で防除してよいかを判定できるようにつくられている．図Ⅳ.21は本病の発病株率をBLIGHTASで計算したものであるが，7月1日，あるいは8月1日時点で以後の発病株率を予測したときの予測値は実測値とよく一致している．

病害虫発生予察事業では，病気の発生地や発生程度を，各県において調査地点を決めて，経時的に調査したデータを迅速に相互伝達するために，植物防疫課と都道府県の病害虫防除所を結ぶオンラインネットワークが整備され，PFSシステム（Pests Forecasting Service System）と呼ばれている．また，航空機や人工衛星によって，栽培植物や森林の異常を査察する技術（remote sensing）が用いられるようになった．わが国では，赤外線写真の画像解析により，ハクサイ根こぶ病や黄化病の発生状況をとらえ，発生予察に利用する研究が行われている．

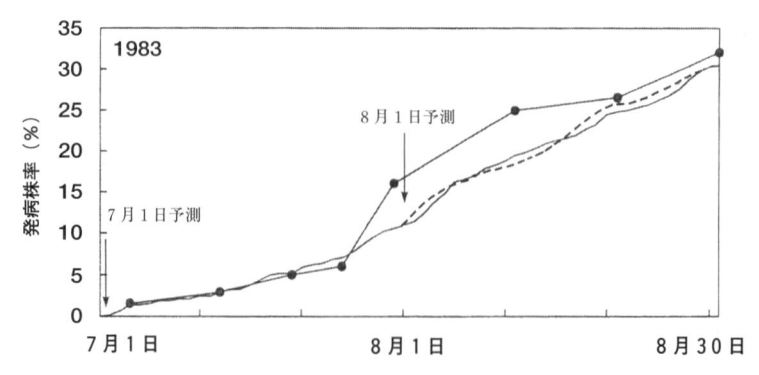

図Ⅳ.21　イネ紋枯病の発病株率のパソコンによる予測(羽柴原図)
　　　——●——：実測値，————：7月1日時点で以後の発生を予測したときの予測値，
　　　--------：8月10日時点で以後の発生を予測したときの予測値．

V. 植物と病原体の相互作用

　植物の病気は，単に植物と病原体とが接触しただけで起こるものではない．植物病害の発生過程は，① 病原体の植物組織への侵入，② 植物中での定着・増殖，③ 病徴発現，④ 第2次伝染源の形成，の4段階に大きく分けられる．この一連の過程で，病原菌と宿主の間でさまざまな相互作用がくりひろげられる．その結果として，発病する植物を感受性あるいは罹病性（susceptible），発病しない植物を抵抗性（resistant）と判定している．本章では，植物と病原体の相互作用における特異性について概説するとともに，植物の病害抵抗性と病原体の病原性について解説する．

1. 植物と病原体の相互作用における特異性

　特定の病原菌は特定の植物種，あるいは植物品種にのみ感染して発病させることができる．このような現象を寄生の特異性（specificity in parasitism）といい，それぞれの病原体が感染できる植物の範囲を宿主範囲（host range）という．また，病原菌の1つの種の中にも，感染できる植物種や品種が異なる系統が存在する場合があり，このような現象を病原性の分化（pathogenic specialization または pathogenic differentiation）という．

(1) 病原性の分化

　植物種に対して病原性が異なる病原体の種内系統は，糸状菌では分化型（forma specialis；f. sp.），細菌では病原型（pathovar；pv.），ウイルスでは系統（strain）と一般に呼ばれている．萎ちょう性病害を引き起こす糸状菌（*Fusarium oxysporum*）には，それぞれ異なる植物種に感染する80以上の分化型が存在する．代表的な病原細菌である *Pseudomonas syringae* は，40以上の病原型に類別されている．病原菌の種内系統に対して，変種（variety；var.）や病原型（pathotype）という言葉も用いられている．さび病菌（*Uromyces phaseoli*）にはインゲンマメに感染する系統とアズキに感染する系統が存在するが，前者は *U. phaseoli* var. *phaseoli*，後者は *U. phaseoli* var. *azukicola* である．また，*Alternaria alternata* に

は，宿主特異的毒素を生産し，それぞれ異なる植物に感染する7つの系統が知られており，これらは病原型と呼ばれている（後述）．例えば，AK毒素を生産するナシ黒斑病菌は *A. alternata* Japanese pear pathotype，AM毒素を生産するリンゴ斑点落葉病菌は *A. alternata* apple pathotype である．

病原菌の1つの種内あるいは分化型や病原型内に，作物の品種群に対する病原性が異なる系統が存在する場合もあり，このような系統はレース（race）と呼ばれている．例えば，イネいもち病菌（*Pyricularia oryzae*）には，感染するイネ品種が異なる多数のレースが存在する．前述した *F. oxysporum* では，分化型内にさらにレースが存在するものがある．病原細菌では，イネ白葉枯病菌（*Xanthomonas oryzae* pv. *oryzae*），ダイズ斑点細菌病菌（*P. syringae* pv. *glycinea*）などでレースが分化している．このような作物品種とレースの関係をレース-品種特異性（race-cultivar specificity）という．レースを分類するためには，複数の品種に接種して植物が示す反応性を観察する．レース分類に利用される品種を判別品種（differential cultivar）という．

レース-品種の特異性は，イネいもち病，ジャガイモ疫病，ムギ類うどんこ病など，食糧として重要な品種改良が進んだ作物の病害で多く見られる．この特異性は，作物品種がもつ抵抗性遺伝子によって決定されている．例えば，表V.1に

表V.1 ジャガイモ疫病菌レースと対応するジャガイモ品種の抵抗性遺伝子に関する国際命名法(van der Plank, 1968)[24]

Genotype	(0)	(1)	(2)	(3)	(4)	(1,2)	(1,3)	(1,4)	(2,3)	(2,4)	(3,4)	(1,2,3)	(1,2,4)	(1,3,4)	(2,3,4)	(1,2,3,4)
r	S	S	S	S	S	S	S	S	S	S	S	S	S	S	S	S
R_1	R	S	R	R	R	S	S	S	R	R	R	S	S	S	R	S
R_2	R	R	S	R	R	S	R	R	S	S	R	S	S	R	S	S
R_3	R	R	R	S	R	R	S	R	S	R	S	S	R	S	S	S
R_4	R	R	R	R	S	R	R	S	R	S	S	R	S	S	S	S
R_1R_2	R	R	R	R	R	S	R	R	R	R	R	S	S	R	R	S
R_1R_3	R	R	R	R	R	R	S	R	R	R	R	S	R	S	R	S
R_1R_4	R	R	R	R	R	R	R	S	R	R	R	R	S	S	R	S
R_2R_3	R	R	R	R	R	R	R	R	S	R	R	S	R	R	S	S
R_2R_4	R	R	R	R	R	R	R	R	R	S	R	R	S	R	S	S
R_3R_4	R	R	R	R	R	R	R	R	R	R	S	R	R	S	S	S
$R_1R_2R_3$	R	R	R	R	R	R	R	R	R	R	R	S	R	R	R	S
$R_1R_2R_4$	R	R	R	R	R	R	R	R	R	R	R	R	S	R	R	S
$R_1R_3R_4$	R	R	R	R	R	R	R	R	R	R	R	R	R	S	R	S
$R_2R_3R_4$	R	R	R	R	R	R	R	R	R	R	R	R	R	R	S	S
$R_1R_2R_3R_4$	R	R	R	R	R	R	R	R	R	R	R	R	R	R	R	S

注）（ ）内はレース名，S：罹病性，R：抵抗性．

示すジャガイモ疫病菌（*Phytophthora infestans*）の場合，ジャガイモのもつ抵抗性遺伝子 R_1, R_2, R_3, R_4 に対する疫病菌の反応によってレースが判別される．例えばレース1は，r 遺伝子をもつ（抵抗性遺伝子をもたない）もののほかには，R_1 遺伝子のみをもつジャガイモ品種を侵すことができるが，R_2, R_3, R_4 遺伝子のいずれかを1つでももつ品種は侵すことができない．同様にレース2は r のほかに R_2 遺伝子を単独でもつ品種にのみ病原性を示す．レース-品種の関係では，発病する場合を親和性（compatible），発病しない場合を非親和性（incompatible）という．

なお，レース-品種特異性は，一般に菌が宿主組織に侵入した後に決定される．例えば，疫病菌のレースは非親和性関係の品種にも侵入することができるが，定着・蔓延することはできない．これは，病原菌の種と植物の種（あるいは属や科）の間にもともと親和性があるためであり，このような関係を基本的親和性（basic compatibility）という．

(2) 植物-病原体相互作用における特異性の遺伝学的背景

植物と病原体の特異性は，両者の遺伝的な背景によって決定されている．フロー（Flor, 1955）は，アマ品種とアマさび病菌（*Melampsora lini*）レースの遺伝学的研究から，レース-品種特異性の遺伝学的背景を説明する理論，いわゆる遺伝子対遺伝子説（gene-for-gene theory）を提唱した．作物品種が特定のレースに示す抵抗性（非親和性）反応は，病原菌レースの非病原力遺伝子（avirulence gene）と作物品種の抵抗性遺伝子（resistance gene）が対応した場合にのみ発現するというものである（表V.2）．この場合，一般に病原菌の非病原力遺伝子と品種の抵抗性遺伝子はともに優性である．その後，他の病害のレース-品種特異性についても遺伝子対遺伝子説が当てはまることが遺伝学的に確かめられた．さらに近年，病原菌の非病原力遺伝子と作物品種の抵抗性遺伝子が相ついで単離され，遺伝子対遺伝子説は分子遺伝学的にも実証されている．このような抵抗性遺伝子によって決定される抵抗性は垂直抵抗性（vertical resistance）と呼ばれて

表V.2 遺伝子対遺伝子説に基づく抵抗性反応

レース	品種		
	R_1R_1	R_1r_1	r_1r_1
AVR_1	R	R	S
avr_1	S	S	S

注）R：抵抗性，S：罹病性
R_1：抵抗性遺伝子，AVR_1：非病原力遺伝子．
なお，植物は2倍体，菌は半数体で示した．

いる．なお，イネ科植物のいもち病やムギ類のうどんこ病では，植物種と菌の系統との特異性についても遺伝子対遺伝子説が当てはまることが明らかにされている．

2. 植物の病害抵抗性

(1) 抵抗性に関する用語

抵抗性については種々の用語が用いられているので，それらについて説明する．

 i) **垂直抵抗性と水平抵抗性**　前述したように，レース-品種間で発揮される抵抗性を垂直抵抗性と呼ぶ．垂直抵抗性は，病原菌レースの非病原力遺伝子と宿主品種の抵抗性遺伝子との相互作用によって決まり，環境条件によって変動しにくい．垂直抵抗性は，真正抵抗性，質的抵抗性とも呼ばれる．

一方，品種-レース間で特異な相互関係が見られない品種非特異的抵抗性があり，水平抵抗性（horizontal resistance）と呼ばれる．水平抵抗性は，効果の大きくない複数の遺伝子座（quantitative trait loci；QTL）の加算的効果によって発揮される抵抗性である．この抵抗性には，植物成分の種類と含量，形態学的性質，病原体の病原性因子に対する感受性程度などが関与すると考えられており，環境条件によって変動することがある．水平抵抗性は，圃場抵抗性（field resistance），量的抵抗性とも呼ばれる．

ii) **侵入抵抗性と拡大抵抗性**　病原体が宿主組織に侵入する場合に宿主が示す抵抗性を侵入抵抗性（resistance to penetration）という．一般には宿主の表皮の硬さ，厚さなどの構造や性質が侵入抵抗性に関与することが多い．ムギの穎が永く穂の上に残るような品種は，赤かび病菌（*Fusarium graminearum*）に対して抵抗性であるが，これは，病原菌が穎にさえぎられて，柱頭の部分と接触しにくいのが原因とされている．また表皮に存在する物質，例えばワックス，抗菌性物質，ファイトアレキシンなどが菌の侵入を阻害することがある．

一方，植物組織に病原体が侵入した後に，病原体が組織内で増殖，蔓延することに対する宿主の抵抗性を拡大抵抗性（resistance to spread）という．

iii) **静的抵抗性と動的抵抗性**　植物が本来備えている抵抗性を静的抵抗性（static resistance）あるいは構成的抵抗性（constitutive resistance）といい，潜在性の抗菌物質や細胞壁の厚さ，硬さ，形態などが要因となっている．

一方，病原体の攻撃によって新たに誘導される抵抗性を動的抵抗性（active

resistance）あるいは誘導抵抗性（induced resistance）と呼ぶ．誘導抵抗性のうち，植物の一部に誘導される抵抗性を局部（的）抵抗性（local resistance，局部的誘導抵抗性），個体全体に誘導される抵抗性を全身抵抗性（systemic resistance）あるいは全身獲得抵抗性（systemic acquired resistance）と呼ぶ．

　iv）**免疫性と耐病性**　ある病原体を非宿主植物に接種した場合には，全く発病しない．このような絶対的な抵抗性のことを免疫性あるいは非宿主抵抗性（nonhost resistance）と呼んでいる．

　一方，宿主体内に病原体が定着していても病徴が現れなかったり，または病徴が現れても収量に影響がないような場合を耐病性（tolerance）という．

(2)　**病原体に対する抵抗性機構**

　病原体に対する植物の抵抗性には，多くの物理的要因と化学的要因が関係している．これら要因が複合的に作用して植物の抵抗性は発揮されると考えられる．ここでは抵抗性機構について，前述の静的抵抗性と動的抵抗性に分けて解説する．

　i）**静的抵抗性**　本来植物は，大部分のウイルス，細菌，糸状菌などに抵抗性あるいは免疫性であり，これらのほとんどは植物への侵入，あるいは侵入後のきわめて初期段階で拒絶されている．

　a）**形態的障壁**：角皮侵入する病原菌に対しては，植物の表皮の硬さ，厚さなどの物理的な構造と性質が抵抗性の要因となる．イネいもち病菌やイネごま葉枯病菌（*Cochliobolus miyabeanus*）に対するイネの抵抗性には，表皮細胞のけい質化（silification）の程度が関係する．両菌の胞子は，主に機動細胞から侵入する．これは，機動細胞はけい質化が遅く，他の表皮細胞に比べ表面の物理的強度が低いためである．

　気孔から侵入する病原菌に対しては，気孔（孔辺細胞）の構造，気孔の開閉がその侵入に影響する．菌糸や発芽管が付着器をつくらずに直接気孔を通って侵入する菌では，気孔の閉鎖は侵入抵抗性の要因となる．一方，さび病菌やべと病菌では，気孔の上に付着器を形成し，侵入菌糸が気孔をこじ開けて侵入するため，気孔の閉鎖は侵入の障壁にならない．イネ白葉枯病菌はイネの水孔から感染する．白葉枯病菌は同属のアシカキに傷をつけて接種すると感染するが，自然状態では感染しない．アシカキでは水孔の孔辺細胞の細胞壁

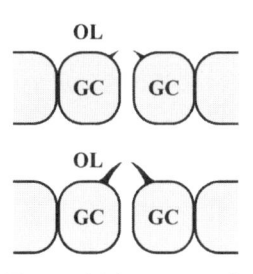

図V.1　イネとアシカキの水孔の外部形態
上：イネ，下：アシカキ，OL：孔辺突起，GC：孔辺細胞．

に微小な突起があって，本菌の侵入が妨げられるためである（図V.1）．

　b）　**生化学的障壁**：植物成分の抵抗性への関与については，菌にとっての栄養源としての成分と抗菌性のある成分の2つの場合が考えられる．

　植物成分が病原菌の栄養源として好適である場合は発病が激しく，不適当である場合は病勢が進展しにくい．例えば，イネいもち病は一般にイネに窒素肥料を多く施用しすぎると激しく発病する．その原因は，窒素多用によって病原菌の栄養源としてアミノ酸が植物体内に増加するからである．また，窒素肥料多用によって，植物体が徒長して軟弱化することも抵抗性が低下する原因と考えられる．

　植物中には，フェノール性化合物，配糖体，サポニンなどの抗菌性物質が存在し，抵抗性の要因となることがある．タマネギ鱗茎の最外皮が橙色の品種は無色の品種に比べ，炭疽病菌（*Colletotrichum circinans*）に抵抗性である．橙色の外皮には，炭疽病菌の胞子発芽を完全に阻害する濃度のプロトカテク酸とカテコールが含まれるためである．エンバクの根に含まれるサポニン（アベナシンA-1）は，多くの糸状菌に抗菌性を示す．エンバクの根に感染する立枯病菌（*Gaeumannomyces graminis* var. *avenae*）はアベナシン分解酵素（アベナシナーゼ）をもっているため，アベナシンA-1耐性が高い（後述）．病原微生物の攻撃を受ける前から存在する抗菌物質，あるいはあらかじめ植物体内に存在する成分から病原微生物の感染行動に伴って比較的簡単な化学的変化によって合成される抗菌性物質は，ファイトアンティシピン（phytoanticipin）と呼ばれている．

　ⅱ）　**動的抵抗性**　　植物は微生物の攻撃を受けると，それに反応して感染をくい止めようとするさまざまな仕組み，すなわち動的抵抗性機構を備えている．

　a）　**形態的反応**：角皮侵入する病原菌が非宿主や抵抗性品種に接触して侵入しようとすると，その直下の細胞壁の内側に乳頭状の突起を生ずることがある（図V.2）．この突起のことをパピラ（papilla）という．パピラは細胞壁と細胞膜の間にカロース（多糖），無機成分（SiO_2など），フェノール類などが沈着して形成される．パピラは菌によっては貫通されることもあるが，一般には菌の侵入を阻止する抵抗反応の

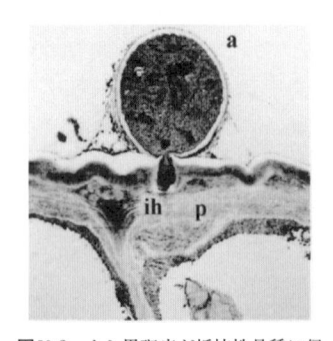

図V.2　ナシ黒斑病が抵抗性品種に侵入を試みた部位に形成されたパピラ（朴）
発芽胞子は，付着器（a）を形成し，侵入菌糸（ih）を挿入しているが，これ以上内部には入れない．その直下にパピラ（p）が形成されている．

1つと考えられている.

　菌が感染した組織では，柔組織細胞壁のリグニン化（木化）が起こる．ダイコンべと病では，宿主が抵抗性を示す場合には病原菌の伸長に先立ちリグニン化が起こり，侵入菌糸の蔓延に対する物理的障壁となる．罹病性の植物ではリグニン化が菌の伸長より遅れて起こるため障壁とならない．また，菌の感染によって生成される過酸化水素が，細胞壁を構成するヒドロキシプロリンやプロリンに富む糖タンパク質，およびアラビノキシランのフェルラ酸の架橋重合を促進し，細胞壁の強度を増すと考えられている．

　非親和性の病原体が抵抗性品種の細胞に侵入すると，植物細胞は急激な形態学的・生化学的な変化を起こし，病原体を封じ込める．この反応を過敏感反応（hypersensitive reaction）といい，それによって病原体の侵入を受けた細胞が死ぬ現象を過敏感細胞死（hypersensitive cell death）という．1902年ワード（Ward）は，過敏感死したスズメノチャヒキ属植物の細胞内で，さび病菌の生育が停止していることを見出した．その後，過敏感反応の抵抗性における重要性が，菌類，細菌，ウイルスによる病害について広く研究された．冨山（1956）は，R遺伝子をもつ非親和性品種のジャガイモ塊茎スライスにジャガイモ疫病菌を接種し，菌の侵入に伴う宿主の細胞反応を詳細に観察した．菌が発芽し，付着器を形成すると，宿主細胞の核が付着器直下に移動し，周辺細胞の核も付着器が接着した細胞側に移動してくる．さらに，付着器から侵入が始まるとその付近の原形質流動が活発になり，速やかに顆粒が現れ，最も早い場合には25分後に原形質流

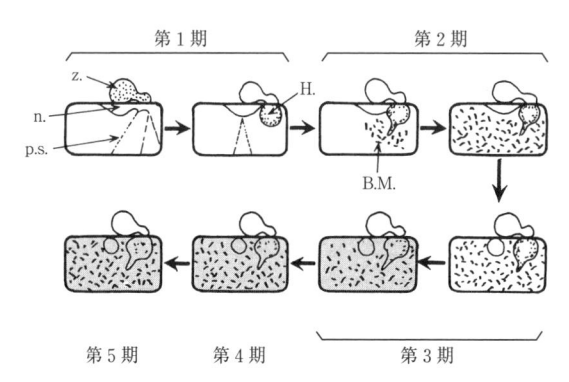

図V.3　疫病菌抵抗性ジャガイモ品種における細胞の過敏感死の過程（Tomiyama, 1956）[25]
z.：疫病菌遊走子と付着器，n.：宿主細胞核，p.s.：原形質糸，H.：侵入菌糸，B.M.：ブラウン運動顆粒．

動が停止し，その後 10 分で細胞死が起こる（図V.3）．20 時間以内に細胞は黒褐色に変化し，侵入した菌も死滅する．その後，この細胞反応に先だってスーパーオキシド（O_2^-）が生成されることが見出され，過敏感反応の始動因子であると考えられている．

抵抗性品種への非親和性の病原体の侵入によって引き起こされる過敏感細胞死は，他の植物でも観察されている．しかし絶対寄生菌以外の場合には，過敏感細胞死は病原体の蔓延阻止の直接的な原因ではなく，むしろ過敏感反応の過程で起こる各種の代謝変動とそれによって形成される物理的・生化学的障壁が重要と考えられている．

b） 生化学的反応：病原体が侵入した植物では，各種代謝が変動し，その結果として植物低分子成分にも変化が起こる．植物低分子成分のうち抵抗性に関与する物質としては，ファイトアレキシン（phytoalexin）について古くから研究されている．また，高分子物質として遺伝子発現の活性化に伴い生産される PR タンパク質や細胞壁タンパク質が注目されている．

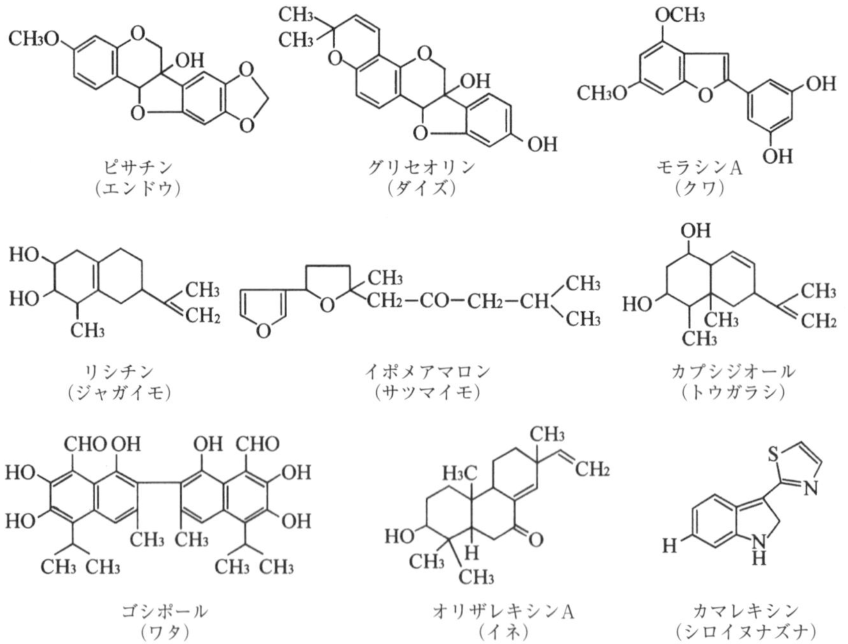

ピサチン
（エンドウ）

グリセオリン
（ダイズ）

モラシンA
（クワ）

リシチン
（ジャガイモ）

イポメアマロン
（サツマイモ）

カプシジオール
（トウガラシ）

ゴシポール
（ワタ）

オリザレキシンA
（イネ）

カマレキシン
（シロイヌナズナ）

図V.4　ファイトアレキシンの例
（　）内はそれを生産する植物を表す．

① ファイトアレキシン：ミュラーとベルガー（Müller and Börger, 1940）は，ジャガイモ塊茎に非親和性の疫病菌レースを接種して過敏感反応を起こした組織には，親和性のレースが感染できなくなることを観察した．過敏感反応を起こした組織では，病原菌の生育を阻害する物質が生産されるか，あるいは活性化されるものと考え，そのような物質をファイトアレキシンと名づけた．その後，研究の進歩によって定義が見直され，ファイトアレキシンは「微生物の攻撃によって，植物中で新たに合成・蓄積される低分子の抗菌性化合物」と定義されている．

ファイトアレキシンは，微生物だけでなくその代謝産物，ウイルス，ある種の化学物質，紫外線などによっても生産される．植物にファイトアレキシン生合成を誘導するこれら物質はエリシター（elicitor）と名づけられた．しかし今日では，エリシターは植物に抵抗反応を誘導する物質という広い意味で使われている．

200種以上の植物がファイトアレキシンを生産することが知られている．代表的なものを図V.4に示した．ファイトアレキシンは，病原菌が感染した場合に比べ，非病原菌や非親和性の菌が感染を試みた場合により速やかに蓄積する．非病原菌や非親和性の菌が感染を試みた場合に蓄積するファイトアレキシンのことを，第一相のファイトアレキシンという．エンドウのファイトアレキシンであるピサチンを，病原菌が侵入する前に人工的に低濃度でエンドウに与えるとエンドウの病原菌が感染できなくなる．したがって，第一相のファイトアレキシンは菌の侵入・定着を阻害する侵入抵抗性に役立っていると考えられる．これに対して，病原菌が感染を成立させた後に蓄積するものを第二相のファイトアレキシンと呼び，感染後の拡大抵抗性に役立っていると考えられる．

② その他の抗菌性物質：植物に広く存在するフラボン，クロロゲン酸，タンニンなどのフェノール性物質は抗菌活性をもつため，抵抗性に関与する物質として古くから注目されてきた．フェノール性物質は一般に病原体の感染によって増加するが，これはペントースリン酸経路が菌の攻撃によって活性化し，この経路の産物であるフェノール性物質が蓄積するためと考えられている（図V.5）．フェノール性物質は，それ自身あるいはその酸化物が，フォスフォリラーゼ，トランスアミナーゼ，ペクチナーゼなどの活性を阻害するため，病原菌の生育や，宿主細胞間隙への蔓延を阻害するとされている．

菌類の胞子発芽や発芽菌糸の伸長をほとんど阻害せず，植物への侵入のみを阻害する物質が見出され，感染阻害因子（infection-inhibiting factor）と呼ばれている．イチゴ葉に含まれる（+）-カテキン（図V.6）は，胞子発芽と発芽菌糸の伸

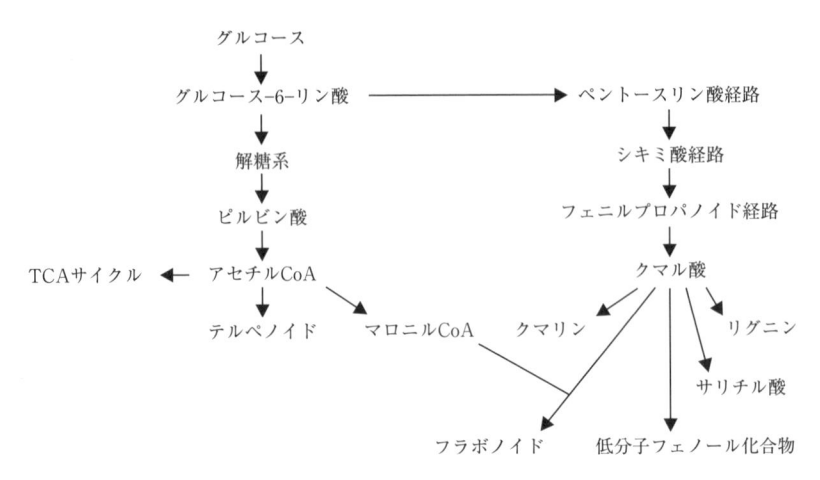

```
グルコース
   ↓
グルコース-6-リン酸 ────────→ ペントースリン酸経路
   ↓                              ↓
  解糖系                        シキミ酸経路
   ↓                              ↓
  ピルビン酸                    フェニルプロパノイド経路
   ↓                              ↓
TCAサイクル ← アセチルCoA         クマル酸
              ↓      ↓        ↗  ↓   ↘
           テルペノイド マロニルCoA クマリン   リグニン
                                         ↘
                                        サリチル酸
                         ↓          ↓
                      フラボノイド  低分子フェノール化合物
```

図V.5 動的抵抗性に関連して活性化される代謝系

長は阻害しないが,付着器形成と侵入を阻害する.健全葉にも(+)-カテキンは含まれているが,非病原性の *A. alternata* を接種すると接種部でその量が3倍以上に増加する.一方,病原性のイチゴ黒斑病菌(*A. alternata* strawberry pathotype)の接種部では蓄積が抑えられる.同様な活性をもつ3,5-ジカフェオイルキニン酸

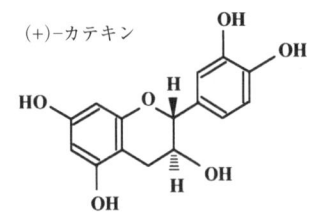

図V.6 イチゴの感染阻害因子 (Yamamoto et al., 2000)[26]

(3,5-dicaffeoylquinic acid),カフェオイルアルブチン(caffeoylarbutin)がニホンナシから単離されている.タバコ,カンキツ,エンドウでも同様な活性が見出されており,これらは侵入抵抗性に関わる因子と考えられている.

③ PRタンパク質:タバコモザイクウイルスが感染し,局部病斑(local lesion)を形成したタバコ葉では,健全葉には存在しない新たなタンパク質群が生産されることが見出された.その後,ウイルスだけでなく,細菌や糸状菌の接種,エリシター処理などによっても種々の植物で新規なタンパク質が生産されることが明らかとなり,これらは感染特異的タンパク質(pathogenesis-related proteins;PRタンパク質)と呼ばれるようになった.これまでに20種以上のPRタンパク質が見出されている.この中にはキチナーゼやグルカナーゼ,酸性パーオキシダーゼ,オスモチン,プロテイナーゼインヒビターなどが含まれ,機能不明なタンパク質もある.キチナーゼやグルカナーゼは,菌類の細胞壁を分解することで抗菌性を示すとともに,病原菌細胞壁からエリシター活性をもつ糖鎖を切り出して宿主の

抵抗性を誘導すると考えられている．

　また，非親和性菌の接種やエリシター処理によって，タバコ，ジャガイモ，キュウリなどの双子葉植物でヒドロキシプロリンに富んだ糖タンパク質（hydroxyproline-rich glycoprotein；HRGP）が蓄積することが知られている．HRGP は，細胞壁タンパク質の1つであり，その蓄積によって細胞壁強度を増すと考えられている．

iii）　抵抗反応における情報伝達　　近年，動的抵抗性に関連する情報伝達系（signal transduction cascade）の研究が精力的に進められている．その多くでは，モデルシステムとしてエリシターを処理した場合に活性化される抵抗性反応と情報伝達系との関連が調べられている．これまでに，カルシウムイオンの細胞内流入，ポリホスホイノシチド代謝系，GTP 結合タンパク質，各種タンパク質リン酸化酵素など動物細胞における情報伝達系と同様な因子が機能していることが明らかにされている．エリシター作用を細胞内あるいは細胞間に伝える物質としては，カルシウムイオン，活性酸素種，サイクリック AMP（cAMP），ポリホスホイノシチド代謝系産物のジアシルグリセロールなどが見出されている．また，サリチル酸やジャスモン酸なども植物内のシグナル分子として働いている．現在，動的抵抗性に関連する情報伝達系の構成因子の探索に加え，それらの相関と活性化機構について研究が進められている．

3.　病原体の病原性

　植物病害のうちで最も大きな被害を与えるのは菌類である．菌類は地球上に約10万種存在するといわれているが，そのほとんどは腐生菌であり，植物に被害を与えるものは 8000 種程度である．さらに，先に述べたように各病原菌はそれぞれ限られた植物にのみ病害を引き起こす．高等植物は抵抗性が本来の姿であり，罹病は例外的な現象と考えられる．病原菌はいかにして宿主に寄生し，栄養を吸収して病気を起こすのであろうか．植物病害を引き起こすために必要な一連の性質のことを病原性（pathogenicity）という．

　病原性，すなわち病原体として必須な性質は以下の3つである．

　①宿主に侵入する性質，②宿主の抵抗反応に打ち勝つ性質，③宿主を加害して発病させる性質

　なお，①と②を合わせて侵略力（aggressiveness），③を病原力（virulence）

という場合もある．菌根菌やマメ科植物の根粒菌などの共生微生物は，①と②の性質は備えているが，③の性質は欠いているため，それらが感染しても植物は発病しない．病原糸状菌を中心に，①〜③の性質について説明する．

(1) 宿主に侵入する性質

病原体が病気を引き起こすためには，まず植物体に侵入しなければならない．この能力を侵入力という．自然開口部（気孔，水孔など）や傷から侵入する病原菌もあるが，多くの糸状菌は細胞壁を破って角皮侵入（cuticular invasion）する．ここでは，角皮侵入について解説する．角皮侵入する病原菌は，物理的な侵入力と化学的な侵入力を備えている．

 i) **物理的侵入力**　角皮侵入菌は一般に，胞子の発芽管先端に付着器（appressorium）を形成し，付着器からの侵入糸が細胞壁を破って侵入する．酵素的に分解できない金箔，ポリビニルフォルマール，コロジオン膜なども貫通することができるため，植物への侵入には物理的な侵入力が重要であると考えられている．物理的侵入力については，イネいもち病菌，ウリ類炭疽病菌（C. lagenarium）などで詳細に研究されている．これら病原菌の胞子は，水滴中で発芽する．さらに，発芽菌糸の先端に黒色色素メラニンが蓄積したドーム状の付着器を形成し，付着器の高い膨圧を利用して付着器直下の植物細胞壁を貫通する（図V.7）．

イネいもち病菌では，成熟した付着器内部に 3 M にものぼる高濃度のグリセロールを蓄積するため，高濃度の溶質により生じる浸透圧によって外部から水が流入し，8.0 MPa という膨圧を発生する．この膨圧を生み出すために，付着器細胞壁の内側に蓄積するメラニンが重要な役割を果たす．すなわち，メラニン化によって付着器の細胞壁が強化されるとともに，グリセロールの細胞からの流出を阻止する．そのため，メラニン合成ができなくなった変異株は，侵入ができなくなる．実際，イネいもち病の防除にメラニン生合成を阻害するトリシクラゾール，ピロキロンなどの薬剤が利用されている．

 ii) **化学的侵入力**　化学的な侵入力にはクチナーゼ，ペクチナーゼ，セルラーゼなどの植物表層，植物細胞壁の分解酵素が関与すると考えられている．ペクチンや

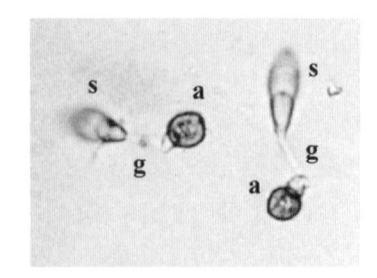

図V.7　イネいもち病菌のメラニン化した付着器
　　s：胞子，g：発芽管，a：付着器．

3. 病原体の病原性

表 V.3　ペクチン質の主鎖を切断する酵素

切断様式	基質	ヒドロラーゼ	リアーゼ
任意型 (endo 型)	ペクチン ペクチン酸 （メチル基なし）	endo-PMG endo-PG	endo-PTE endo-PATE
末端型 (exo 型)	ペクチン ペクチン酸	exo-PMG exo-PG	exo-PTE exo-PATE

PMG：ポリメチルガラクツロナーゼ，PG：ポリガラクツロナーゼ，PTE：ポリメチルガラクツロン酸トランスエリミナーゼ，PATE：ポリガラクツロン酸トランスエリミナーゼ

　セルロースの分解には複数の酵素が関与し，一般にペクチナーゼ，セルラーゼとはそれら酵素の総称である．近年，多くの病原菌からこれら酵素をコードする遺伝子が単離され，遺伝子変異株を用いて宿主侵入における役割が調べられている．

　エンドウ根腐病菌（*Fusarium solani* f. sp. *pisi*）ではクチナーゼ遺伝子の変異によって病原性が低下することが確認され，クチナーゼが宿主侵入に重要であることが明らかにされている．しかしながら，遺伝子変異株の病原性が低下しない病原菌もあり，クチナーゼの役割については病原菌によって評価が分かれている．

　ペクチナーゼは菌の侵入直後から細胞間隙に蔓延する際や，植物中での炭素源の確保に重要な役割を果たすと考えられている．ペクチン分解酵素には，ペクチンおよびペクチン酸（脱メチル化されたペクチン）の主鎖である α-1,4 結合を切断する酵素と，ペクチンからメチル基を遊離するペクチンメチルエステラーゼがある．α-1,4 結合を切断する酵素は，その切断方法と切断部位によって 8 種に分類されている（表 V.3，図 V.8）．また，セルロース分解にも，β-1,4-グルカナーゼ，エキソセロビオヒドロラーゼ，β-グルコシダーゼなど複数の酵素が関与する．

　いくつかの病原糸状菌で，ペクチンやセルロースの分解に関与する 1 つの遺伝子を変異させても病原性が低下しないことが報告されている．この結果は，病原性にこれら分解酵素が関与しないことを示すものではなく，むしろペクチン質や細胞壁の物理化学的特性の複雑さと，それを分解する酵素群の多様性を示してい

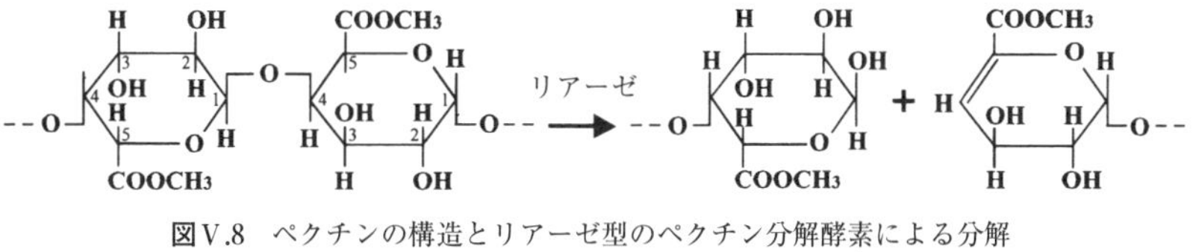

図 V.8　ペクチンの構造とリアーゼ型のペクチン分解酵素による分解

ると解釈すべきである.

(2) 宿主の抵抗反応に打ち勝つ性質

植物は病原体に対して種々の抵抗機構を備えていることを先に述べたが,病原菌が植物中で定着し,栄養を摂取するためには,それらの機構を回避するか抑制しなければならない.抵抗機構に打ち勝つ1つの方法は,病原菌が毒素や強力な酵素を生産して宿主細胞を殺した後,死細胞から腐生的に栄養を摂取することである.しかし,このような方法をとる病原菌はむしろまれで,特に絶対寄生菌では宿主の細胞が死ねば自身の生存も不可能になる.

オオムギにうどんこ病菌 (*Blumeria graminis* f. sp. *hordei*) の親和性レースを接種して,48時間後に表面の菌糸をふき取り,非病原性であるコムギうどんこ病菌 (*B. graminis* f. sp. *tritici*) あるいはメロンうどんこ病菌 (*Sphaerotheca fuliginea*) を接種すると,これらの非病原菌が感染するようになる.反対に,メロンの葉にメロンうどんこ病菌を接種しておくと,オオムギうどんこ病菌が感染できるようになる.このような現象は,「受容性(accessibility)の誘導」と呼ばれており,病原菌が宿主植物の抵抗性を抑制する能力をもつことを示している.

i) 抗菌物質の解毒 植物の静的抵抗性の1つとして先在性抗菌物質について前述した.このような物質を解毒する能力が病原性に重要である例が報告されている.エンバク立枯病菌 (*G. graminis* var. *avenae*) はエンバクの根の表皮細胞に含まれるサポニン (アベナシン A-1) に耐性であるが,同一種でコムギに感染する系統 (コムギ立枯病菌, *G. graminis* var. *tritici*) は感受性である.これは,エンバク菌がアベナシン A-1 を解毒する酵素 (アベナシナーゼ) をもち,コムギ菌はこの酵素をもたないためであると考えられていた (図 V.9).最近,エンバク菌のアベナシナーゼ遺伝子の変異株がエンバクに対する病原性を失うことが観察され,アベナシナーゼが病原性に不可欠な因子であることが証明された.また,

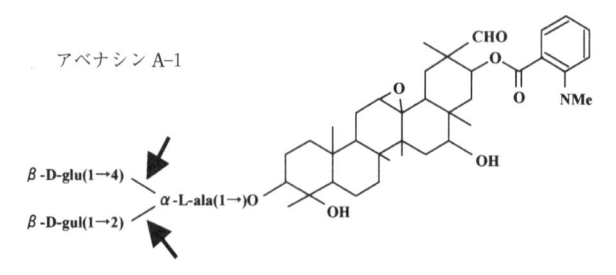

図V.9 エンバク立枯病菌のアベナシナーゼによるアベナシン A-1 の解毒
矢印はアベナシナーゼによる切断部位を示す.

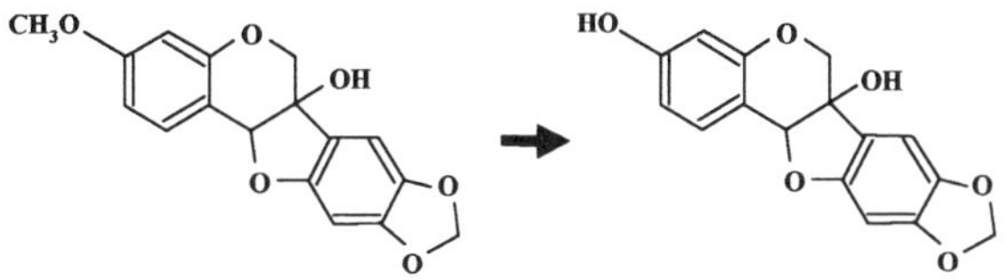

図V.10 エンドウ根腐病菌のピサチン脱メチル化酵素によるピサチンの解毒

アベナシンA-1を生産できないエンバクの変異株にはコムギ菌も感染できることが確認され，アベナシンA-1の抵抗性における重要性も証明された．トマトの病原菌からは，トマトのサポニン（α-トマチン）を解毒する酵素（トマチナーゼ）が見出されている．

植物の動的抵抗性の1つとして，ファイトアレキシンの蓄積があげられる．エンドウ根腐病菌の病原性程度は，エンドウのファイトアレキシンであるピサチンに対する耐性程度と相関があり，この耐性にはピサチンを解毒するピサチン脱メチル化酵素が関与する（図V.10）．この酵素遺伝子の変異株は病原性が低下することが確認され，ピサチンの解毒が病原性の1つの要因であることが証明されている．他のいくつかの病原菌でも宿主植物のファイトアレキシンを解毒する酵素をもつことが知られている．しかしながら，宿主のファイトアレキシンに高い感受性を示す病原菌もあり，むしろファイトアレキシン合成も含め動的抵抗性を抑制する能力が病原性にはより重要であると考えられている．

ⅱ）**サプレッサー**　宿主の動的抵抗性を抑制する機構の1つとして，病原菌が生産するサプレッサーが知られている．サプレッサーは，「病原菌が生産する毒素とは異なる宿主特異的な抵抗性抑制因子」と定義されている．これまでに11種の病原糸状菌からサプレッサーが報告されている（表V.4）．これらは病原菌の培養液，胞子発芽液，菌体磨砕液などから見つかっており，エリシターによって誘導される動的抵抗性を属，種あるいは品種特異的に抑制する．どれも顕著な毒性はなく，構成成分は糖，ペプチドまたは両者を含む水溶性の物質である．

エンドウ褐紋病菌（*Mycosphaerella pinodes*）の発芽胞子は，エンドウの動的抵抗性を誘導するエリシターとそれを抑制するサプレッサーを分泌する．エリシターを処理したエンドウ組織には，ピサチン合成系やPRタンパク質の活性増高，感染阻害因子の生成などが誘導されるが，これらは褐紋病菌のサプレッサーの共存下で抑制される．エンドウに非病原性の*A. alternata*の胞子をサプレッサーと

表V.4 病原菌が生産するサプレッサー

病原菌	病名	化学的性質	特異性
Ascochyta rabiei	ヒヨコマメ褐斑病	糖タンパク質	品種
Botrytis sp.	ネギ類灰色かび病	ペプチド？	属(種)
Mycosphaerella ligulicola	キク花腐病	糖ペプチド？	種
M. melonis	ウリ類つる枯病	糖ペプチド？	属(種)
M. pinodes	エンドウ褐紋病	糖ペプチド	種
Phytophthora capsici	ピーマン疫病	グルカン	種・属
P. nicotianae	タバコ疫病	グルカン	種・属
P. infestans	ジャガイモ疫病	グルカン	品種・種
P. infestans	トマト疫病	グルカン？	品種・種
P. megasperma f. sp. *glycinea*	ダイズ疫病	マンナン糖タンパク質	品種
Uromyces phaseoli var. *phaseoli*	インゲンさび病	不明	種

ともに接種すると感染できるようになる．このような現象は感染誘導と呼ばれ，サプレッサーが褐紋病菌の宿主特異性の決定因子（宿主決定因子）であることを示している．サプレッサーは上述した基本的親和性の因子と考えられる．褐紋病菌のサプレッサーは，宿主細胞のATPaseや抵抗性に関連する情報伝達系に作用することが明らかにされている．

iii) 宿主特異的毒素 宿主特異的毒素（host-specific toxin）とは，宿主植物にのみ毒性を示す病原菌の二次代謝産物である．これまでに，*Alternaria*属，

表V.5 病原菌が生産する宿主特異的毒素の例

病原菌	病名	毒素	感受性品種，系統
Alternaria alternata			
apple pathotype	リンゴ斑点落葉病	AM 毒素	印度，デリシャス系統
Japanese pear pathotype	ナシ黒斑病	AK 毒素	二十世紀，新水など
rough lemon pathotype	ラフレモン brown spot	ACR 毒素	ラフレモン
strawberry pathotype	イチゴ黒斑病	AF 毒素	盛岡 16 号，Robinson
tangerine pathotype	タンゼリン brown spot	ACT 毒素	タンゼリンなど
tobacco pathotype	タバコ赤星病	AT 毒素	*Nicotiana* 属植物
tomato pathotype	トマトアルターナリア茎枯病	AAL 毒素	First, Earlypak 7 など
Cochliobolus（不完全世代 *Bipolaris*）属菌			
C. carbonum race 1	トウモロコシ北方斑点病	HC 毒素	K-44, K-61 など
C. carbonum race 3	トウモロコシ北方斑点病	BZR 毒素	トウモロコシ，イネ
C. heterostrophus race T	トウモロコシごま葉枯病	T 毒素	Tms 細胞質系統
C. victoriae	エンバク victoria blight	HV 毒素	Victoria 系統
B. sacchari	サトウキビ眼点病	HS 毒素	51-NG97 など

注）上記のほかに，*Alternaria* 属の他菌，*Corynespora*, *Periconia*, *Phyllosticta*, *Pyrenophora* 属菌などからも宿主特異的毒素生産菌が報告されている．

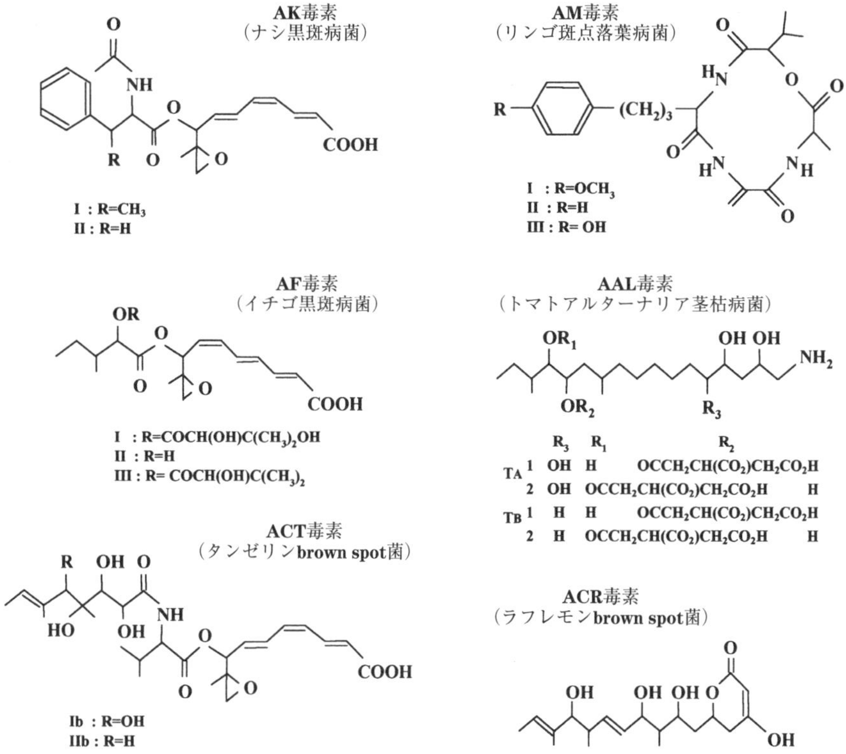

図V.11 *A. alternata* 病原菌が生産する宿主特異的毒素
( ) 内は生産菌を表す.

Cochliobolus 属など19種の糸状菌から宿主特異的毒素生産菌が報告されている. 表V.5と図V.11にその例を示す. 宿主特異的毒素の定義として, ①宿主植物にのみ毒性を示すこと, ②植物の毒素耐性と病害抵抗性が一致すること, ③菌の毒素生産能と病原性が一致すること, ④病原菌胞子の発芽時に毒素が生産・放出されること, ⑤毒素によって宿主細胞の生理的変化が引き起こされ病原菌の感染を可能にすること, があげられている. このような性質をもつ毒素は, 単なる毒性物質ではなく, 病原性発現に不可欠な第一義的な病原性決定因子と呼ばれている. 宿主特異的毒素も基本的親和性の因子と考えられている.

ナシ黒斑病菌は胞子発芽時にAK毒素を生産し, 発芽開始6時間後には宿主細胞に生理的異常を引き起こす毒素量に達する. 感受性品種上では, 毒素生産株は8〜10時間後から侵入を開始し, 24時間以内に小病斑を形成する. しかし, 抵抗

性品種上では発芽して付着器は形成するが，感染できない．一方，AK毒素を欠損した変異株は感受性品種にも感染できず，また毒素生産株の発芽胞子の毒素生産性を阻害すると感染できなくなる．さらに，毒素非生産株の胞子を低濃度の毒素とともに感受性品種に接種すると，感染できるようになる．このように，胞子発芽時すなわち菌の植物への侵入前に生産・放出される毒素によって宿主植物の抵抗反応が抑制され，菌の感染が誘導されると考えられている．

7つの毒素生産菌が含まれる *Alternaria alternata* は自然界に広く分布する本来腐生的な糸状菌である．そこで，これら病原菌は毒素生産性を獲得することによって病原化した *A. alternata* の種内変異系統（病原型，pathotype）であると考えられている．

(3) 宿主を加害して発病させる性質

共生菌も宿主植物に侵入し，定着・増殖することができるが，植物を加害することはない．植物を加害し，病徴を引き起こすものだけが病原菌である．病徴発現に関与する因子としては，菌が生産する酵素，毒素，植物ホルモンなどが知られている．

i) 加害因子としての酵素 病原菌は植物のペクチン質や細胞壁を分解する酵素を生産する．これら酵素は，一般に誘導酵素（基質が存在する場合に誘導的に生産される酵素）であり，病原体が宿主に侵入するときや，宿主組織内で増殖するときに生産され，細胞外に分泌される．したがって，菌の進展（病勢の進展）に大きな役割を果たすとともに，植物成分を病原体が栄養源として利用できる形に変える．

野菜類の軟腐病菌（*Erwinia carotovora*）による病徴は，この病原菌が生産する強いペクチン質分解酵素の作用による（「細菌が生産する生理活性物質」（51頁）参照）．カキの果実が炭疽病菌（*Glomerella cingulata*）に罹病したときにみられる初期の軟腐症状は，菌が生産するペクチン質分解酵素による．

イネごま葉枯病菌は黒色病斑を引き起こすが，その形成には本菌が生産するポリフェノールオキシダーゼが関与している．

ii) 加害因子としての毒素 病原体が生産する植物毒素は，宿主特異的毒素と非特異的毒素（non-specific toxin）に大別することができる．

a) 宿主特異的毒素：宿主特異的毒素は先にも述べたように，病原性の第一義的な決定因子であると同時に，植物を加害し，病徴を発現するためにも重要である．宿主特異的毒素は宿主細胞に低濃度で作用し，速やかに細胞死を引き起こ

す．そのため，宿主特異的毒素を生産する病原菌は，組織のえ死を伴った激発型の病害を引き起こす．

　b）**非特異的毒素**：非特異的毒素とは，病原菌の宿主植物だけでなく，宿主以外の植物にも広く作用する毒素である．したがって，非特異的毒素によって病原菌の宿主特異性を説明することはできないが，病原菌の病徴発現には重要な役割を果たす．

　糸状菌病では，イネいもち病菌のピリキュロール（pyriculol）やテヌアゾン酸（tenuazonic acid），イネごま葉枯病菌のオフィオボリン（ophiobolin），ソラマメ褐斑病菌（*Ascochyta fabae*）のアスコキチン（ascochitin），*Fusarium*属菌のフザリン酸（fusaric acid）などが，え死や萎ちょうなどを引き起こす．非特異的毒素には病原菌が生産する植物ホルモンも含まれる．イネばか苗病菌（*Gibberella fujikuroi*）はイネに徒長を引き起こすが，これは本菌が生産するジベレリンの作用である．ジベレリンはばか苗病菌の毒素として発見されたが，その後高等植物からも発見され，植物ホルモンとして位置づけられるようになった（「イネばか苗病」（190頁）参照）．細菌病では，タバコ野火病菌（*Pseudomonas syringae* pv. *tabaci*）のタブトキシン（tabtoxin），インゲンマメかさ枯病菌（*P. syringae* pv. *phaseolicola*）のファゼオロトキシン（phaseolotoxin），ライグラスかさ枯病菌（*P. syringae* pv. *atropurpurea*）のコロナチン（coronatine），オリーブこぶ病菌（*P. savastanoi*）のインドール酢酸などが病徴発現に関与している（表Ⅲ.10）．

　c）**マイコトキシン**：マイコトキシン（mycotoxin）とは，糸状菌の代謝産物の中でヒトや動物に生理障害を引き起こす物質の総称である．マイコトキシンには，脊椎動物に発がん，神経障害，臓器出血などを引き起こすものがあり，食品や家畜飼料の汚染が重要な問題となっている．一般に，農作物収穫後の貯蔵病害（postharvest disease）や市場病害（market disease）を起こす糸状菌が生産し，*Penicillium*，*Aspergillus*，*Fusarium*属などが主な生産菌である．これらの菌のほとんどは作物の収穫直前や直後に農産物に寄生するが，赤かび病菌（*F. graminearum*）のようにムギ，トウモロコシ，エンバクなどの植物体に感染するものもある．また，*Fusarium*属菌が生産するフモニシン（fumonicin）のように植物にも強い毒性を示すものもある．植物への病原性におけるマイコトキシンの役割についてはあまり研究されていないが，赤かび病菌では本菌が生産するトリコテセン（trichothecene）系マイコトキシンがムギ，トウモロコシへの感染に重要であることが明らかにされている．

VI. 病気の診断と植物の保護

1. 病気の診断

(1) 病　　徴

　植物体がなんらかの原因で，その細胞，組織，器官に異常を起こし，内部あるいは外部形態に変化となって現れることを病徴（symptom）という．この病徴が病原体によって引き起こされる場合には，個々の病気によってそれぞれ特徴的な病徴を示す場合が多く，病気を診断する際に重要な手がかりとなる．病徴の種類や発現の特徴を研究する分野が病徴学（symptomatology）である．病徴を表現する用語はきわめて多い．病気にかかった植物体の外観的な変化として認められるのは外部病徴（external symptom）であり，一般に病徴といえばこれをさす．また内部組織に生じる解剖的病変を内部病徴（internal symptom）と呼ぶことがある．病徴の発現が植物体の一部器官に限られている場合は，局部病徴（local symptom）といい，植物体の全体に及ぶ場合を全身病徴（systemic symptom）という．全身病徴を示す病気では，一次病徴（primary symptom）と二次病徴（secondary symptom）を区別することがある．例えば萎ちょう病では根の感染部位に起こる褐変は一次病徴であり，この病変により，水分や養分の輸送が阻害され引き起こされる茎葉部の萎れや枯死の症状は二次病徴である．病徴は病気の進展とともに変化することがあり，初期病徴や末期病徴などと表現する場合もある．

　ウイルスによる感染では，ウイルスの増殖によって細胞の正常な代謝が阻害され，葉組織の分化が正常に進まなくなる．しかし，感染によってすべての植物が直ちに明瞭な病徴を示すわけではなく，また，ウイルスと植物の組合せによっては感染してもほとんど病徴が現れない無病徴感染（潜在感染，latent infection）の場合がある．このような植物は保毒植物（carrier）と呼ばれ，他の植物に感染したときに大きな被害を生ずる可能性がある．また，植物の生育段階や環境条件によって，新しく展開した葉に病徴が現れないことがあり，これを病徴のマスキング（masking）という．

1. 病気の診断

　ファイトプラズマ感染組織ではファイトプラズマの増殖によって篩部はえ死（necrosis）を起こして篩管は閉塞し，同化産物の転流が阻害され，葉の葉緑体内におけるでんぷんの堆積に伴って葉緑体が崩壊するとともに細胞はえ死してゆく．また篩部組織の異常増殖に伴う肥大が進む（図Ⅵ.1）．これら内部病徴はそのまま黄化，萎縮，叢生などの外部病徴にも反映している．

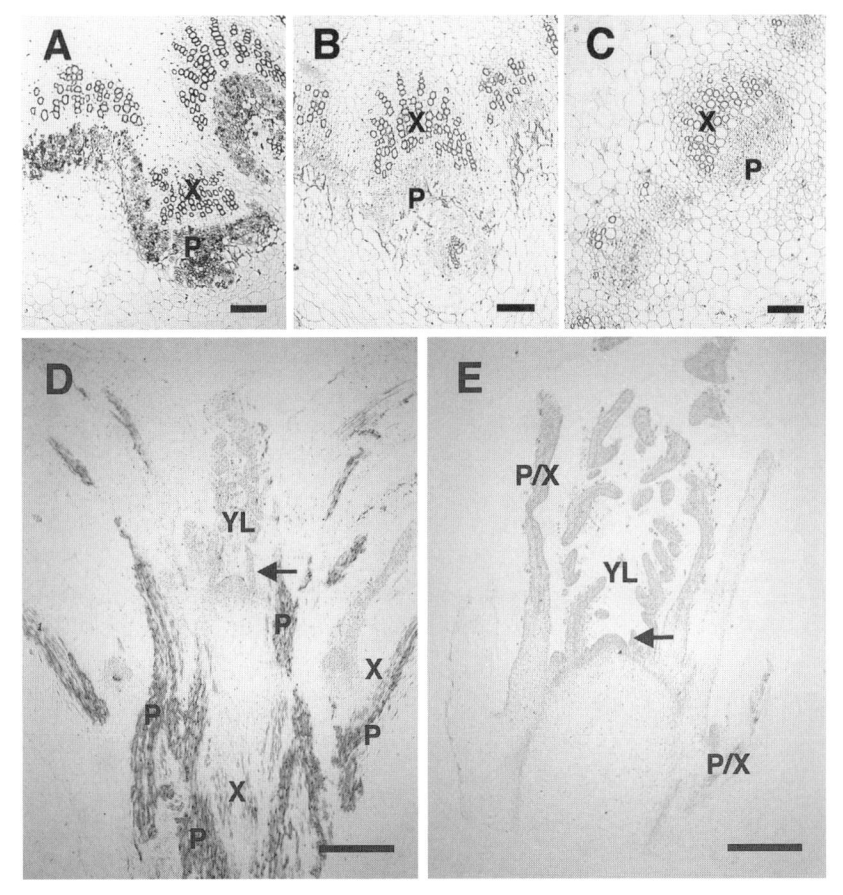

図Ⅵ.1　感染植物組織における篩部の異常増生とファイトプラズマの分布．ファイトプラズマの膜タンパク質遺伝子を大腸菌に発現させ，大量産生させたタンパク質を用いて作出した抗体による切片の免疫染色像（Kakizawa et al., 2003）[27]
　抗体に反応している（健全植物にはない）黒いシグナルはファイトプラズマの所在を示す．A～Cは茎の横断切片（バー：0.1 mm）．D, E：縦断切片（バー：0.5 mm）．A, D：感染植物を特異抗体で染色．B：感染植物を非免疫抗体で染色．C, E：健全植物を特異抗体で染色．X：木部組織，P：篩部組織，YL：新葉，矢印：茎頂．

次に主な病徴をあげて説明し，それぞれに該当する病名の例をあげる．

　ⅰ) **外部病徴**

　a) 全身病徴：植物体の全身に変化が現れるもの

① 苗立枯れ（damping-off）：出芽後の幼い実生苗が腰折れ状に倒れて枯れる（各種作物の苗立枯病）．

② 萎ちょう（wilt）・枯死：植物体の水分失調により全身または一部が萎れ，枯死する（トマト萎ちょう病，ハクサイ根こぶ病，半身萎ちょう病，ナス科作物青枯病（図Ⅶ.8），カーネーション萎ちょう細菌病，トマトかいよう病（図Ⅶ.12））．

③ 萎縮・わい化（dwarf, stunt）：植物体の一部または全身が発育不全となり，十分生育できず草丈が低くなり，萎縮またはわい小化するとともに分げつが増加することがある（イネ・ムギ類黄化萎縮病（図Ⅶ.1），ホップわい化病（図Ⅳ.2））．

④ 黄化（yellowing, chlorosis）：葉や植物体全体が退色したり黄色になる．株全体が黄化し，萎縮を伴うときは黄萎（yellowing, yellows, yellow dwarf）という（イネ黄萎病，ココヤシカダンカダン病）．

⑤ 徒長（elongation）：病原菌の産生する生理活性物質により植物体の草丈が異常に伸長する（イネばか苗病（図Ⅶ.19））．

⑥ 落葉（defoliation）：落葉が激しくなる（リンゴ斑点落葉病）．

⑦ 縮葉・奇形（malformation）：葉が縮れたり植物体全体が奇形になる（クワ縮葉細菌病）．葉が巻く葉巻症状（leaf roll）や羊歯状になる糸葉（fern leaf）などもある．

　b) 局部病徴：植物体のある器官またはその一部に現れるもの

① てんぐ巣（witches' broom）：腋芽が多数伸長し，細く小さい茎葉が叢って成長（叢生）する（サクラてんぐ巣病，アスナロてんぐ巣病，キリてんぐ巣病（図Ⅶ.4））．ファイトプラズマ病では花弁が緑化（virescence）したり，がく片や雌しべ，雄しべ，子房などが葉化（phyllody）することがある（アジサイ葉化病）．

② ゴール・こぶ（gall）：茎・枝などにがんしゅ様の大きいこぶができる（アカマツこぶ病，フジこぶ病，根頭がんしゅ病（図Ⅶ.9），オリーブこぶ病，メロンがんしゅ病）．

③ 根こぶ（club root）：根が棍棒状に肥大したこぶになる（アブラナ科野菜根こぶ病（図Ⅶ.28））．

④ ふし根（root-knot）：根が結節状に肥大したこぶになる（各種作物の根こぶ線虫病）．

⑤病斑（lesion）・斑点（spot）：植物の葉，茎，果実などにさまざまな色・大きさ・形など特徴のある斑点（円斑・角斑・輪斑・汚斑・穿孔・褐斑・黒斑・黄斑・紫斑）を生じる（コムギ斑点病，カキ角斑病，テンサイ褐斑病，トマト斑点病，キク褐斑病，カキ円星病，タバコ野火病，カンキツかいよう病，トマトかいよう病（図Ⅶ.12），モモ穿孔細菌病，ビワがんしゅ病，クズかさ枯病）．カンキツかいよう病とトマトかいよう病の病斑は白色から淡緑色のカルス状病斑（canker, scab）となり，もり上がる．ウイルスと植物の組合せによっては局部病斑が生じる（図Ⅵ.2-3, 4）．

⑥条斑（stripe, streak）：罹病組織がすじ状に変色した病斑を生じる（ムギ類萎縮病，コムギ条斑病）．

⑦モザイク（mosaic, mottle）：植物の葉や茎にまだら模様の濃淡斑を生じる（各種作物のモザイク病，ウイルス病，図Ⅵ.2-1, 2）．

⑧腐敗（rot）：病原菌の侵入により増殖部分を中心に組織が崩壊する．罹病部の性状により軟腐（soft rot）と乾腐（dry rot）に区別される（サツマイモ軟腐病，野菜類軟腐病（図Ⅶ.13），ジャガイモ乾腐病，イネもみ枯細菌病（図Ⅶ.7），スイカ果実汚斑細菌病）．

⑨焼け（blight）：組織が急激にえ死を起こして枯れる．病原菌や発生部位によりさまざまな特徴がある（ジャガイモ疫病（図Ⅶ.15），ダイズ葉焼病）．

⑩胴枯れ・枝枯れ（die-back）：木本植物の幹や枝の一部が侵されたため，その上部がえ死して枯れる（クリ胴枯病，ナシ胴枯病，リンゴ腐らん病，バラ枝枯病，ビワがんしゅ病，カンキツかいよう病，ライラック枝枯細菌病）．

⑪つる枯れ（canker）：つるの一部が侵され，その上部のつるが枯死する，あるいは導管病に感染した結果，つるが枯死する（キュウリつる割病，メロンつる枯病）．

⑫腐らん・かいよう（canker）：植物体の罹病組織がえ死崩壊して枯れるか，かいよう性の病斑を生じる（リンゴ腐らん病，カンキツかいよう病）．

⑬そうか（scab）：罹病部にいぼ状の隆起を生じたのち，かさぶた状になる（ジャガイモそうか病）．

ⅱ）内部病徴

維管束部褐変（vascular browning）：植物体の導管をはじめとする通導組織が病原菌の感染による局部的な褐変に伴って起こる水分供給障害（キュウリつる割病，ナス半身萎ちょう病，トマト萎ちょう病，イチゴ萎黄病）．

図VI.2　植物ウイルスによる外部病徴(髙浪原図)
(1) TMVによるタバコ全身感染葉のモザイク病状
(2) CMVによるタバコ全身感染葉のモザイク病状と奇形
(3) CMVによる *Chenopodium amaranticolor* 接種葉上の局部病斑
(4) ジャガイモXウイルスによるセンニチコウ接種葉上の局部病斑

篩部組織え死（phloem necrosis）：ウイルスやファイトプラズマの感染により生じる篩部細胞のえ死（ジャガイモ葉巻病，各種ファイトプラズマ病）．

封入体（inclusion body）：*Potyvirus*属ウイルス感染植物の細胞内に見られる風車状封入体やタバコモザイクウイルス感染植物の毛茸細胞内のウイルス粒子の塊からなる結晶性封入体（図Ⅵ.3）．

これらの病徴の発現は，罹病植物体におけるさまざまな組織的病変に由来する．この病変の進展経過について植物組織学（plant histology）や病理解剖学（pathological anatomy）では，進行性病変と退行性病変に分け，それぞれについて種々の病変のタイプが分類されている．

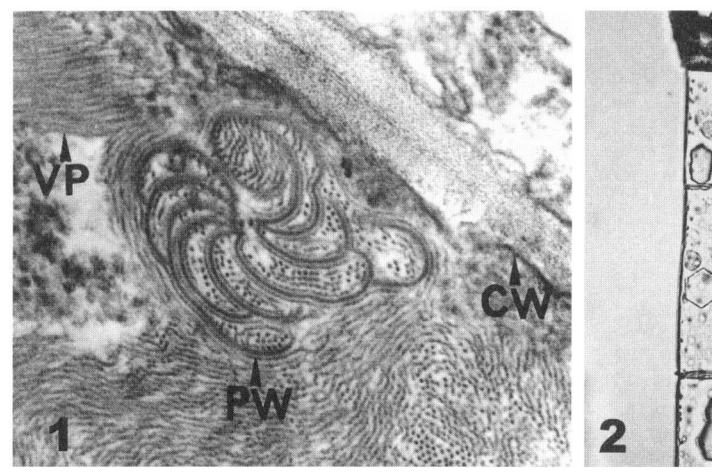

図Ⅵ.3　植物ウイルスによる内部病徴
(1) *Potyvirus*属ウイルス感染メロン細胞内の風車状(pinwheel)封入体．PW：風車状封入体，VP：ウイルス粒子，CW：細胞壁(Akanda, A. M 原図)
(2) TMVに感染したタバコ毛茸細胞内の結晶状封入体(高浪原図)

a）　進行性病変（progressive pathological modification）：罹病部の組織や細胞が健全なものから分化または成長する．

① 肥大（hypertrophy）：細胞肥大とそれに伴うこぶ．

② 増生（hyperplasia）：細胞数の増大によるこぶの形成．多くの場合，肥大も伴って大きなこぶをつくる（アブラナ科野菜根こぶ病（図Ⅶ.28），根頭がんしゅ病）．

③ 化生（metaplasia）：健全組織にない化学物質の生成による組織・器官の形成（ジャガイモ黒あざ病）．

④ 再生（regeneration）：損傷した組織の再形成．

b) **退行性病変**（regressive pathological modification）：罹病部の組織や細胞の数，大きさ，分化が健全なものより劣る．

① 減生（hypoplasia）：細胞数やその大きさも小さくなり，組織の分化や形成・発育が抑制される．

② 化生（metaplasia）：化学物質の生成が劣る．

③ 変生（degeneration）：細胞や組織が構造的もしくは化学的作用を受け，やがて死ぬまでの変化．

④ え死，えそ（necrosis）：細胞や組織が死滅する．接種葉に生ずる明瞭なえそ斑点は局部えそ斑点（local necrotic lesion）という（図Ⅵ.2-3, 4）．

(2) 標　徴

罹病植物の感染組織外部に増殖した病原体が露出し，肉眼で観察できるようになる場合がある．これを標徴（sign）という．標徴は菌類病で多く認められる．細菌病や線虫病ではかなり限定され，ウイルス病ではその粒子の大きさからいってありえない．菌類病原体はその種類に応じて形態上の特徴があり，標徴の特色を知ることは菌類病の診断上重要な役割を果たすことになる．標徴の主なものを次にあげる．

① 粉状物：植物体の表面に糸状菌の胞子が粉状の集塊をなす（うどんこ病，さび病，黒穂病など）．

② かび：罹病部の表面を糸状菌の菌糸，担子梗，分生子が集落状に繁殖する（モモ灰星病，イチゴ灰色かび病（図Ⅶ.26），キュウリべと病（図Ⅶ.16）など）．

③ 菌糸体：罹病部を菌糸が束状，羽毛状または膜状となって覆う（白絹病（図Ⅶ.35），白紋羽病（図Ⅶ.33），紫紋羽病）．

④ 小黒点：罹病組織上に子のう殻，柄子殻，分生子層，子座などの微細な黒点状の構造物が見られる（うどんこ病，炭疽病，つる枯病，胴枯病）．

⑤ 粘質物：病斑組織表面に鮭肉色の粘質物が繁殖する（炭疽病）．

⑥ 菌核：罹病部またはその周辺部に，菌糸のからみ合いや接合の結果生じるケシ粒大またはねずみ糞状の黒色や褐色の形成物が見られる（白絹病，菌核病，雪腐菌核病，灰色かび病）．

⑦ 子のう盤：地上に落ちた菌核から小碗状のキノコが形成される（菌核病）．

⑧ 子実体（きのこ）：罹病樹の根もとや切り株の周囲に傘状きのこが群生する（樹木類ならたけ病）．

⑨ 菌泥（ooze）：細菌病の罹病組織上に液状の漏出物が見られる（キュウリ斑

点細菌病，図Ⅳ.3)．

⑩ シスト：線虫が根の外部に突出して黄褐色または褐色のケシ粒状の線虫の耐久体であるシストを形成する（ダイズシスト線虫病）．

⑪ 卵塊：ネコブセンチュウが寄生した根こぶ組織にゼラチン様突起物を形成する（根こぶ線虫病）．

2. 病気の診断法

植物の異常について，その特徴を調べて病原を特定し，病名を決定することを診断（diagnosis）という．目的は病気の種類の判定のみならず，防除のための適切な管理対策を提供することにある．診断には圃場診断（field diagnosis）と植物診断（plant diagnosis）がある．

(1) 圃 場 診 断

診断は病気が発生している圃場を観察することから始まる．病徴はもとより，発病部位，発病程度，圃場内発病分布などを調べ，周辺の圃場との発病状況の比較も行う．また栽培管理，品種，種苗の来歴などの情報を聞き取り調査する．これによって，植物の異常が病気によるものか，さらにはすでに報告のあるどの種類の病気かの見当がつくことが多い．

(2) 植 物 診 断

圃場診断に続いて，罹病植物を対象に微細な病徴観察が行われる．これを植物診断という．まず，病原が糸状菌，細菌，ファイトプラズマ，ウイルス，ウイロイド，線虫のいずれによるものかを判断し，ついで病原体の種名と病名の決定が行われる．

ⅰ) **肉眼的診断** 　　罹病植物の病徴や標徴を肉眼あるいはルーペで観察し，病気を診断する方法である．典型的な病徴・標徴のある罹病個体あるいは組織を選び観察する．茎などを縦に裂いて，維管束部に褐変があれば，萎ちょう性の病害である．視診のほか，打診，触診，臭診も行われる．

ⅱ) **顕微鏡的診断** 　　菌糸が観察されるかどうかで，病気の原因が菌類によるものか，あるいは細菌やウイルスなどによるかの大まかな診断ができる．さらに，新鮮な病斑部断面を殺菌水に浸したとき，水中に濁った細菌泥（bacterial ooze）が漏出すれば細菌性の病気である．菌類病ではそれが見られない．一部のウイルス病では罹病組織の表皮細胞に封入体（inclusion body）が見られる場合

があり，その存在はウイルス病の補助的診断になる．細菌，ファイトプラズマ，ウイルスは大きさが小さいため，病原体の電子顕微鏡観察によって，正確な診断が可能となる．

　iii) **血清学的診断**　抗原抗体反応を利用し，病原体から抽出した有効成分を抗原として用いて抗体を検出し，病気診断の補助とする方法である．抗原抗体反応は特異的であり，正確かつ迅速に結果が得られるので，類似した病気の判別や早期診断に利用される．血清反応には，酵素結合抗体法（ELISA），蛍光抗体法のほか，さまざまな手法が開発されている．それぞれ，簡便性，迅速性，検出感度，対象病原体の種類，観察部位など，目的に応じて利用される．ELISA 法は検出感度が高く，多量の検体を調査でき，また多くの病原体に適用できるので，種苗の輸出入検疫や病気の発生予察などに広く利用されている．

　iv) **遺伝子診断**　病原体の遺伝子配列中に書き込まれた遺伝情報の違いに基づいて，特定の遺伝子の有無や構造の変化を調べて病気を診断する方法である．ウイルスやウイロイドによる病害では，罹病植物から核酸（RNA）を抽出し，逆転写酵素を用い RNA から cDNA を作成する．これを鋳型として PCR を行い，その増幅産物を解析することで，病気を診断する．この方法は RT-PCR（reverse transcription polymerase chain reaction）と呼ばれ，診断に広く用いられている．細菌，菌類，ファイトプラズマによる病害では，病原に特有な遺伝子（病原性遺伝子，特異タンパク質合成遺伝子，リボソーム遺伝子（rRNA）など）の塩基配列から特異プライマーを作成し，これを用いて罹病組織からの PCR 増幅産物を解析することで診断が行われる．

　このほか，PCR による遺伝子診断には，RT-PCR と ELISA を組み合わせた PCR-マイクロプレート・ハイブリダイゼーション（PCR-MPH），nested PCR，LAMP（loop-mediated isothermal amplification），あるいは複数の病害を同時に診断するマルチプレックス PCR（multiplex PCR）などの方法も開発されてきている．これまで，主に各種の植物でウイルス病に対して遺伝子診断が行われてきたが，現在は，細菌病，菌類病などによる病害にも広く利用されている．また，過去半世紀以上経過した植物病害の乾燥標本を対象とした病気の診断も可能となっている．

　v) **生物学的診断**

　a) **指標植物**：特定の病原体に対し特異的または鋭敏な反応を示す植物を指標植物（indicator plant）という．ウイルス病では，複数種の判別宿主に被検体

を汁液接種し，それぞれの反応（病徴や病斑型）によってウイルスの種類を判別する（「各種植物への人工接種」(26頁) 参照）．果樹類のウイルス病では，特定果樹品種に接ぎ木することによって検定することが多い．

b）**ファージによる診断**：ファージ（phage）は特定の病原細菌にのみ感染するウイルスである．この性質を利用することで罹病組織や汚染土壌などから目的とする病原の汚染を間接的に知ることができる．病原体に対し特異性が高く，宿主細菌の増減を反映するので，発生予察などに利用できる．イネ白葉枯病ではレースの発生予察に利用されてきたが，作業の煩雑性から，最近は遺伝子診断法の利用が増えている．

3. 植物の保護

植物が病気にならないようにするには，病気と病原体の発生生態の情報に基づいて，植物体の体質を強化し（宿主の制御），病原体を排除もしくはその密度を低下させ（病原体の制御），さらには病気が発生しやすい環境を改善（環境の制御）することである．

今日の植物病害防除は，近年における化学農薬の水圏，大気圏，生物圏に対する悪影響や毒性問題，あるいは消費者の食の安全・安心志向などを背景として，総合的病害虫管理（integrated pest management ; IPM）の導入が一層重視されてきている．すなわち，IPMでは複数の防除法（耕種的・物理的・生物的・化学的手法など）の合理的統合，経済的被害許容水準（被害予測），病害虫個体群管理システム（発生予察）に基づいて防除が行われる．さらに現在，環境，経済，安全に対して負の結果をもたらさず，かつ生態系調和型を意識したEBPM（ecologically based pest management）の概念も提起されている．

4. 植物衛生

罹病植物あるいはその残骸を除去し，病気の伝染源から植物を守ることが，植物衛生（phytosanitation）である．

(1) 圃場衛生

これは圃場を清潔に保ち，植物を病原体から保護することである．罹病植物やその残骸を圃場に放置することは，病原体の増殖を助長するだけでなく，病気の

第一次および第二次伝染源の温存となる．罹病植物やその残骸に対しては焼却，除去，埋没，腐熟堆肥とするなどの対策がある．また圃場衛生には健全な種苗の利用，農機具・資材・作業場の洗浄，手洗い，雑草防除などの配慮が必要である．

(2) 中間宿主の撲滅

さび病菌の中には，中間宿主（alternate host）をもつものが多い．それらの中間宿主を撲滅または隔離すれば，病原菌の生活史の一部が断たれることになり，発病が回避される．例えばナシ赤星病菌（*Gymnosporangium asiaticum*）は中間宿主がビャクシン類であり，それを植栽しないことによりナシの被害が防げる．

(3) 健全種苗の利用

病気の予防には無病の種子や苗を用いることが基本である．しかし，種子，球根，種いも，苗木などは健全に見えても，病原体が潜在感染していることも少なくない．このため，種苗の発芽や催芽，ELISA，遺伝子診断などの方法による種苗検定を行うことがある．

無病種子などの確保には，肉眼による選別のほか，乾熱，温湯浸漬，化学薬剤などによる種苗消毒，あるいは茎頂培養による無病苗の育成が行われている．

5. 植物の防疫・検疫

病害虫の移動，伝播，蔓延を予防し，植物の被害を防止しようとするのが，植物防疫（plant protection）である．対象となる病害虫は未侵入のもの，侵入後定着しているもの，あるいは従来から発生し大きな被害を与えるおそれのあるものに分けられ，これらに対して，検疫，発生予察，被害解析，防除などの防疫事業が実施されている．

新たな病害虫が国内に侵入すると，対抗する天敵や微生物が少なく，また防除法も確立されていないこともあり，重大な被害を受けることもまれではない．そこで，行政的な法令や指導力によって検査，取締りをするのが植物検疫（plant quarantine）である．わが国の植物検疫は国際間の「国際植物防疫条約」と「衛生植物検疫措置の適用に関する協定」，および「植物防疫法」に基づいて行われ，その業務は国際検疫（international quarantine）と国内検疫（domestic quarantine）に分かれる．

(1) 国際検疫

輸入植物検疫では，貨物，携帯品，郵便物などにより外国から輸入されるすべ

表Ⅵ.1 輸入禁止となっている対象病原体とその宿主植物(2004年1月現在)

病原体	宿主植物など
Synchytrium endobioticum（ジャガイモがんしゅ病菌）	ジャガイモ，トマトなどのナス科植物
Peronospora tabacina（タバコべと病菌）	タバコなどのナス科植物
Erwinia amylovora（火傷病菌）	リンゴ，ナシなどのバラ科植物
Balansia oryzae-sativae, Trichochonis padwickii, T. caudata など日本に発生していないイネ病害すべて	イネ，イネワラ，モミガラなど
Globodera rostochiensis（ジャガイモシストセンチュウ）	ジャガイモなどナス科植物，アカザ植物
G. pallida（ジャガイモシロシストセンチュウ）	ジャガイモなどナス科植物
Radopholus citrophilus（カンキツネモグリセンチュウ）	カンキツ，野菜類など
不特定病原	土またはすべての土つき植物

ての植物が対象となる．侵入のおそれのある病害虫の重要度に応じて，輸入禁止品，輸入検査品，検査不要品に区分される．検疫上最も重要で法令で指定する病害虫とその宿主植物および土は，輸入禁止品に指定されている（表Ⅵ.1）．さらに，輸出国で栽培地検査を必要とする病害虫の宿主と地域が指定されている．苗木，切花，球根，種子，果菜類，木材ほか，広範囲にわたる植物が輸入検査品の対象となっている．検査の結果，検疫病害虫が発見されると，廃棄・消毒・選別・除去などの措置がとられる．これら検疫の業務は全国の指定された港，空港などで行われる．栄養繁殖性植物では，主にウイルス病を対象とし，隔離栽培による検定も行われている．

輸出植物検疫は輸出される植物が輸入国の検疫要求に適合しているかどうかの検査が基本となる．これには，輸出に際して行う検査と，輸出国内での植物生育中に行う栽培地検査とがある．

(2) 国内植物検疫

新たに国内に侵入またはすでに国内に存在している病害虫の蔓延を防止することが目的の検疫である．種苗検疫，植物移動の取締り，緊急防除，侵入警戒調査に分けられる．

種苗検疫は種苗を検疫し，病害虫に侵されていない優良な種苗を確保することによって，病害虫の蔓延を防止するものである．種いも用ジャガイモや果樹の母樹などで検疫が行われている．

国内において急激に蔓延して農作物に重大な損害を与えるおそれのある病害虫は植物防疫法施行規則によって指定され，国・都道府県はその指定病害虫に対して発生予察事業を実施し，防除計画を立案している．

6. 病気の予防と防除

(1) 耕種的防除

病気が発生しやすい栽培環境を改善し，病気を予防しようとするのが耕種的防除（cultural control）である（表Ⅵ.2）．これには休閑，輪作，耕起，環境調節，抵抗性品種の選択，養分（施肥）管理，作付け体系，播種密度，播種時期，播種深度，土壌肥沃性の調節，有機物やコンポストの導入など，多くの手法を含んでいる．

i） 作付け様式・作型・育苗法による改善

輪作：同一の植物を連作あるいは病原体に共通な宿主植物を同じ圃場で栽培すると，病原体が罹病残渣あるいは土壌中に残存し，しだいにその密度が高まる．特に土壌伝染病などは連作により被害が激しくなることが多い．輪作には非宿主作物が組み合わされる．

作期の移動：病気には病原体が感染し発病しやすい温度域と植物の生育ステージがある．したがって，植物の播種・植付け時期を変更することで，最適な発病温度や感染ステージから回避されることになり，発病が抑止される．例えばアブラナ科野菜の青枯病は発病適温が高いので，播種時期を遅らせ気温が下がってから播種すると発病が減る．虫媒伝染性の病気に対しては，媒介昆虫の発生時期を考慮して栽培時期をずらすことが有効になる．

移植栽培：病気の種類によっては，病原体に対する感受性が稚苗期で高く，また生育ステージに伴い低下するものがある．例えばハクサイ根こぶ病は移植栽培によって発病を軽減できる．

このほか，田畑輪換，栽植密度，混作，間作なども発病の防止に利用される．

ii） 肥培管理

施肥：植物を健康に保つには，バランスのとれた養分管理が必要である．例えば窒素の過多は概して植物の抵抗力（体質）を弱め，あるいは過繁茂により発病を助長することが多い．またリン酸，カリウム，カルシウム，ケイ酸などが欠乏した場合にも発病が多くなることがある．微量要素を含めた肥料の適正管理により植物を強健に育てることが，発病の防止につながる．

土壌 pH：土壌 pH が発病に大きく影響する場合がある．そのような場合には土壌 pH の酸度矯正により発病を軽減できる．例えば，ジャガイモそうか病やテンサイそう根病は中性〜アルカリ性土壌で多発するので，土壌の低 pH 化が行わ

表VI.2 耕種的防除の事例

手法	対象病害	備考
作付け様式・作型・育苗法による改善		
輪作	各種病害	非宿主作物の導入
混作	つる割病(メロン)，萎ちょう病(トマト)	ネギとの混作
	いもち病(イネ)	多系品種の混作
緑肥作物	落葉病(アズキ)，根こぶ病(アブラナ科野菜類)，線虫病(ダイズ・ジャガイモ・ダイコン)	野生エンバク，マリーゴールド，クロタラリアの導入
移植栽培	根こぶ病(アブラナ科野菜類)，萎ちょう病(ホウレンソウ)，乾腐病(タマネギ)，ビッグベイン病(レタス)	感染好適ステージからの回避
田畑輪換	立枯病(コムギ)，菌核病(レタス)，白絹病(ダイズ)	
作期移動(温度管理)	青枯病・軟腐病・根こぶ病(ナス科野菜類)，疫病(ジャガイモ)，縞萎縮病(ムギ類)，各種ウイルス病(野菜類)	感染好適時期をずらす
気象環境の改善		
温度制御	苗立枯病(イネ)	
換気(通気)	灰色かび病・葉かび病(施設野菜類)，炭疽病(イチゴ)	除湿・換気扇・窓の開閉
底面給水・マルチ	灰色かび病・葉かび病(施設野菜類)，黒すす病(キャベツ)	
播種密度	いもち病・紋枯病(イネ)，うどんこ病(麦類)，疫病・べと病・灰色かび病・菌核病(野菜類)	密植を避ける
雨よけ栽培	斑点細菌病(キュウリ)，炭疽病(イチゴ)	
肥培管理		
有機物	つる割病(キュウリ・ユウガオ)，褐色根腐病(トマト)	乾燥豚糞
	萎黄病(ダイコン)，萎ちょう病(ネギ・トマト)	カニ殻，キチン
窒素	いもち病・紋枯病(イネ)，うどんこ病(ムギ類)	減肥または分施(体質強化)
リン酸, カリウム	ごま葉枯病・すじ葉枯病・小粒菌核病(イネ)	増肥(体質強化)
カルシウム	青枯病・軟腐病(トマト・ナス・ハクサイ)	増肥(体質強化)
ケイ素	うどんこ病(キュウリ・メロン・イチゴ)，いもち病(イネ)	増肥(体質強化)
土壌pH	そうか病(ジャガイモ)，そう根病(テンサイ)	酸性矯正資材の投入
	根こぶ病(アブラナ科野菜類)	アルカリ矯正資材の投入
土壌物理性の改善		
灌漑	そうか病(ジャガイモ)，菌核病(レタス)，萎黄病(キャベツ)	灌水
排水	青枯病(ジャガイモ)，茎疫病(アズキ・ダイズ)，黒根病(テンサイ)，粉状そうか病(ジャガイモ)	明暗渠設置，高畝栽培
中耕・培土	根腐病(テンサイ)，白絹病(ダイズ)	過度を避ける
深耕・客土・天地返し	連作障害(野菜類)，萎ちょう病(トマト)，縞萎縮病(コムギ)，白絹病(トマト・ラッカセイ)，菌核病(マメ類)	
刈取り時期	葉腐病(牧草類)	早期刈取り

れている．これとは反対に，アブラナ科作物の根こぶ病は酸性土壌で多発するので，土壌の中性〜アルカリ性化が推奨されている．

　有機物施用：土壌への有機物投与は養分供給のほか，土壌の物理性や化学性を改善し，さらには微生物性を高める働きがある．そのような有機物のもつ機能を

活用し，病気を防止することができることがある．例えば乾燥豚糞の施用はキュウリつる割病を軽減し，カニ殼はネギ萎ちょう病の発病を抑制することが知られている．一般に，有機物による発病の軽減は病気の種類によって大きく異なる．

iii) 気象環境の改善

温度・湿度の制御：空気湿度や土壌湿度は，病原体の増殖と感染に大きく影響する．例えば灰色かび病菌や葉かび病菌による病気は多湿な環境で激しく発病することから，施設栽培では，側窓の開閉，除湿，地中灌水やマルチなどにより空気湿度を低下させることが病気を予防する上で重要である．

雨よけ栽培は，パイプハウスの天井部分をビニルフィルムで被覆して降雨による植物の直接のぬれを少なくし，灌水装置により水管理する技術である．これを利用すると，雨滴の飛散によって発病が広がる細菌病や多湿な環境下で多発する病気を防ぐことができる．キュウリほか多くの作物で多湿環境を好む病原菌の防除に利用されている．

iv) 土壤物理性の改善

水分管理：土壤水分が多いときに激しく発病する病気がある．この場合，圃場の排水対策や高畝栽培によって，発病を軽減できる．例えば *Pythium*, *Phytophthora*, *Aphanomyces*, *Spongospora*, *Erwinia* などによる病気はこれに相当する．一方，土壤湿度が低いときに発病が助長される病気，例えばジャガイモそうか病は灌水によって発病を軽減できる．

耕起：中耕，培土，深耕，客土，天地返しなどの耕起作業は病原体を物理的に移動させ，これが病気の分布拡大に大きく影響する場合がある．例えばテンサイ根腐病やダイズ白絹病は過度の培土や中耕により発病が激しくなるので，これを避ける．

v) 抵抗性品種の利用・接ぎ木栽培

宿主の抵抗性は，一般に真正抵抗性と圃場抵抗性とに大別される．真正抵抗性は少数の高度の抵抗性遺伝子に支配されるが，病原体の新レースの出現によって崩壊する可能性がある．これに対して，圃場抵抗性は量的抵抗性とも呼ばれ，微弱な多数の抵抗性遺伝子（ポリジーン）によって支配され，レースに対しては非特異的であるが，程度は低いものの比較的安定した抵抗性を示す．真正抵抗性の崩壊に対処するための育種的対応として，圃場抵抗性の利用，圃場抵抗性と真正抵抗性との結合，異なる真正抵抗性品種の混合栽培（多系品種），異なる真性抵抗性品種の交替栽培，1品種への多数の真正抵抗性遺伝子の集積などがあげられる．

真正抵抗性の1つの利用形態として，接ぎ木栽培がある．野菜類の土壌病害や果樹類のウイルス病などを対象に，栽培品種を抵抗性の強い台木に接ぎ木する方法が行われている．

(2) 物理的防除
ⅰ) 熱処理による防除

乾熱，湿熱あるいは温湯を用いて消毒する．対象が種苗であるかあるいは土壌であるかで用いる手段が異なる．

種子消毒：乾熱消毒は通風乾燥機を用いて種子を比較的高温で長時間処理し，病原体を死滅または不活化させる方法である．発芽阻害防止のため予備乾燥により種子水分含量を低下させておく必要がある．糸状菌，細菌，ウイルス，線虫など多くの病原体に対して乾熱消毒が有効である．処理温度と処理時間は病原体の死滅や不活化温度と種子の耐熱性との関係で決定されるが，70℃前後で約2日間処理することが多い．冷水温湯浸漬法はかつてムギ類の黒穂病類や斑葉病に対して用いられてきたが，最近，55℃前後の温湯に種子を一定時間浸漬する温湯浸漬法が主流になっている．いずれの場合にも，作物と病気の種類ごとに浸漬温度と浸漬時間とが設定されており，これを遵守する．

土壌消毒：熱処理は土壌中の病原体を死滅あるいは不活化させるのにも利用される．これには蒸気土壌消毒，火炎焼土，熱水土壌消毒，太陽熱利用土壌消毒，土壌環元消毒がある．

熱水土壌消毒は，土壌に熱水（70～90℃；100～200 l/m^2）を注入し土壌病害を防除する方法である．熱水処理前の耕起は熱水の透水性を高め，また処理後のビニルマルチは保温の上で重要である．この消毒法は蒸気消毒や火炎消毒に比べて有用微生物の死滅および土壌の物理性への影響が少ないのが特徴である．現在，多くの土壌病害の防除に利用されている．

太陽熱利用土壌消毒法（soil solarization）は夏季の栽培休閑期に太陽熱を利用し，熱消毒として比較的低い温度（40～45℃）で長期間（2～3週間）持続させて殺菌，殺虫，殺草する方法である．基本的な手順は有機物資材と石灰窒素を施用したのち耕起し，小畝立てする．ついで地表面を透明ビニルフィルムで被覆し，畝間に注水し一時的に湛水状態にする．その後ハウスを密閉し数週間放置する．この方法によって多くの土壌病害が防除可能となった．ただし，処理期間は晴天日数に左右される．

最近，太陽熱利用土壌消毒法の変法として開発された土壌環元消毒は，フスマ

を土壌に攪拌し湛水化することにより土壌の還元化を高め殺菌する方法である．これにより低温域で短期間に多くの土壌病害が軽減される．

ii) 光質制御による防除 病原菌の胞子形成は光の影響を受けやすい．胞子形成誘導光として 300 nm 以下の紫外線が有効である糸状菌が多い．そこで，紫外線を除去する施設用のビニルフィルム（紫外線除去フィルム）が開発され，施設野菜類の灰色かび病ほか多くの病害で防除に利用されている．このほか，ウイルス媒介性昆虫，例えばアブラムシ類の色彩反応を利用した銀箔テープによる忌避効果，あるいは養液栽培における紫外線そのものによる殺菌効果など，さまざまな場面で光質利用による病害防除が行われている．

(3) 化 学 的 防 除

農業上の有害動植物を防除する目的で製剤化されたものが農薬（pesticide）であり，化学的防除は無機および有機合成農薬（化学薬剤）を用いて行われる．その適用場面は基本的には圃場衛生，耕種的・生物的・物理的手法を核とした生態的防除を補完するもの，もしくは IPM の中に位置づけられるべきものである．

i) 殺菌剤の分類 殺菌剤はその使用目的，使用形態，剤型，化学組成などによって分類される．例えば使用目的によって散布用殺菌剤（spraying fungicide），種子消毒剤（seed disinfectant），土壌消毒剤（soil disinfectant）に分類でき，さらに散布用殺菌剤は保護殺菌剤（protective fungicide）と治療殺菌剤（curative fungicide）に区分される．保護殺菌剤は病原体が植物体上に定着する前に散布し，病気の予防の効果をねらいとして用いられる．これに対して治療殺菌剤は植物に吸収され，すでに植物を侵害している病原体にも殺菌的に作用する．特に植物内への吸収移行が優れたものを浸透性殺菌剤（systemic fungicide）という．

近年，病原菌に対して直接的な抗菌活性はほとんどないが，宿主植物に抵抗性を付与する薬剤が開発されている．例えばイネ体に全身獲得抵抗性（systemic acquired resistance）を付与するものにプロベナゾール剤やアシベンゾラル S メチル剤などがある．

ii) 殺菌剤の使用法 使用形態による分類では，溶液（solution），乳剤（emulsion），水和剤（wettable powder），粉剤（dust），粒剤（granule），ガス剤（fumigant），煙霧剤（aerosol），糊状剤（paste）に分けられる．

薬剤の処理方法は，植物や病原体の種類，散布の位置，剤型，防除機材，毒性，残留性などによりまちまちである．例えば散布位置により地上散布と空中散布に，

散布対象位置により茎葉散布，土壌施用および水面施用に，施用形式により噴霧法，散粉法，散粒法，灌水法，浸漬法，塗布法，粉衣法，くん煙法およびくん蒸法などに分類される．

iii) **殺菌剤の生物検定**　薬剤の生物検定（bioassay）には，胞子発芽試験や菌糸生育抑制試験など室内で行う *in vitro* の実験と，温室などで播種前あるいは播種後に薬剤を土壌，種子，生育中の植物などに処理して，病原菌をその処理前あるいは処理後に接種し発病状態をみる *in vivo* の実験とがある．このような実験によって有効な薬剤を選抜することをスクリーニング（screening）という．全身獲得抵抗性の薬剤のスクリーニングには，*in vivo* の実験が重視される．

iv) **薬剤耐性**　同じ薬剤あるいは化学組成の類似した薬剤を連用すると，適用病害に対する防除効果が著しく低下することがある．これは薬剤に対して抵抗性の病原菌が出現したためであり，このような菌を薬剤耐性菌（chemical resistant fungi, chemical resistant bacteria）といい，抵抗性を示さない菌を薬剤感受性菌（chemical susceptible fungi, chemical susceptible bacteria）という．耐性菌は突然変異（mutation），淘汰（selection），誘導変異（induced mutation），遺伝子組換えなどの結果生じるものと考えられている．

ある薬剤に対する耐性菌が，他の薬剤に対しても耐性を示すことがあり，これを交叉耐性（cross resistance）という．耐性菌の出現を未然に防止するには，交叉耐性のない薬剤を組み合わせて散布する．

これまで，薬剤耐性菌がベンゾイミダゾール剤，フェニルアミド剤，ステロール脱メチル阻害（DMI）剤，およびその他多くの有機合成農薬に対して出現しており，病気の種類では70種類以上に及んでいる．

v) **薬害と毒性**　薬害とは植物に対する毒性であり，通常，薬剤散布による収量の減少や薬斑の形成による収穫物の品質低下などの被害を意味する．発生原因は複雑で，使用上の間違い，散布後の気象条件，植物の生育状態，品種の変化などがあげられる．

わが国の農薬は農薬取締法によって薬効，薬害，毒性，残留性などの厳しい試験を経て対象病害と作物を指定して登録され，それ以外の未登録薬剤の販売，使用は禁じられている．

人畜に対する毒性は，普通物，劇物，毒物に分類される．急性毒性は薬剤が一度に大量に摂取された場合の毒性で，その強さの単位は被検物質を投与した動物群の半数を死に至らしめる量（半数致死量：LD_{50}）で表現される．慢性毒性はあ

る1つの農薬を人が一生涯にわたって毎日摂取し続けたとしても、危害を及ぼさないと見なせる1日摂取許容量（acceptable daily intake for man ; ADI）で表現される．動物（マウス，ラット）における薬剤の長期毒性試験の結果の中から最も低濃度で影響の見られる試験を選び，その試験で影響のみられなかった投与量に安全係数（通常1/100）を乗じて算出される．慢性毒性では経口・経皮・吸入投与毒性，神経毒性，発がん性・繁殖毒性・催奇形性・変異原性，生体機能への影響などが厳しく検査される．

　さらに，薬剤の生態系（昆虫類，魚類，鳥類，藻類，ミジンコ類，土壌微生物など）への影響，水質汚濁，残留毒性など，広範囲にわたる安全性の確認試験が義務づけられている．魚毒は毒性の強弱によりA類，B類，C類に分類され，C類は強い使用規制を受ける．

(4) 生物的防除

　病気が対象となるとき，生物的防除（biological control, biocontrol）とは糸状菌，細菌，ウイルス，原生動物，線虫，昆虫あるいは高等植物などによって病原体の密度を減らし，あるいは宿主に誘導抵抗性を付与することによって，病気を防ぐ方法である．自然界では，病原体と他の生物との競合は常に起こっている．例えば，病害が発生しない，あるいは発生しにくい土壌（発病抑止土壌，disease suppressive soil）や，発病後数年で衰退する土壌（発病衰退土壌，disease declined soil）があり，その原因に土壌微生物が大きく関与していることが知られており，自然の生物的防除として位置づけられている（「発病抑止土壌」（110頁）参照）．伝統的農法の中には，このような生物的防除が潜在していることも多いとされている．

　 i ）　拮抗微生物による防除　　拮抗微生物（antagonistic organism）には拮抗糸状菌，拮抗細菌，植物内生菌あるいは菌根菌がある．これら生物的防除因子（biocontrol agent）は，発病抑止土壌の根圏土壌や宿主の地上部・地下部の植物体表面あるいは組織内部などさまざまな部位から分離されている．それらの中には実際に生物的防除として利用されているものがある（表Ⅵ.3）．

　 a ）　拮抗糸状菌：これまで，病原菌に対する拮抗糸状菌（antagonistic fungi）が多数明らかにされている．例えば *Trichoderma*, *Laetisaria*, *Pythium*, *Aphanomyces*, *Cladosporium*, *Candida*, *Fusarium* は病原菌の *Rhizoctonia*, *Pythium*, *Phytophthora*, *Sclerotium*, *Fusarium*, *Botrytis*, *Heterobasidium* などに寄生しあるいは拮抗作用を示して，発病を抑止するとの報告が数多くある．

6. 病気の予防と防除

表Ⅵ.3　微生物による生物的防除の例

微生物	対象病原菌
拮抗細菌	
Agrobacterium radiobacter K84[*]	*Agrobacterium tumefaciens*（バラ，ブドウなどの根頭がんしゅ病菌）
Bacillus subtilis QST-717[*]	*Botrytis cinerea*（野菜類，ブドウの灰色かび病菌），*Uncinula necator*（ブドウうどんこ病菌）
Burkholderia cepacia type M54[*]	*Rhizoctonia, Pythium, Fusarium*（苗立枯病菌，線虫）
Pseudomonas CAB-02[*]	*Burkholderia glumae*（イネもみ枯細菌病菌），*Burkholderia plantarii*（イネ苗立枯細菌病菌）
Pseudomonas fluorescens[*]	*Pythium, Rhizoctonia*（ワタ立枯病菌）
Pseudomonas gladioli[*]	*Ralstonia solanacearum*（ナス青枯病菌）
拮抗糸状菌	
Ampelomyces quisqualis M10[*]	*Sphaerotheca*（キュウリ，イチゴ，トマトなどのうどんこ病菌）
Gliocladium virens[*]	*Pythium, Rhizoctonia*（苗立枯病菌）
Pythium oligandrum[*]	*Pythium, Rhizoctonia, Phytophthora*（苗立枯病菌，疫病菌）
Trichoderma atroviride SKT-1[*]	*Gibberella fujikuroi*（イネばか苗病菌），*Burkholderia glumae*（イネもみ枯細菌病菌），*Burkholderia plantarii*（イネ苗立枯細菌病菌）
Trichoderma lignorum[*]	*Sclerotium rolfsii*（タバコ白絹病菌），*Rhizoctonia solani*（タバコ腰折病菌）
Tricoderma harzianum[*]	*Rhizoctonia solani*（シバブラウンパッチ）
非病原性・弱病原性糸状菌・細菌	
非病原性 *Fusarium*[*]	*Botrytis cinerea*（キュウリ灰色かび病菌）
非病原性 *Erwinia carotovora*[*]	*Erwinia carotovora*（各種野菜類，ジャガイモなどの軟腐病菌）
非病原性 *Fusarium oxysporum*[*]	*Fusarium oxysporum* f.sp. *batatas*（サツマイモつる割病菌）
Cryphonectria parasitica 弱毒株	*Cryphonectria parasitica*（クリ胴枯病菌）
Helicobasidium mompa 弱毒株	*Helicobasidium mompa*（紫紋羽病菌）
内生菌	
Enterobacter cloacae	*Fusarium oxysporum* f. sp. *spinaciae*（ホウレンソウ萎ちょう病菌）
Heteroconium chaetospira	*Plasmodiophora brassicae*（根こぶ病菌），*Verticillium dahliae*（ハクサイ黄化病菌）

[*] 国内または国外で市販されているもの

　またある種の糸状菌にはウイルス様二本鎖 RNA（double-stranded RNA；dsRNA）を含んだ病原性低下株，あるいは弱毒系統（hypovirulent strain）の存在が知られている．例えばクリ胴枯病菌や紫紋羽病菌では，病原性低下因子が菌糸融合（hyphal anastomosis）によって病原性株（強毒株）に移行し，病原性株が発病能力を失うことが明らかになっている．こうした作用を利用した生物的防除がクリ胴枯病に対して実際に試みられている．dsRNAを含んだ弱毒株は病原性株個体群の密度低下につながることから，一種の拮抗微生物ともいえる．
　Fusarium oxysporum には，病原菌に対する直接的な拮抗作用を示さないにもか

かわらず，発病を抑止する非病原性株（avirulent strain, non-pathogenic strain）があることが知られている．例えば，*Fusarium oxysporum* f. sp. *batatas* によるサツマイモつる割病は，移植時苗に導管組織から分離した非病原性 *F. oxysporum* を浸漬処理することによって，発病が著しく軽減されることが明らかとなっている．

　b）　拮抗細菌：*Pseudomonas*, *Erwinia*, *Bacillus*, *Enterobacter*, *Streptomyces* などの中には，病原菌の糸状菌や細菌の生育を阻止する拮抗細菌（antagonistic bacteria）が存在し，それらを用いた生物的防除例が多数知られている．

　例えば *Agrobacterium radiobacter* K84 の懸濁液をバラの挿し木苗や小果樹の種子などに処理すると，*A. tumefaciens* による根頭がんしゅ病を防除することができる．その機作は *A. radiobacter* K84 によって産生される抗生物質アグロシン 84 によることが知られている（「根頭がんしゅ病」(181頁)参照）．また，植物根圏細菌の *Pseudomonas fluorescens*, *P. putida*, *P. aureofaciens*, *B. cepacia*, あるいは非病原性の *Erwinia carotovora* を種子や根に処理すると，病気が減少し，収量が増すことが多くの病害で明らかにされ，その中には実際に防除に利用されているものがある（「野菜類軟腐病」(185頁)参照）．

　細菌を用いた線虫の防除の例として *Pasteuria penetrans* による根こぶ線虫の密度低下が明らかにされている．また，最近，ファージを利用した細菌病の防除例などもある．

　以上述べた拮抗微生物による防除は，個々の微生物と病原菌の相互関係を利用しようとするものであるが，微生物多様性（microbial diversity）を指標とした生物的防除の試みもある．

　c）　植物内生菌・菌根菌の利用：植物内に共生し生存する微生物を内生菌あるいはエンドファイト（endophyte）という．元来，エンドファイトは牧草類の植物内で生活する菌類を意味したが，近年，広義に解釈され，植物内に生息する微生物全般を指すことが多い．*Heteroconium chaetospira* はハクサイ根こぶ病菌や黄化病菌に対して発病を著しく抑止し，その機作は全身誘導抵抗によるとされている．このほか，*Enterobacter cloacae* によってホウレンソウ萎ちょう病が抑止されることが明らかとなっている．

　VA菌根菌（vesicular-arbuscular mycorrhiza）は植物と共生生活をしている内生の菌類で，植物にリンや微量要素を供給する働きに加え，病気を抑止することがあり，キュウリ立枯病，トマト青枯病，イチゴ萎黄病などで抑制例が報告されている．

d） **拮抗微生物による発病抑止作用の機作**：拮抗微生物による防除の機作は，病原菌に作用し密度を低下させる直接的な影響と宿主植物への抵抗性付与が考えられている．

菌密度の低下の機作は必ずしも明らかになっていないが，一般には，①直接的な寄生あるいは溶菌による死滅，②栄養源に対する競合，③空間（場所）に対する競合，④抗菌物質による直接的な毒性作用，⑤病原性低下因子（dsRNA），⑥エチレンのような揮発性物質による間接的作用，のいずれかあるいはそれらの複合作用によるもの，と考えられている．例えば A. radiobacter K84 やハクサイ軟腐病菌に対する非病原性の E. carotovora は④に相当するバクテリオシンを生産し，また非病原性 F. oxysporum や Ent. cloacae は宿主の全身獲得抵抗性を誘導することが知られている．植物生育促進根圏細菌（PGPR）による植物収量の増加は，PGPR の産生するシデロフォアが鉄イオンをキレート化し，その結果，PGPR との間に養分競合が起こり病原菌の活動が阻止されること（上記②），あるいは抗生物質を産生することにより宿主植物に有害な微生物あるいは病原菌が阻止されること（上記④）が，関与していると見なされている．

宿主植物の誘導抵抗性あるいは全身獲得抵抗性による発病抑制の例として，先に述べたサツマイモつる割病に対する非病原性 F. oxysporum，ハクサイ根こぶ病や萎黄病に対する H. chaetospira があげられる．

ii） **対抗植物・捕獲作物の利用**　　対抗植物（antagonistic plant）とは，線虫（土壌害虫）に対する有害物質を含有あるいは分泌し，虫の発育を阻害あるいは死滅させ，線虫密度の積極的な低下をもたらす植物のことをいう．例えばキタネコブセンチュウに対するマリーゴールドがよく知られている．

ある種の植物は寄生性線虫には非感受性であるにもかかわらず，線虫のふ化を促進する物質を生産する．このような植物を捕獲作物（trap plant）という．例えばクロタラリアはネコブセンチュウ（Meloidogyne spp.）の若齢幼虫を捕獲し，線虫密度を下げる．

iii） **土壌小動物の利用**　　大きな生物が小さい生物を直接餌にすることを捕食（predation）という．例えば大型の土壌アメーバの中には糸状菌の分生胞子や厚膜胞子を捕食し，細胞壁に穴をあけ原形質を吸収するものがある．腐食性線虫の多くは菌糸や胞子を摂食（feeding）し，またある種のトビムシは Fusarium や Rhizoctonia の菌糸を摂食する．キノコバエの仲間には Rhizoctonia solani の菌核を摂食，崩壊し，感染源密度を低下させる働きがある．このように土壌中には多く

の小動物が生息し，病原菌密度の低下に関わっている．

iv）弱毒ウイルスの利用 ある種のウイルスに感染している植物では，それと同じウイルスの他系統の感染が抑制される現象がある．これを干渉作用（cross protection）という．弱毒系統を作出し，これを利用したウイルス病防除が実際に行われている．例えばトマトにおけるタバコモザイクウイルス（TMV）のトマト系，ピーマンにおける TMV のトウガラシ系，マスクメロンにおけるスイカ緑斑モザイクウイルス（CGMMV），露地トマトにおけるキュウリモザイクウイルス（CMV），カンキツにおけるカンキツトリステザウイルス，カボチャにおけるズッキーニ黄斑モザイクウイルスなど，各種ウイルス病に対して弱毒株による防除技術が開発されている．

(5) バイオテクノロジーによる防除

バイオテクノロジー（biotechnology，生物工学）を広く解釈すれば，生物がもつ機能を利用したり，それらを模倣することによって人間社会に役立てようとする技術ということができる．また，狭義に解釈すれば，遺伝子工学（gene engineering），または遺伝子操作（gene manipulation），遺伝子組換え（genetic recombination）とそれに関連する技術によって生物に遺伝的変化を起こさせ，生物機能の解析や，新微生物，新植物などの作出をはかり，生物をより高度に利用しようとする技術を意味する．後者を特にニューバイオテクノロジーということもある．この技術は植物病理学の分野にもいち早く取り入れられ，利用されてきたが，また一面，その技術の発展は植物病理学に負うところも大きく，両者の関係はきわめて密接である．植物病理学分野でのバイオテクノロジーの主な内容は，病原微生物（ウイルス，細菌，菌類）の遺伝子組換えによる病原性発現機作の解析や弱病原性株の作出，および植物の遺伝子組換えによる病害耐性植物の作出と利用などである．すなわち，ウイルスでの偽遺伝子組換え（pseudo-recombination）を含む遺伝子組換え，細菌での形質転換（transformation），形質導入（transduction），接合（conjugation）などによる遺伝子組換え，菌類・植物での遺伝子組換え，および遺伝子組換えによって得られた植物細胞から完全な組換え体（recombinant，形質転換体，transformant）を再分化させるための組織培養（tissue culture）などがその内容となっている．そして現在までにこのバイオテクノロジーによって，① 病原体の病原性発現機作の解明，② 病害耐性植物の作出，③ 生物的防除剤の作用機作の解明，④ 生物的防除剤の開発と改良，などの分野で大きな成果が得られており，なお今後の発展が期待されている．本項では

植物病害の防除にバイオテクノロジーが利用されている具体例をウイルス，細菌，菌類などの病原体別に紹介する．

i) ウイルス耐病性植物の作出
a) ウイルス病原性遺伝子の解析

TMV の病原性：タバコモザイクウイルス（*Tobacco mosaic virus*；TMV）のゲノムは一本鎖線状の RNA であるため，そのまま遺伝子組換えの技術を適用することはできない．まず逆転写酵素（reverse transcriptase）によってゲノム RNA から cDNA（complementary DNA）を合成し，大腸菌のプラスミドベクターにクローニングし，cDNA の上流にプロモーター配列を付加し，その働きによって感染性のあるゲノム RNA を転写させるという手順を経る．この操作は，今日多くの RNA ウイルスで可能になり，ウイルスの遺伝子操作法として，その機能解析に利用されている．TMV RNA はその全塩基配列が決定され，その中に 3 個の読み取り枠（open reading frame；ORF）をもち，4 種類のタンパク質（183 kDa，126 kDa，30 kDa，17.5 kDa）をコードしている．これらのうち，126 kDa と 183 kDa のタンパク質は RNA 複製酵素であり，30 kDa のタンパク質は，ウイルスの細胞間移行に関与する移行タンパク質であり，17.5 kDa のタンパク質は外被タンパク質である（「(+)一本鎖 RNA ウイルスの遺伝子発現」(20 頁)参照）．

CaMV の病原性：カリフラワーモザイクウイルス（*Cauliflower mosaic virus*；CaMV）のゲノムは二本鎖環状の DNA であり，制限酵素で切断して大腸菌のベクターにクローニングし，そこから感染性のある直鎖状のウイルス DNA を得ることができる．ゲノム DNA は 8 個の ORF をもっており，それらの機能が解析されている．CaMV による植物の病徴発現には ORF VI が関与しており，この遺伝子領域を導入し発現させた組換え植物は，ウイルスが存在しなくてもモザイク症状を示す．

b) ベクターとしての植物ウイルスの利用
植物ウイルスの遺伝子操作系が確立すれば，そのゲノムに外来遺伝子を挿入することにより，ウイルスを植物への遺伝子導入ベクターとして利用することができる．そのためには，① 導入した外来遺伝子が植物細胞で発現しうる構造をもっていること，② 外来遺伝子を挿入したウイルスベクターが植物に対して全身的な感染性をもっていること，③ ウイルスベクターに感染した植物が病徴を示さないこと，などが重要である．この遺伝子導入系では，通常，導入遺伝子は植物のゲノムに組み込まれることはない．

CaMV ベクターの利用：CaMV の ORF IV は外被タンパク質をコードしている．

この遺伝子を薬剤耐性遺伝子で置換して，植物に感染させることにより，薬剤耐性植物が得られる．

PVX，TMV ベクターの利用：ジャガイモ X ウイルス（*Potato virus X*；PVX）や TMV は，外被タンパク質がウイルスの全身感染に必要であるため，これらのウイルスをベクター化するためには，外被タンパク質遺伝子を残したままゲノム中に外来遺伝子を挿入し，植物に感染させて発現させる．

c）**弱毒ウイルスの作出**：近縁なウイルス間には干渉作用（interference，交叉防衛，cross protection），すなわち先に感染したウイルスが次に感染するウイルスの増殖を阻害する作用があるため，ウイルスの弱毒変異体（弱毒ウイルス）を利用することによってウイルス病を生物的に防除することができる．

弱毒ウイルスは，自然界からの選抜によって得られるほか，罹病植物の高温処理やウイルス核酸の亜硝酸処理などの方法でウイルス核酸に変異を誘起することによって作出される．現在，生物的防除に使用されているカンキツトリステザウイルス（*Citrus tristeza virus*；CTV）の弱毒株は，野生株からの選抜によって得られたものであり，TMV の弱毒株 $L_{11}A$ は，野生株を高温処理することによって出現した弱毒株 L_{11} からさらに選抜をくり返すことによって得られたものである．スイカ緑斑モザイクウイルス（*Cucumber green mottle mosaic virus*；CGMMV）では化学処理によって弱毒系統が得られている．

また，ウイルスがもっているサテライト RNA の中にはウイルスの病原性を弱める機能を示すものが知られている．キュウリモザイクウイルス（*Cucumber mosaic virus*；CMV）では病原性を低下させる RNA5 を病原性の比較的軽い系統に導入することによって生物的防除用の弱毒ウイルスが得られている．

d）**ウイルス病耐性植物の作出**：植物への遺伝子導入によってウイルス耐性植物を作出する方法として，ウイルスの遺伝子あるいはその一部を利用する方法がある．

外被タンパク質発現の利用：TMV の外被タンパク質遺伝子の cDNA に植物で機能するプロモーターとターミネーターを付加し，植物に導入して発現させることにより，TMV 耐性植物を得ることができる．この方法によって，現在までにさまざまなウイルスに対する多数の耐性植物が作出されている．そのような組換え植物の中には，ウイルス粒子の接種に対しては強い耐性を示し，外被タンパク質を除いたウイルス RNA の接種に対しては耐性が低下するものがある．したがってウイルスの外被タンパク質を発現する植物では，この耐性の機作は，細胞に

侵入したウイルス粒子から外被タンパク質が脱離する過程（脱外被）が，植物で生産された外被タンパク質により阻害されるために耐性を示すと考えられているが，その詳細は明らかでない．

RNA サイレンシングの利用：ウイルスの外被タンパク質遺伝子を導入した植物が，外被タンパク質を全く発現しなくとも，そのウイルスに対して強力な耐性を示す例が見出され，RNA サイレンシング（転写後ジーンサイレンシング，post-transcriptional gene silencing, RNA 干渉，RNA interference）がその原因であることが明らかとなってきた．この現象は，植物が細胞内に生じた二本鎖 RNA を認識し，その配列を特異的に分解する機構であり，多くの真核生物に普遍的な現象と考えられている．導入された外被タンパク質遺伝子の mRNA を植物が異常 RNA（aberrant RNA）と認識すると，RNA 依存性 RNA 合成酵素（RNA-dependent RNA polymerase；RdRp）によりその mRNA を二本鎖 RNA に変え，RNA 分解酵素である Dicer 様タンパク質により 22 塩基前後の短い RNA（small interferring RNA；siRNA）に分解する（図Ⅵ.4）．siRNA はタンパク質と RNA との複合体である RNA-induced silencing complex（RISC）に取り込まれ，RISC は siRNA と相補的な配列をもつ mRNA を選択的に切断する．その結果，導入されたウイルス外被タンパク質遺伝子の mRNA と同時に，その配列を含むウイルス RNA も RISC により切断され，ウイルス耐性が生ずることとなる．

前述の PVX ベクターに外来遺伝子を導入し，植物に感染させることによっても，導入遺伝子に対する RNA サイレンシングを誘導することができる．興味深いことに，細胞間移行できない PVX ベクターを用いた場合でも，感染細胞のみならず隣接細胞や他の葉で同様の RNA サイレンシングが誘起され，これは「特定の配列を分解せよ」という情報（サイレンシングシグナル）が植物の全身に広がることを示している．近年，この機構を積極的に利用することにより，ウイルスへの耐性を植物に付与する試みがなされてきている．

RNA ウイルスは感染植物細胞中で複製中間体として二本鎖 RNA を必ず形成することから，二本鎖 RNA 分解活性であるジーンサイレンシング機構は，RNA ウイルスに対する植物の防御機構の 1 つであると考えられる．近年，植物ウイルスゲノムのコードするタンパク質の中にジーンサイレンシングを抑制する機能をもつものがあることが発見され，植物とウイルスとがせめぎ合う様子が明らかになってきた．ジャガイモ Y ウイルス（*Potato virus Y*；PVY）の HC-Pro タンパク質は，すでに RNA サイレンシングが起きている組織でそれを抑制し siRNA を消失

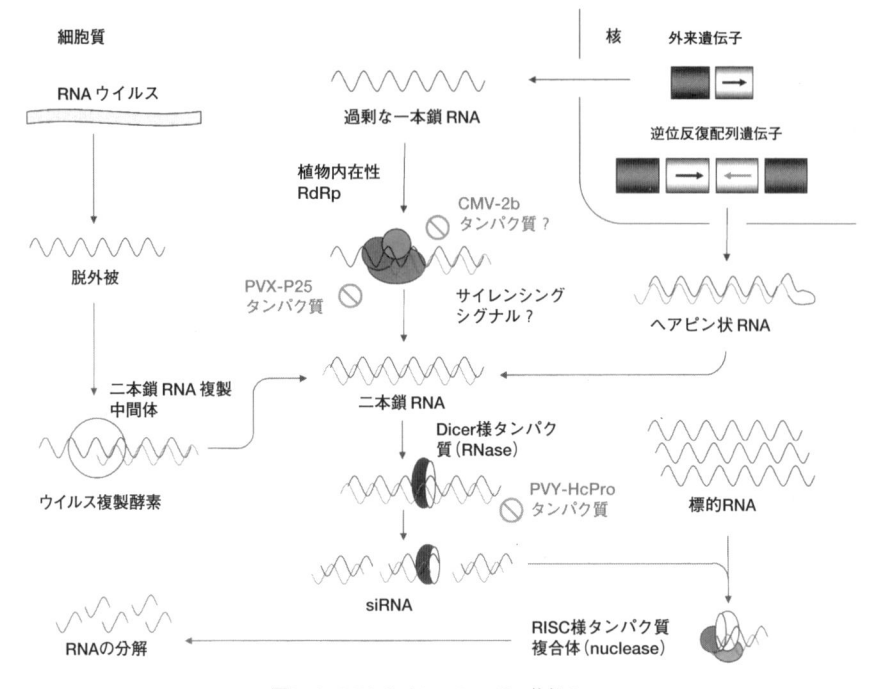

図Ⅵ.4 RNAサイレンシングの仕組み

させるが，サイレンシングシグナルの細胞間移行を抑える働きはもたない．一方，キュウリモザイクウイルス（CMV）の2bタンパク質やPVXのP25タンパク質は，siRNAの蓄積を抑制することはないが，サイレンシングシグナルの細胞間移行を抑制するはたらきがある．このように，ウイルスによってRNAサイレンシングを阻害する標的が異なる．

このような現象を利用して，外被タンパク質遺伝子のみならずウイルスのゲノムの一部を植物に導入してmRNAを転写させ，ウイルスに対する耐性植物が作出されている．その際，ゲノムの一部を逆位反復配列（inverted repeat）として導入し，転写されるmRNAがはじめからヘアピン状の二本鎖構造になるようにデザインすることにより，効率的にRNAサイレンシングを誘導することができる．

サテライトRNAの利用：ウイルスがもっているサテライトRNAの中には，ウイルスの病原性を弱める機能を示すものが知られている．タバコ輪点ウイルス（*Tobacco ringspot virus*；TRSV）では，そのサテライトRNAからのcDNAを植

物に導入する方法で耐性植物がつくられている．

垂直抵抗性遺伝子の利用：タバコの TMV に対する垂直抵抗性遺伝子 *N* をタバコやトマトに発現させ，高度な耐性が認められた．

リボソーム不活化タンパク質遺伝子の利用：植物のもつ抗ウイルス活性をもったリボソーム不活化タンパク質（RIP）の1つ，ヨウシュヤマゴボウの PAP 遺伝子を発現させたところ，数種のウイルスに耐性を示した．

二本鎖 RNA 分解酵素遺伝子の利用：分裂酵母（*Schizosaccharomyces pombe*）由来の二本鎖 RNA 分解酵素遺伝子（*pac*I）を植物に発現させたところ，ウイロイドに対する耐性が顕著に認められた．

ⅱ）　細菌病耐性植物の作出

a）　**垂直耐性遺伝子の利用**：トマト斑葉細菌病菌（*Pseudomonas syringae* pv. *tomato* の非病原力遺伝子 *avr Pto* に対するトマトの垂直耐性遺伝子 *Pto* を導入し，タバコ野火病菌（*P. syringae* pv. *tabaci*）に対する耐性植物が作出された．イネ白葉枯病菌（*Xanthomonas oryzae* pv. *oryzae*）に対するイネの垂直耐性遺伝子 *Xa21* を感受性イネ品種に導入し，同菌の大半のレースに対する耐性イネが作出された．

b）　**水平耐性遺伝子の利用**

溶菌酵素遺伝子の利用：細菌を溶菌させる代表的酵素「リゾチーム」遺伝子を導入することにより，ジャガイモ黒あし病菌（*Erwinia carotovora* ssp. *atroseptica*）に耐性のジャガイモが作出されている．そのほかに，本酵素により菌類病にも耐性の植物が作出されている．

抗菌性ペプチド遺伝子の利用：植物がもともと有している抗菌性タンパク質（エンバクチオニン）遺伝子をイネに導入し多量に発現させることによって，種子伝染性のイネ苗立枯細菌やイネもみ枯細菌という複数のイネの重要病害を引き起こす細菌の標的器官である葉鞘への感染・増殖を抑える耐性のイネが作出された．

解毒酵素や毒素耐性標的酵素遺伝子の利用：タバコ野火病菌のように毒素を生産する植物病原細菌には，自分がつくる毒素に対しては耐性の機構が存在する．タバコ野火病菌のタブトキシン解毒酵素を導入して耐性植物が作出された．

また，インゲンマメかさ枯病の病原細菌として知られるインゲンマメかさ枯病菌（*P. syringae* pv. *phaseolicola*）の毒素ファゼオロトキシン（phaseolotoxin）は植物の標的酵素（ornithine carbamoyltransferase）を阻害することにより病気を引き起こすが，この菌のもつファゼオロトキシン耐性標的酵素遺伝子（*argK*）

をタバコに発現させ，耐性植物が作出された．

iii) 菌類病耐性植物の作出

a) PRタンパク質遺伝子の利用：ウイルス，糸状菌などの病原体が宿主植物に感染すると，細胞内に感染特異的タンパク質（pathogenesis-related protein, PRタンパク質）と総称される一群のタンパク質が合成される．それらPRタンパク質の中にはβ-1,3-グルカナーゼ（β-1,3 glucanase）やキチナーゼ（chitinase）のように糸状菌の細胞壁を分解する酵素が含まれている（「生化学的反応」(122頁) 参照）．これらの酵素により分解された糸状菌の細胞壁断片は，植物細胞にさらなる耐性反応を誘起する病害応答誘導物質（エリシター，elicitor）として働く．イネのキチナーゼ遺伝子のプロモーターを改変してイネに導入し，大量に発現させることにより，糸状菌であるイネいもち病菌に対して耐性のイネが作出された．

溶菌酵素遺伝子の利用：溶菌酵素を植物に発現させることにより，病原菌類の細胞壁のキチンやβ-1,3-グルカンをもつ多くの病原菌類に対して耐性を示すことが期待される．また，溶菌酵素による分解物がエリシターとして働きファイトアレキシンなどが誘導される．例えば，トマト輪紋病菌（*Alternaria solani*）耐性トマトではキチナーゼやβ-1,3-グルカナーゼなどのPRタンパク質発現量が多く，溶菌酵素遺伝子が関与しているものと推定される．

①キチナーゼ：インゲンマメ，トマト，イネ，オオムギなどのキチナーゼ遺伝子をタバコやナタネ，イチゴ，キュウリ，トマト，キク，イネ，ブドウ，コムギなどに発現させ，腰折病菌（*Rhizoctonia solani*），うどんこ病菌（*Erysiphe cichoracearum, Sphaerotheca humuli, Uncinula necator, Erysiphe graminis*），いもち病菌（*Magnaporthe grisea*），菌核病菌（*Sclerotinia sclerotiorum*），灰色かび病菌（*Botrytis cinerea*）に対する耐性植物が作出された．

②β-1,3-グルカナーゼ：本酵素は，細胞壁成分としてキチンをもたない疫病菌などの植物病原菌類に対しても有効であり，ダイズ，アルファルファ，イネ，タバコ，オオムギなどのグルカナーゼ遺伝子をタバコ，アルファルファなどに発現させ，疫病菌（*Phytophthora nicotianae, Peronospora nicotianae*），赤星病菌（*Alternaria longipes*），フィトフトラ根腐病菌（*Phytophthora megasperma* f. sp. *medicaginis*），灰色かび病菌に対する耐性植物が作出された．

さらにキチナーゼとβ-1,3-グルカナーゼの両遺伝子を同時に導入し発現させると，耐性がより高くなることが知られている．

③リゾチーム：リゾチームは細菌の細胞壁のペプチドグリカンのみならず糸状菌類のキチンを分解できることから，ヒトのキチナーゼ遺伝子をタバコやニンジンに発現させることで，野火病菌（*Pseudomonas syringae* pv. *tabaci*）やうどんこ病菌（*E. cichoracearum*）に対する耐性がより高くなった．

その他のPRタンパク質遺伝子の利用：このほか，PR1aタンパク質遺伝子を導入したタバコは疫病菌（*Phytophthora nicotianae*）に対する耐性が認められるなど，PRタンパク質遺伝子が利用されている．

b） **ファイトアレキシン合成酵素遺伝子の利用**：ブドウのスチルベンシンターゼ遺伝子をこの種のファイトアレキシンを産生しないタバコやイネに発現させることにより，灰色かび病菌（*B. cinera*）やイネいもち病菌（*M. grisea*）に対する耐性がより高くなった．

c） **シグナル伝達系遺伝子の利用**：ダイズのβ-1,3-グルカナーゼにより病原菌の細胞壁から分解されたβグルカンがエリシターとして作用するときのレセプタータンパク質の遺伝子をタバコに発現させることにより，タバコ疫病菌に対する耐性が向上した．また病原菌感染後に発現量が急速に促進されるダイズのカルモジュリンの1つ（ScaM-4）をタバコに発現させたところ，PR遺伝子群が恒常的に発現し，細菌・糸状菌・ウイルス病に対する耐性が向上した．

d） **リボソーム不活化タンパク質遺伝子の利用**：植物には分子量約30 kDaのリボソーム不活化タンパク質が存在し，真核細胞のリボソームの28S rRNAを分解しタンパク質合成を阻害する．菌類の生育を阻害し植物のリボソームには作用しないため，オオムギやトウモロコシの本タンパク質をジャガイモに発現させたところ，腰折病菌（*R. solani*）に対する抵抗性が向上した．また，オオムギのキチナーゼ遺伝子とともに発現させると，その溶菌作用によりリボソーム不活化タンパク質の菌体内への浸透性向上により耐性はさらに向上した．

e） **抗菌性ペプチド遺伝子の利用**：病原菌の接触により植物から分泌されるシステインに富む各種抗菌性ペプチドが知られている．その1つチオニン遺伝子を植物に発現させることにより*Fusarium oxysporum*に対する耐性が得られた．また，ハツカダイコンのディフェンシン遺伝子をタバコに発現させたところ，タバコ赤星病菌に対する耐性が向上した．

f） **非病原力遺伝子の利用**：トマト葉かび病菌（*Cladosporium fulvum*）の非病原力遺伝子*Avr9*に対する垂直抵抗性遺伝子*Cf9*をもつトマト品種は，過敏感反応などの特異的抵抗性反応を示す．*Cf9*をもつトマトに*Avr9*を導入すると，過

敏感反応が起こり，*Avr9* をもたない葉かび病菌のレースのほか，他の病原菌やトマト黄化えそウイルス（*Tomato spotted wilt virus*）に対しても耐性を示した．

　g）　その他の遺伝子の利用：*Bacillus amyloliquefaciens* の RNase（barnase）遺伝子とその阻害タンパク質遺伝子（barstar）を，病害誘導性プロモーターの下流につないでジャガイモ疫病菌（*Phytophthora infestans*）のレース 1 に感受性のジャガイモに発現させたところ，このレースの菌が感染したときに感染部位に細胞死が認められ耐性を示した．

　h）　将来の展望：植物病理学の分子生物学的理解が近年飛躍的に深まったことにより，病原体の感染成立や宿主特異性，病原性などを決定するメカニズムがより明らかになりつつある．それに伴い，前述したように従来行われてきた耕種的防除や物理化学的防除，生物的防除のように永い歴史の中で培われてきた病気の防除法に併行して，バイオテクノロジーを利用した新たな防除技術は，21 世紀の新たな防除法としての地位を確立するであろう．特に，病原体の感染に伴い共通して引き起こされる抵抗反応の遺伝子レベルでの強化や，ジーンサイレンシングのようなタンパク質等の物質の発現を伴わない抵抗性の誘導は，今後さらに研究が進み，有望な防除法として進化するものと思われる．また，その過程で，さらに病理学の理解が深まるであろう．

VII. 主要な植物病

1. ウイルス病

(1) イネのウイルス病

わが国に発生するウイルス病としてイネ萎縮病のほか数種のウイルス病がある（表VII.1）．イネのウイルス病の多くは，ウンカ，ヨコバイ類によって永続的に媒介される．

表VII.1 イネの主なウイルス病

病　名	ウイルス	伝染法
イネ萎縮病	Rice dwarf virus	ツマグロヨコバイ，イナズマヨコバイ，クロスジツマグロヨコバイ
イネ縞葉枯病	Rice stripe virus	ヒメトビウンカ，シロオビウンカ，サッポロトビウンカ
イネ黒すじ萎縮病	Rice black streaked dwarf virus	同上
イネえそモザイク病	Rice necrosis mosaic virus	土壌伝染（菌類）
イネわい化病	Rice tungro spherical virus	ツマグロヨコバイ，タイワンツマグロヨコバイ

i) **イネ萎縮病**　感染初期には新しい葉の葉脈に沿って乳白色の細かい斑点が線状に現れる．やがて節間がつまり，分げつが増して萎縮症状を示す（図

図VII.1　イネ萎縮病罹病株（新海原図）　　図VII.2　イネ縞葉枯病罹病株（新海原図）

Ⅶ.1).ヨコバイ類によって永続的に媒介され,ウイルスは保毒雌虫から子孫に経卵伝染する.ヨコバイは幼虫で越冬し,春先に羽化して第1回成虫となり,苗代に飛来してウイルスを媒介する.イネのほか,オオムギ,コムギ,ライムギ,ヒエ,スズメノテッポウなども感染する.防除法として媒介虫の駆除が必要であるが,第1世代虫の密度を下げるのが有効で,そのため集団防除を行う必要がある.

ⅱ) **イネ縞葉枯病**　ゆうれい(幽霊)病の別名のように,葉に黄白色の条斑を生じ,こより状によじれて枯れる病徴が特徴的である(図Ⅶ.2).関東以西および北海道に発生が多い.ヒメトビウンカによって永続的に媒介され,経卵伝染する.イネのほか,オオムギ,コムギ,トウモロコシ,メヒシバ,スズメノテッポウ,スズメノカタビラなどに感染する.

ⅲ) **イネ黒すじ萎縮病**　葉の裏面,葉鞘の表面,稈の脈上に白ないし黒色水腫状のすじ状隆起を生ずることから名づけられた病名である.草丈は萎縮し,稔実不良となる.トウモロコシ,オオムギおよびコムギも感染する.ヒメトビウンカによって永続的に媒介されるが経卵伝染はしない.

(2) **ムギ類のウイルス病**

菌類(*Polymyxa graminis*)を媒介者として土壌伝染する3種のウイルス病,ヒメトビウンカによって媒介されるムギ類北地モザイク病などがある(表Ⅶ.2).このほか,コムギ黄葉ウイルス(*Wheat yellow leaf virus*)およびイネ黒すじ萎縮ウイルスなどによる病害の発生がある.コムギ縞萎縮ウイルスはコムギのみに,オオムギ縞萎縮ウイルスはオオムギのみに発生し,葉に退緑斑点あるいは条斑を現し,分げつ不良で萎縮する.ムギ類萎縮ウイルスはコムギ,オオムギのほか,ライムギ,スズメノカタビラなどに感染する.ムギ類北地モザイク病は北海道および東北地方に発生する.オオムギ斑葉モザイク病はかつて北海道のビールムギで発生し,不稔を起こし被害が大きかった.種子伝染率は20〜90%と高く,接触伝染も起こる.これらのムギのウイルス病に対する抵抗性品種が知られている.

表Ⅶ.2　ムギ類の主なウイルス病

病名	ウイルス	伝染法
コムギ縞萎縮病	*Wheat yellow mosaic virus*	土壌伝染(菌類)
オオムギ縞萎縮病	*Barley yellow mosaic virus*	同上
ムギ類萎縮病	*Soil-borne wheat mosaic virus*	同上
ムギ類北地モザイク病	*Northern cereal mosaic virus*	ヒメトビウンカ
オオムギ斑葉モザイク病	*Barley stripe mosaic virus*	種子伝染,花粉伝染

1. ウイルス病

表Ⅶ.3 マメ類の主なウイルス病

病 名	ウイルス	伝 染 法	主な発生植物
ダイズモザイク病	Soybean mosaic virus	アブラムシ，種子	ダイズ
ダイズ萎縮病	Cucumber mosaic virus	アブラムシ，種子	ダイズ
ダイズわい化病	Soybean dwarf virus	ジャガイモヒゲナガアブラムシ	ダイズ，シロクローバ，アカクローバ
インゲンマメモザイク病	Bean yellow mosaic virus	アブラムシ	インゲンマメ，ソラマメ，エンドウ，アカクローバ
ササゲモザイク病	Bean common mosaic virus	アブラムシ，種子	ササゲ，アズキ
アルファルファモザイク病	Alfalfa mosaic virus	アブラムシ（種子）*	アルファルファ，ダイズ，シロクローバ
エンドウモザイク病	Broad bean wilt virus	アブラムシ	エンドウ，ソラマメ
ソラマメえそモザイク病	Broad bean necrosis virus	土壌（菌類）	ソラマメ，エンドウ

* ウイルスの系統または宿主植物によって認められる．

(3) マメ類のウイルス病

ダイズモザイク病など8種のウイルス病（表Ⅶ.3）のほか，ダイズ退緑斑紋ウイルス（*Soybean chlorotic mottle virus*），ラッカセイ斑紋ウイルス（*Peanut mottle virus*），ラッカセイわい化ウイルス（*Peanut stunt virus*）など各種のウイルスによる病害が知られている．エンドウからはカボチャモザイクウイルス（*Watermelon mosaic virus*）やレタスモザイクウイルス（*Lettuce mosaic virus*）が分離される例もある．マメ類に発生するウイルス病はアブラムシ媒介性のものが多いが，種子伝染するウイルスが多いことも他作物と異なる特色である．

ⅰ）**ダイズ** ダイズモザイクウイルスではモザイク（葉脈緑帯），葉裏面への葉巻，ちりめん状の縮葉などの病徴を示す．感染植物の種子には特徴的な褐色斑紋が生ずる．ダイズ萎縮病では萎縮と分枝が激しく，葉面がちりめん状になる．種子にはすじ条の褐斑が現れる．アルファルファモザイクウイルスは鮮明な黄色斑紋を示し，ダイズではほとんど種子伝染しない．ダイズわい化ウイルスには黄化型とわい化型の2系統が知られ，種子伝染は認められない．北海道のダイズに発生が多く，シロクローバやアカクローバの感染株が伝染源となる．

ⅱ）**エンドウ，ソラマメ** レンゲ萎縮ウイルス（*Milk vetch dwarf virus*；MDV），ソラマメウイルトウイルス（*Broad bean wilt virus*），ソラマメえそモザイクウイルス（*Broad bean necrosis virus*；BBNV），インゲンマメ黄斑モザイクウイルス（*Bean yellow mosaic virus*），カボチャモザイクウイルス，キュウリモザイクウイルス（*Cucumber mosaic virus*）のマメ科系など多くのウイルスの発生がある．MDVは萎黄型，その他ウイルスはモザイク型の病徴を示す．MDVはマメ

表Ⅶ.4 ジャガイモの主なウイルス病

病 名	ウイルス	伝染法	ほかの主な発生植物
ジャガイモモザイク病	*Potato virus X*	接触伝染	タバコ, トマト
	Potato virus Y	アブラムシ	タバコ, トマト, ピーマン
	Potato virus S	アブラムシ	
ジャガイモ葉巻病	*Potato leafroll virus*	アブラムシ(永続型)	

アブラムシによって永続的に媒介され，BBNV は土壌伝染する点に特色がある．

(4) ジャガイモのウイルス病

各種のウイルス病（表Ⅶ.4）が知られているが，ジャガイモ X ウイルス（*Potato virus X*；PVX），ジャガイモ Y ウイルス（*Potato virus Y*；PVY），ジャガイモ葉巻ウイルス（*Potato leafroll virus*；PLRV）などの発生が多い．ジャガイモの品種によって病徴に差があり，無病徴で潜在する場合もある．ウイルスは感染母株からいもに伝染するので，ウイルスフリーの原原種から増殖した種いもが栽培される．

ⅰ) **ジャガイモモザイク病** ジャガイモにモザイク病を起こすウイルスは，日本では6種が知られる．PVX は物理的に安定であり，接触伝染する．品種農林1号では葉脈間にえそ斑を現し，株全体を萎縮させる．品種男爵では病徴はほとんど現れず，かつては 100％のいもが保毒していたが PVY との混合感染によって，れん葉症状や縮葉症状を示す．PVY はモモアカアブラムシやワタアブラムシによって非永続的に媒介される．ジャガイモの品種とウイルスの系統によってえそ症状，モザイクなどを示すもの，無病徴に近いものなどがある．PVX との混合感染によって 30～50％の減収となる．

ⅱ) **ジャガイモ葉巻病** 病原の PLRV はジャガイモの篩部細胞で増殖し，篩部え死を生ずる．その結果，葉にでんぷんが集積し，葉縁が上向きに巻くようになるのでこの名がある．葉の裏面は紫色を帯びた銀色となり，葉組織はもろくなる．感染初年度の被害は大きくないが，罹病いもの次年度作では 50～80％の減収となる．ジャガイモヒゲナガアブラムシやモモアカアブラムシによって永続的（循環型）に媒介される．有機リン剤などの浸透性殺虫剤の土壌施用による媒介アブラムシの駆除が本病の防除に効果がある．

(5) 野菜のウイルス病

各種の野菜にウイルス病の発生と被害があり，栽培面積の多いキュウリ，スイカ，ダイコン，トマトなどで特に被害が大きい．同一の科に属する野菜では発生

表Ⅶ.5 野菜に発生する主なウイルス

宿主植物	ウイルス
トマト，ピーマン	TMV, CMV, PVX, TSWV, PVY, TYLCV
キュウリ，スイカ	KGMMV, CGMMV, WMV, CMV, WSMoV
ダイコン，カブ，コマツナ	TuMV, CMV, RaMV, BBWV

注） TMV：タバコモザイクウイルス(*Tobacco mosaic virus*)，CMV：キュウリモザイクウイルス(*Cucumber mosaic virus*)，PVX：ジャガイモ X ウイルス(*Potato virus X*)，TSWV：トマト黄化えそウイルス(*Tomato spotted wilt virus*)，PVY：ジャガイモ Y ウイルス(*Potato virus Y*)，TYLCV：トマト黄化葉巻ウイルス(*Tomato yellow leaf curl virus*)，KGMMV：キュウリ緑斑モザイクウイルス(*Kyuri green mottle mosaic virus*)，CGMMV：スイカ緑斑モザイクウイルス(*Cucumber green mottle mosaic virus*)，WMV：カボチャモザイクウイルス(*Watermelon mosaic virus*)，WSMoV：スイカ灰白色斑紋ウイルス(*Watermelon silver mottle virus*)，TuMV：カブモザイクウイルス(*Turnip mosaic virus*)，RaMV：ダイコンひだ葉モザイクウイルス(*Radish mosaic virus*)，BBWV：ソラマメウイルトウイルス(*Broad bean wilt virus*)

するウイルスに共通性が認められる傾向がある．イチゴではイチゴ特有のウイルスが多い．

ⅰ) **トマト** 施設栽培では種子伝染ならびに土壌伝染する ToMV，露地栽培ではアブラムシにより媒介される CMV の発生が多い．罹病トマトは，黄色または緑色の濃淡斑を示すモザイク，葉の奇形，株の萎縮などの症状を現し，着果数や果実の大きさも減少する．葉，茎，果実に斑点状あるいは条状にえそ症状が生ずることもあり，ときには枯死に至る．ToMV に対しては抵抗性品種が利用される．激しいえそ症状と萎ちょうを示すトマト黄化えそ病は，トマト黄化えそウイルス（*Tomato spotted wilt virus*）を病原とし，ネギアザミウマ（*Thrips tabaci*）などのアザミウマによって媒介される．近年，施設栽培トマトにおいてシルバーリーフコナジラミ（*Bemisia argentinifolia*）で媒介される *Geminivirus* 属のトマト黄化葉巻ウイルス（*Tomato yellow leaf curl virus*）による被害が増大している．

ⅱ) **キュウリ，スイカ，カボチャ** わが国ではスイカにスイカ緑斑モザイクウイルス（CGMMV）が 1968 年頃大発生し大きな被害を与えた．感染したスイカの果肉は変質し，コンニャク病の俗称のように歯切れの悪さと苦味を伴う食味を呈し食用に耐えなくなる．キュウリ緑斑モザイクウイルス（KGMMV）に感染したキュウリは，葉にモザイク，果実に凹凸の激しい濃淡斑と奇形を示し商品価値を失う．これらは種子伝染，接触伝染および土壌伝染によって伝染する．

Potyvirus 属の WMV，ズッキーニ黄斑モザイクウイルス（*Zucchini yellow mosaic virus*）はキュウリやカボチャに多く発生し，同じくパパイア輪点ウイルス

(*Papaya ringspot virus*)はスイカ，カボチャで発生する．ウリ科植物ではCMVの発生も多い．沖縄ではWSMoVによる被害が発生している．これらのウイルス病に対しては，媒介虫の飛来防止が防除手段となる．

　iii)　**ダイコン，カブ，ハクサイ**　TuMVやCMVの発生が多い．TuMVはアブラナ科植物のほか，シュンギクやホウレンソウなども侵す．CMVが単独で感染することはまれで，TuMVとの混合感染の例が多い．RaMVはキスジノミハムシによって媒介される．

(6)　花類のウイルス病

チューリップ，ユリ，スイセンなど球根で繁殖する植物，カーネーション，キクなどのように挿し芽で繁殖するものなど，栄養繁殖する花類にはウイルス病の種類が多く，潜在感染もあって，ウイルスの越冬宿主あるいは保存宿主となっている例も少なくない（表Ⅶ.6）．種子繁殖する花類では野菜類やその他の作物と共通するウイルスの発生が多い．

　i)　**チューリップ**　チューリップでは，TBVによる花弁の斑入り症状が有名である．TNVはえそ病と名づけられた激しいえそ症状を生ずる病害で，媒介菌によって土壌伝染する．

　ii)　**カーネーション**　栄養繁殖性であるので，2種以上のウイルスが重複感染していることが多い．組織培養によってウイルスフリー株が作出される．

表Ⅶ.6　花類に発生する主なウイルス

宿主植物	ウイルス
チューリップ	CMV, TNV, TRV, TBV
カーネーション	CarMV, CVMV, CLV, CNFV
ラン	CymMV, ORSV, OFV
スイセン	NMV, NYSV, ArMV, CMV, TRV

注)　CMV：キュウリモザイクウイルス(*Cucumber mosaic virus*)，TNV：タバコネクロシスウイルス(*Tobacco necrosis virus*)，TRV：タバコ茎えそウイルス(*Tobacco rattle virus*)，TBV：チューリップモザイクウイルス(*Tulip breaking virus*)，CarMV：カーネーション斑紋ウイルス(*Carnation mottle virus*)，CVMV：カーネーションベインモットルウイルス(*Carnation vein mottle virus*)，CLV：カーネーション潜在ウイルス(*Carnation latent virus*)，CNFV：カーネーションえそ斑ウイルス(*Carnation necrotic fleck virus*)，CymMV：シンビジウムモザイクウイルス(*Cymbidium mosaic virus*)，ORSV：オドントグロッサムリングスポットウイルス(*Odontoglossum ringspot virus*)，OFV：ランえそ斑紋ウイルス(*Orchid fleck virus*)*，NMV：スイセンモザイクウイルス(*Narcissus mosaic virus*)，NYSV：スイセン黄色条斑ウイルス(*Narcissus yellow stripe virus*)，ArMV：アラビスモザイクウイルス(*Arabis mosaic virus*)

＊　第7次ICTVの暫定種である．

iii) **ラン類** CymMV はシンビジウムの葉にモザイクおよびえ死斑を示す. ORSV はカトレアの花弁に明瞭な斑入りを示す特徴がある. これらのウイルスはいずれも接触によって伝染する. ラン類は栄養繁殖で増やすことが多く, 一般に高価であるので, ウイルスに感染すると経済的被害が大きい.

iv) **スイセン** 葉に明瞭な黄色条斑を生ずる NYSV のほか, 多くのウイルスの発生が知られている.

(7) **タバコのウイルス病**

わが国のタバコに発生する主なウイルスを表VII.7に示す. TMV のほか, CMV および PVY の発生が多い. TMV はどの製品たばこにも含まれ, 感染源となる. 苗床における感染や畑の土壌中に残された前年の罹病タバコ残渣などから一次感染し, 農作業や葉の触れ合いなどによって二次感染が起こる. *Nicotiana glutinosa* 由来の N 遺伝子を導入した抵抗性品種が利用されている.

CMV や PVY によるモザイク病の発生が多いが, いずれもポリエチレンフィルムによる畦面被覆栽培などによる媒介アブラムシの飛来防止の効果が大きい. PVY は軽いモザイクを示す普通系以外に, 近年黄斑と葉脈のえ死を伴うえそ系の発生による被害が増大している.

(8) **果樹のウイルス病**

果樹は多年生作物である上に, 接ぎ木による繁殖が行われることから, ウイルスに感染する機会も多く, また一度感染すると長年にわたって慢性的に被害を受けることになる. 表VII.8に示した主要ウイルスのほかに, モモ, スモモ, アンズなどにはプルヌスネクロティックリングスポットウイルス (*Prunus necrotic ringspot virus*) の潜在感染が知られる. 各ウイルスに対して果樹品種か台木のいずれかが罹病性であると発病する. 熱処理と茎頂接ぎ木または茎頂培養とを組み

表VII.7 タバコの主なウイルス病

病 名	ウイルス	伝 染 法
タバコモザイク病	*Tobacco mosaic virus* (TMV)	接触伝染
	Cucumber mosaic virus (CMV)	アブラムシ
	Potato virus Y 普通系 (PVY-O)	アブラムシ
タバコ黄斑えそ病	*Potato virus Y* えそ系 (PVY-N)	アブラムシ
タバコ茎えそ病	*Tobacco rattle virus* (TRV)	土壌伝染 (線虫)
タバコ巻葉病	*Tobacco leaf curl virus* (TLCV)	タバコナジラミ
タバコわい化病	Tobacco stunt virus (TStuV)*	土壌伝染 (菌類)

* 第7次 ICTV の暫定種である.

表Ⅶ.8 果樹の主なウイルス病

病　名	ウイルス	伝　染　法
温州萎縮病	Satsuma dwarf virus*	接ぎ木，（土壌）
カンキツステムピッティング病	Citrus tristeza virus	接ぎ木，ミカンクロアブラムシ
カンキツ接木部異常病	Apple stem grooving virus	接ぎ木
リンゴ高接病	Apple chlorotic leaf spot virus	接ぎ木
	Apple stem grooving virus	接ぎ木
	Apple stem pitting virus	接ぎ木
ブドウファンリーフ病	Grapevine fanleaf virus	接ぎ木，土壌（線虫）

* 第7次ICTVの暫定種である．

合わせて作出したウイルスフリーの果樹苗木が供給されている．

　i）**カンキツ**　温州萎縮病は温州ミカンの萎縮症状のほか，船型あるいはさじ型の葉の奇形を生ずる．温州ミカン以外の品種では潜在感染するものが多い．接ぎ木で確実にうつるほか，土壌伝染すると推定されている．カンキツトリステザウイルスは1930年頃から南米で大きな被害を与えたウイルスである．トリステザとはスペイン語で悲哀を意味し，本病発生による被害の悲惨さがうかがえる．病原ウイルスには各種の系統が知られ，主幹の木質部に条溝（stem pitting）を生じ，樹勢が劣り，葉や果実も小型になるなどの症状を示す．カラタチを台木にした温州ミカンでは感染していても発病しないが，ハッサク，ユズ，イヨカンなどでは被害がある．

　ii）**リンゴ**　リンゴの高接病は，リンゴ台木として用いられるマルバカイドウおよびミツバカイドウが高接ぎした穂木に潜在したウイルスに感染することによって起こされる．かつてわが国に輸入されたデリシャス系品種の穂木に潜在して侵入したものである．台木の障害によって樹全体が衰弱する．病原ウイルスには3種が知られており，台木の種類との組合せで発病の有無が決まる．

　iii）**ブドウ**　ブドウファンリーフウイルスは品種によって葉の扇状化，モットルなどを生じ，樹勢の衰弱をもたらす．世界的に広く分布し被害も大きいが，日本では問題となっていない．このほか，えそ果病，味無果病など数種のウイルス病が知られるが，重複感染も多く，ウイルスと病徴の関連性を特定するには困難も多い．

2. ウイロイド

(1) カンキツエクソコーティス病

日本では主に外国から試験的に導入された品種に発生し被害は大きくない．病原はカンキツエクソコーティスウイロイド（*Citrus exocortis viroid*；CEVd）で，カンキツ類は感染してもほとんど病徴を現さずに潜在するが，台木に用いられる植物のうちカラタチ，シトレンジなどがCEVdに罹病性のため，保毒した穂木が接ぎ木されると，数年後に台木部に病徴が現れる．罹病樹は衰弱してわい化し，台木の樹皮に亀裂を生じ，それが鱗皮状となり剥がれる．弱毒系統のCEVdでは台木部樹皮の亀裂まで至らない．CEVdフリーの苗木を栽培することが重要であるが，剪定などにより機械的に伝染するので，器具を消毒することも必要である．CEVdの検定には，エトログシトロンへの接ぎ木，ビロードサンシチやトマトへの汁液接種が有効である．

(2) リンゴさび果病

リンゴさび果ウイロイド（*Apple scar skin viroid*）によって起こり，リンゴの果実にのみ病徴を現し，樹勢への影響は認められない．果実表面にかたいさび状の斑紋が生じ，果実の肥大に伴って奇形・裂果を引き起こすさび果症状（図Ⅶ.3a）と，着色不良の斑紋がまだらに現れる斑入り果症状（図Ⅶ.3b）とがある．これらの症状はリンゴの品種によっていずれか一方しか現さないもの（さび果：国光，印度など/斑入り果：ふじ，つがるなど）と，両方現すもの（スターキングデリシャス）がある．ゴールデンデリシャスは潜在感染する．接ぎ木でのみ伝染し，剪定では広がらないとされている．

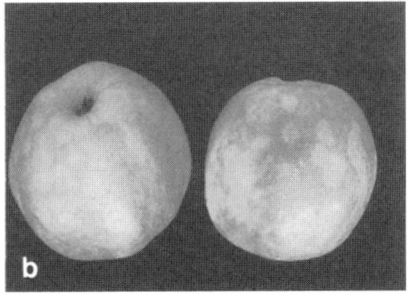

図Ⅶ.3 リンゴさび果病の2種の病徴．裂果に進んださび果（a：品種：国光）と斑入り果（b：品種：紅玉）（山口　昭原図）

(3) ホップわい化病

日本のホップ栽培で1952年頃から発生が認められ，接ぎ木と汁液で伝染することからウイルス病と考えられていたが，その後ホップわい化ウイロイド（*Hop stunt viroid*；HSVd）によることが判明した．罹病株は全身的に発育不良となり，節間がつまってわい化し，上部ほど側枝の伸長が不良となる．毬花は小さく，数が減少する上，ビールの苦味成分含量が低下するため被害が大きい．病徴は生育期が低温のときは不明瞭となり，高温の年ほど顕著に現れる．圃場では作業時に用いられる刃物や手に付着した汁液で伝染し，つるや根どうしの接触でも伝染する．実験的にはカナムグラのほか，キュウリ，メロンなどウリ科植物に感染するが，自然発生はホップのほか，スモモなどが知られる．HSVdは外国のホップでは発生が見られないが，HSVdと塩基配列がわずかに異なる変異株が世界各地のブドウやカンキツに潜在的に感染していることが知られてきている．

3. ファイトプラズマ病

ファイトプラズマの発見以来，世界中で200種以上のファイトプラズマ病が報告されている．その中には宿主範囲の広いものも多いことからファイトプラズマ病に罹病する植物の種類はさらに多い．日本では10種あまりのファイトプラズマ病が知られており，自然発生が認められる植物は数十種にのぼる．

(1) イネ黄萎病

1915年に高知県で発生が認められて以降，イネの早期栽培化に伴って発生地域が東に拡大した．ツマグロヨコバイで永続的に伝搬するが，暖地ではタイワンツマグロヨコバイ，クロスジツマグロヨコバイが媒介する．東南アジアでも発生する．

罹病株は，退色した新葉が出，徐々に全身が淡緑色となり，分げつが増加する．出穂期には，穂は出すくむなど形成不全を起こし不稔となる．発病後期には，下葉は黄～橙色を呈し，高節位の分げつも増加する．感染時期が早い場合は，潜伏期間が長いため，日本で明瞭な病徴が認められるのは一般に生育後期であり，また，出穂期頃にはっきりしない場合も，刈取り後に黄緑～黄色の萎縮叢生した再生芽が現れるので発見が容易となる．媒介虫は1時間の獲得吸汁で高率に保毒し，約1カ月の虫体内潜伏後媒介を始め，終生媒介能力をもつ．接種吸汁は1時間で高率に伝搬されるが，1分間でも媒介が可能である．イネは感染後病徴発現まで

約1～3カ月かかり,高温ほど短い.一次伝染は,幼虫態で越冬した保毒ヨコバイが羽化し,第一世代の成虫としてイネに飛来して起こる.このときの保毒率は,前年の再生稲の発病率に大きく左右される.

(2) ミツバてんぐ巣病

1968年にファイトプラズマ病として記載されたが,その後,他の多くの植物にも感染することがわかり,発生地域も日本各地に広がっている.ミツバでは茎葉の退緑,全身の萎縮,細い茎葉の叢生,下葉の黄～白色化などの病徴が見られ,軟化栽培では刈取りごとに萎縮叢生が激しくなる.自然発生が見られるものはレタス,シュンギク,セルリー,ニンジン,ホウレンソウ,タマネギ,アスター,ニチニチソウなど野菜を中心に広範囲にわたる.ヒメフタテンヨコバイによって媒介され,虫体内潜伏期間は約3週間,ミツバでの潜伏期間は3週間以上で低温になるにつれて遅延し,20℃以下ではマスキングする.このため軟化栽培では病徴の潜伏した株を掘り上げて栽培するおそれがある.宿主範囲が広いため,病原が雑草を含む各種の植物に次々に伝染して伝染環を維持しているものと考えられる.本病は,宿主範囲が類似すること,それぞれの媒介ヨコバイが互いに媒介できることとゲノムの近似性から,北アメリカのアスターイエローズ(aster yellows)病に近縁の病気とされる.

(3) リンドウてんぐ巣病

キマダラヒロヨコバイによって媒介されるファイトプラズマ病は,ミツバてんぐ巣病と同様に,多くの植物に感染する.リンドウてんぐ巣病は切り花用に栽培されるリンドウで発生し,北陸地方の場合,アスター,コスモス,フキ,セルリー,ニンジン,ダイコン,アカクローバなど多種の植物に発生がみられる.他の地方でも香料ゼラニウムてんぐ巣病やツワブキてんぐ巣病など類似病害が発生している.古くは北海道にジャガイモ紫染萎黄病があり,罹病したジャガイモは新葉が退緑して小型になり,葉裏が赤紫色を帯びるほか空中塊茎を生じる.本病もキマダラヒロヨコバイによって媒介され,トマト,ニンジン,アスター,シロクローバ,ナンテンハギなどにも発生した記録がある.その他,ジャガイモてんぐ巣病などいくつかの病気を含め,キマダラヒロヨコバイによって媒介されるファイトプラズマ病は相互に近縁の病気と推定されるが,全貌はまだ十分には解明されていない.

(4) クワ萎縮病

江戸期にすでに発生が知られていたが,夏秋蚕飼育が盛んになった明治中頃か

ら全国的に被害が大きくなった．原因究明のため1897年から国家的な調査研究が組織され，過度の伐採・摘葉による生理的障害と結論された．その後，ヒシモンヨコバイの媒介と接ぎ木によって伝染することが証明され，ウイルス性病害として扱われていた．病徴は，葉が小型化し葉の切れ込みが浅くなるが，葉が著しく外側に巻き込む縮葉性の型と，あまり縮葉しない小葉性の型とがある．病気の進行とともに枝条の生育が不良となり，節間が短縮し，葉序が乱れ，特に伐採後は側枝が多数伸びててんぐ巣状となる．ヒシモンヨコバイとヒシモンモドキの2種で媒介され，実生苗の検定では，獲得吸汁，接種吸汁はともに最短1日以内，虫体内および植物体内潜伏期間はともに2週間以上である．日本では減少したが，東アジアで発生が多い．

(5) キリてんぐ巣病

日本では明治期に九州で発生が知られており，その後発生地域が東北の一部にまで拡大し，現在でも各地で激しい被害を与えているほか，朝鮮半島と中国でも発生する．成木では最初一部の枝に病徴が現れる．新梢の葉が退緑し，腋芽が多数伸長して小型の枝条が叢生する（図Ⅶ.4）．てんぐ巣枝は冬期の低温で枯れ，根で越冬した病原が春の生育期に上部へ移行・増殖して新たなてんぐ巣枝を形成する．病株からの分根による繁殖で伝染するほか，クサギカメムシ（図Ⅶ.5）で媒介され，実験的にはニチニチソウにも感染する．

図Ⅶ.4　キリてんぐ巣病の病徴（奥田原図）

図Ⅶ.5　キリの葉を吸汁するクサギカメムシの3齢幼虫（奥田原図）

4. 細 菌 病

(1) イネ白葉枯病

病原細菌: *Xanthomonas oryzae* pv. *oryzae*

細菌は非水溶性の黄色色素を含み，黄色バター状の集落を形成する．鞭毛は単極性である．

分 布：わが国では，19世紀の終わり頃から九州などの西南暖地で本病の発生が知られており，1922年に病原細菌が分離，命名された．発生面積はしだいに広がり，1960年代にはわが国の栽培面積の約1割に達したこともある．1960年代の前半に，当時，ミラクルライスとして国際イネ研究所（International Rice Research Institute；IRRI）で育成され，普及に移された品種 IR8 が各国で大被害を受け，この病害がアジアの稲作地帯に広く分布している重要病害であることが明らかになった．

わが国のイネ白葉枯病菌は，わが国に分布するファージに対する感受性によって5種類（A, B, C, D, E）のグループに分けられるが，東南アジアには寄生性の全く異なる多種類のファージが分布しており，また病原細菌のファージ感受性もわが国のものとは全く異なるものが多い．白葉枯病菌にはイネ品種に対する病原性の異なる7つのレースが存在し（表Ⅶ.9），わが国のレースと東南アジアのそれとの間には大きな違いがある．わが国に分布する主なレースはⅠとⅡであるが，東南アジアにはⅣとⅤが多い．したがって，わが国で通用する抵抗性品種が必ずしもこれらの国々で通用するとはいえない．農業生物資源研究所において白葉枯病菌 MAFF311018（レースⅠ）の全塩基配列が決定されている（図Ⅲ.17）．

表Ⅶ.9 イネ白葉枯病菌レースに対するイネ品種の反応(Noda and Ohuchi, 1989)[28]

品種群	病原細菌レース								
	ⅠA	ⅠB	Ⅱ	ⅢA	Ⅲ	Ⅳ	Ⅴ	Ⅵ	Ⅶ
金南風	S	S	S	S	S	S	S	S	S or R
黄玉	R	R	S	S	S	S	R	R	S or R
Rantai Emas	R	R	R	S	S	R	R	S	R
早生愛国	R	R	R	R	R	S	S	R	S
Java	R	R	R	R	R	R	S	−	S
Elwee	S	−	R	R	−	S	R	−	−
Heen Dickwee	S	−	R	R	−	S	S	−	−
IR8	S	R	R	R	S	S	R	−	R

S：罹病性，R：抵抗性

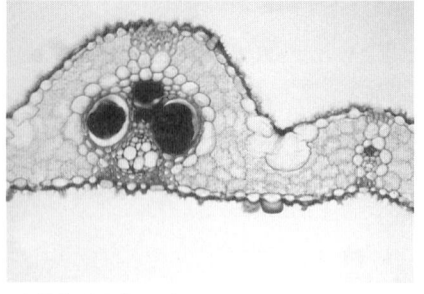

図Ⅶ.6 イネ白葉枯病の病徴(加来久敏原図)
(左)白葉枯病の激発圃場, (右)導管内で増殖した細菌

病　徴：細菌は主に葉縁に分布する水孔 (hydathode) あるいは葉脈上の傷口から導管に入り，増殖する．感染葉の葉縁は最初帯黄緑色，湿潤状となり，その後，葉脈に沿って拡大，葉縁が波状に黄化，局部的に萎ちょうし，葉枯れ (leaf blight) の症状（図Ⅶ.6左）を呈する．導管内で増殖した細菌（図Ⅶ.6右）は排水腺上の水孔から外に溢出し，黄色の菌泥 (ooze) として観察される．細菌がイネ幼苗の根の傷口から侵入すると，根の導管内で増殖して地上部に達し，急性萎ちょう症状となる．この症状は東南アジアのイネで本田移植後20日前後に突然現れ，株は枯死して被害は大きく，特にクレセック症状と呼ぶ．

生　態：自然界には白葉枯病菌に寄生性をもつ各種のファージが分布しており，(図Ⅳ.8)，その宿主特異性を利用して病原細菌の生態が明らかにされている．細菌は畦畔雑草であるサヤヌカグサやエゾノサヤヌカグサに感染して発病させ，冬の間はこのサヤヌカグサなどの地下部で生存を続け第一次伝染源となる．

防　除：抵抗性品種の育成とその栽培が最も重要である．各国ごとに分布している病原細菌のレースを調査し，そのレースに対応した抵抗性品種を育成しなければならない．また，同一品種でも葉枯症に対する抵抗性とクレセック症状に対する抵抗性とは著しく異なることがあり，注意が必要である．

　苗代を水田に設けているところ，特に熱帯地帯では，苗代感染が発病を促進するので，苗が冠水することのないよう水管理に注意する．近年，わが国で白葉枯病が減少した原因の1つは箱育苗の普及によって苗代感染がなくなったことである．細菌はサヤヌカグサとエゾノサヤヌカグサで越冬するので，防除のためには，これらの畦畔雑草を除くことが重要である．窒素肥料の過多は発病を助長する．農薬（テクロフタラム，プロベナゾール剤など）の散布や水面施用も行われている．

(2) イネもみ枯細菌病

病原細菌：*Burkhorderia glumae*（*Pseudomonas glumae*）

普通寒天培地に白色ないし褐色の集落を形成し，その形状にはしばしば変異がみられる．高温（35～42℃）で培養すると黄緑色で水溶性の蛍光性色素を産生する．その色素の主体は毒素の1つトキソフラビン（toxoflavin）で，この色素の生産性と病原性との間には密接な関連性が認められる．継代培養中に自然発生的に得られる病原性が低下した変異株では，毒素産生能が欠失している．イネもみ枯細菌病の優れた選択培地（表Ⅳ.7）が考案されている．また，Ca^{2+}を含む培地で生育した集落中にシュウ酸カルシウムの結晶をつくる特徴があり，苗腐敗症原因菌の診断に利用されている．

病 徴：この菌は箱育苗で苗腐敗の原因となる一方で，出穂期の籾にもみ枯れの症状を起こす（図Ⅶ.7）．苗腐敗症は催芽期～緑化期にみられ，催芽期に罹病した幼苗の幼芽は飴色に変色し，腐敗する．緑化期苗の葉鞘は褐変腐敗し，発病苗を手で引くと茎部あるいは腐敗部から容易に抜ける特徴があり，発病苗は悪臭を放つ．本田では出穂後開花期以降の穂で発生し，病変は迅速に籾上方部に拡大し，やがて籾全体が緑色を失い枯死して灰白色を示す．重症被害株では多くの籾が粃(しいな)となり，登熟が進んでも傾穂しない（図Ⅶ.7）．発病籾の玄米は淡褐～濃褐色となり，中央に褐色帯状斑を形成する．

生 態：病原細菌は種子の内外穎の組織内で越冬し，箱育苗の高温多湿条件で

図Ⅶ.7 イネもみ枯細菌病菌による苗腐敗症と感染もみ（對馬誠也原図）
(左)発病育苗苗，(右)発病穂（発病穂は傾穂しない）

発芽時の種子に侵入し，苗を腐敗させる．本田でイネの生育期間中は株元で高い密度で生存し，降雨などの機会に表面を伝って上部へ移行し，穂孕期に幼穂の表面で増殖し，出穂期に内外穎の気孔から侵入して籾に発病させる．

防　除：苗腐敗を防ぐためには無病種子を使用し，次亜塩素酸ソーダやオキソリニック酸，イプコナゾール剤，銅水和剤などで消毒する．育苗土にカスガマイシン剤を加用すると苗腐敗に対する高い防除効果が認められる．イネ由来の非病原性細菌（Burkhorderia sp.）による防除効果も確認され，CAB-02 水和剤として農薬登録された．本剤はイネ苗立枯細菌病（B. plantarii）の防除にも適用できる．本剤処理によって種子およびその周辺土壌における病原細菌の増殖が抑制されることが発病抑制の一因と考えられている．もみ枯症状を防ぐためにはピロキロン，フエムゾンフライド，オキソリニック酸剤などの散布が有効である．CAB-02 水和剤にも防除効果が認められている．

(3) ナス科作物の青枯病

病原細菌：Ralstonia solanacearum（Pseudomonas solanacearum）

培地上に白～灰白色の流動性の集落を形成する．本菌は継代培養中に変異し，非流動性の小形集落が出現する（図Ⅲ.21）．これらの大部分の集落は病原性が低下したものである．単極性1～4本の鞭毛をもつ．発病因子（virulence factor）として菌体外多糖質（EPS），ポリガラクツロナーゼ（PG），エンドグルカナーゼ（EGL）が知られている．フランスで青枯病菌 GMI1000 のゲノムの全塩基配列が決定され，2002年に Nature 誌で発表された．

分　布：熱帯，亜熱帯，温帯地域に広く分布し，トマト，ナス，ジャガイモ，タバコ，ピーマンなどナス科植物を含む50科以上数百種の植物を侵す．バナナに寄生する系統やショウガに寄生する系統なども知られている．宿主に対する寄生性の違い（分離宿主）によって5つのレースに，また二糖類および糖アルコールの利用の違いによって5つの生理型（biovar）に分けられる．ナス科植物に対する病原性に基づき5つの菌群に分けられることから，ナス圃場に存在する菌群に応じた台木品種の選択が可能である．

病　徴：病原細菌は主に根の傷口から侵入し，導管内で増殖し，植物全体を急激に萎ちょうさせる（図Ⅶ.8左）．罹病した植物の茎を切断すると維管束部から灰白色の菌泥が分泌される（図Ⅶ.8右）．

生　態：本病は，典型的な土壌伝染性の病害であり，病原細菌は土壌中（1mの深層にも存在）で長期間にわたり生存する．また，罹病植物の遺体，非宿主植

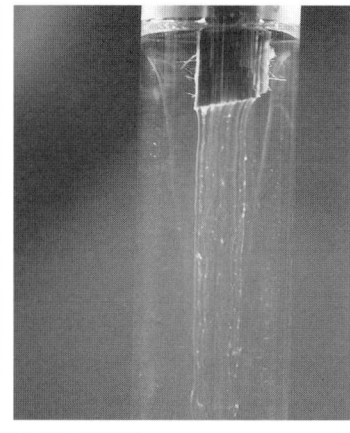

図Ⅶ.8　トマト青枯病の病徴(尾崎克巳原図)
(左)発病初期,(右)罹病茎から溢出する細菌.

物の根圏などで生き残り,増殖し,根の傷や破壊溝(根が発生する際にできる傷)から植物体に侵入し,主に導管内で増殖する.タバコが本菌に侵された場合は,葉が黄化,萎ちょうすることから,特に立枯病と呼ぶ.

　防　除：イネ科,ウリ科植物を含む3〜5年の輪作体系を組む.土壌消毒を行い,合わせて抵抗性台木(トマトではBF興津101号,LS-89号,アンカーT,Bバリアなど,ナスではトルバム・ビガー,ヒラナス(アカナス),台太郎,カレヘンなど)への接ぎ木苗を利用する.また,線虫の害を防ぎ,根を傷つけないようにする.トマト,ナス台木品種の青枯病菌に対する抵抗性は耐性であり,高温栽培条件や圃場の汚染程度が高い場合には,無病徴感染した台木から穂木(感受性品種)に病原細菌が移行し発病する.総合的な防除体系の中での抵抗性の利用が肝要である.トマトでは,根部内生細菌を用いた微生物殺菌剤(シュードモナス・フルオレッセンス剤)が開発され効果が認められている.その発病抑制は,全身抵抗性誘導および定着根からの抗菌活性物質の産生によると考えられている.

(4)　根頭がんしゅ病

病原細菌：*Agrobacterium tumefaciens*

　白〜灰白色の集落を形成する細菌で,数本の周毛性の鞭毛をもつ.菌体がもっているプラスミドpTiのT-DNA部分が植物細胞へ移行し,核の染色体に組み込まれ,座乗する遺伝子が発現して植物ホルモン(オーキシン,サイトカイニン)や*A.tumefaciens*だけが栄養源として利用できるオパインと呼ばれるアミノ酸が

生産されるために植物細胞は異常増殖し，がんしゅ（クラウンゴール）を形成する（図Ⅳ.7）．*A. tumefaciens* に近縁な *A. rhizogenes* は毛根を形成するプラスミド pRi を有し，各種植物に毛根病を起こす．土壌に生息する非病原性の近縁種，*A. radiobacter* は pTi, pRi をもたない．pTi から病原性遺伝子を除去したプラスミドは植物へのベクターとして遺伝子工学に利用されている．

　分　布：世界的に広く分布する重要な病害である．菌株によって宿主範囲は異なるが，イネ科を除く多くの植物に寄生する．果樹や花木類の被害が多く，特に果樹苗木の被害が甚大である．

　病　徴：植物の茎の地際部や根部が感染を受けやすいが，本質的には植物全体組織で感染を受け，大小さまざまなこぶができる（図Ⅶ.9）．

　生　態：主な感染経路は苗と土壌である．病原細菌は根部や地際部の傷口から侵入して植物にこぶをつくる．ブドウでは凍害によってできた傷口から侵入し，地上部の幹や枝に発生することが多い．

　防　除：3〜5年の輪作や土壌消毒のほか，*A. radiobacter* 84 による生物的防除が有効で（図Ⅶ.10），わが国でも微生物農薬（商品名：バクテローズ）が登録，市販されている．この防除効果は *A. tumefaciens* が *A. radiobacter* 84 の生産するバクテリオシンであるアグロシン 84（Agrocin 84）によって抑えられる抗菌作用と *A. radiobacter* 84 によって *A. tumefaciens* の DNA 合成や細胞壁の合成が阻害されて，宿主植物に吸着できなくなる吸着阻害作用のためといわれている．*A. radiobacter* 84 はプラスミドをもち，アグロシン 84 生産性とそれに耐性の遺伝子をもっている．この耐性遺伝子が病原性の *A. tumefaciens* に移行すると，病原性とアグロシン耐性を同時に獲得し，防除効果がなくなった菌がつくられる危険性がある（図Ⅶ.11）．この危険性を遺伝子操作で取り除いた菌が新たにつくり出され，オー

図Ⅶ.9　キク根頭がんしゅ病

4. 細菌病

図Ⅶ.10 *Agrobacterium radiobacter* 84菌株によるバラ根頭がんしゅ病の生物的防除
上：84菌株の菌液に浸漬しないバラの苗木は根に大きなこぶができる．下：84菌株の菌液に浸漬したバラの苗木はこぶが見られない．

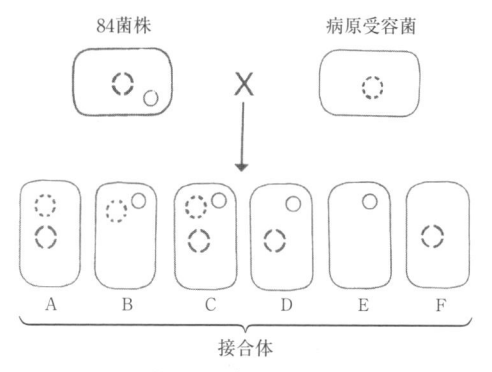

図Ⅶ.11 *Agrobacterium radiobacter* 84菌株と病原受容菌との交雑模式図
6種類のプラスミド接合体ができる．◯：接合に関わるプラスミド，◯：アグロシン84生産とアグロシン免疫に関わるプラスミド，◌：病原性，アグロシン84に対して感受性と接合に関わるプラスミド．

ストラリアではノーゴール"Nogall"という名で登録されている．

(5) トマトかいよう病

病原細菌：*Clavibacter michiganensis* ssp. *michiganensis*

植物病原細菌の中では数少ないグラム陽性菌で，淡黄色の集落を形成する．菌

体は棍棒状で鞭毛をもたない．乾燥や凍結に強く，高確率で生残する．

分 布：アメリカで1909年に最初に発見され，世界中で広く発生し被害が大きい．わが国では1958年に初めて北海道で発病が認められたが，アメリカからもち込まれた採種栽培用の種子とともに侵入したものであり，一時は全国的に発生した．

病 徴：トマト摘芽後，傷口などから茎内へ侵入し，髄を崩壊させるとともに，維管束を褐変させ，植物全体を萎ちょうさせるため，その被害は甚大である．また，気孔侵入や毛茸侵入により植物の地上部（葉，茎，葉柄，果柄，萼(がく)など）表面にやや隆起したコルク状の小斑点を生ずる（図Ⅶ.12左）．特に果実表面には特徴のある鳥眼状の病斑をつくる（図Ⅶ.12右）．近年普及した水耕栽培トマトでは萎ちょう症状のみを発現し，コルク状病斑をつくらない場合がある．

生 態：罹病植物から採種した種子はその表面および内部にまで病原細菌が存在するため，種子伝染が最も重要な伝染法である．病原細菌は種子のほか，罹病植物の残渣，土壌，農業資材などでも越冬して第一次伝染源になる．

防 除：無病地から採種した種子を温湯消毒（55℃，25分）して使うことが最も重要である．そのほか，床土には無病土を使用すること，4〜5年の輪作，農業資材の消毒，摘芽は晴天時に行うことなどが推奨されている．登録薬剤であるカ

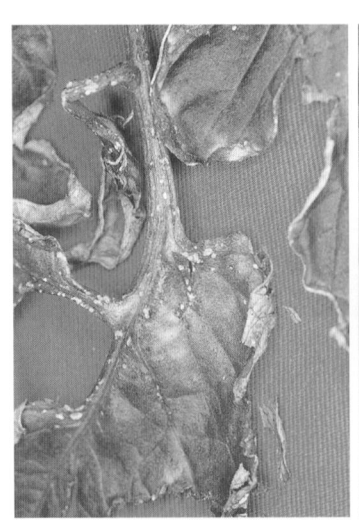

図Ⅶ.12　トマトかいよう病の病徴(神奈川県病害虫防除所原図)
(左)葉のかいよう斑，(右)果実の鳥眼状斑

スガマイシン・銅水和剤の散布は病原細菌の侵入を防ぎ，表面病斑の防止には有効であるが，いったん茎内に侵入した細菌に対しては効果がない．

(6) 野菜類軟腐病

病原細菌：*Erwinia carotovora* ssp. *carotovora*

普通寒天培地に白色の集落をつくる．周毛性で，菌体の周囲に多数の鞭毛をもっている（図Ⅲ.18d）．通性嫌気性菌（facultative anaerobic）で発酵によってもエネルギーを得る機能を備えている．強いペクチン質分解酵素（PL, PGなど）を産生し，病原性を示す．

分　布：世界中に分布し，ハクサイなどアブラナ科野菜のほか，ナス科，ユリ科など多種類の植物を侵し，畑でのみならず輸送中，保存中にも発生する重要病害である．

病　徴：細菌は植物の傷口や昆虫の食痕などから感染し，水浸状の斑点を形成する．この病斑はしだいに淡褐〜褐色となって拡大し，病組織は軟化腐敗する（図Ⅶ.13）．病勢の進展は速く，短期間で株全体に及ぶ．腐敗組織は独特の悪臭を放つ．

生　態：土壌伝染性の病害であり，病原細菌は各種植物の根圏土壌や罹病植物の遺体で越冬する．植物が植えつけられると，その根圏や葉が接した土壌中などで増殖し，やがて地際部や根部の傷口から侵入して発病させる（図Ⅳ.6）．

防　除：ハクサイやダイコンでは抵抗性品種（平塚1号などの抵抗性遺伝子を導入した品種）を利用する．イネ科やマメ科の植物と輪作体系を組む．ヨトウム

図Ⅶ.13　ハクサイ軟腐病の病徴

図Ⅶ.14 非病原性 *Erwinia carotovora* ssp. *carotovora* 菌によるハクサイの軟腐病の防除（高原原図）
(左)病原菌を接種したハクサイ葉，(中)非病原性菌を接種したハクサイ葉，(右)あらかじめ非病原性菌を散布した後に病原菌を接種したハクサイ葉

シ，キスジノミハムシなど土壌害虫の徹底防除，被害残渣の処分，薬剤散布も効果がある．有効な農薬としては有機・無機の銅製剤，ストレプトマイシン，バリダマイシンなどの抗生物質剤，オキソリニック酸の有効性が認められている．また，非病原性の *E. carotovora* を散布して植物葉上に定着させると，病斑形成が抑制されることから，非病原性エルビニア・カロトボラ水和剤が農薬登録された（図Ⅶ.14）．非病原性菌による防除機構は，病原菌と非病原性菌との競合による密度上昇の抑制と非病原性菌が生産するバクテリオシンによる病原菌の増殖阻止の両面からの拮抗機能とされている．

5. 菌 類 病

(1) 空 気 伝 染 病

ⅰ）クロミスタ界卵菌門卵菌綱による病気

a）ジャガイモ疫病：1845～47年，アイルランドにおける飢餓とそれに伴う移民の原因となった病原菌として有名である．

病　徴：ジャガイモの下葉に暗緑色，水浸状の斑点を生じ，しだいに拡大してあたかも熱湯を注いだような症状を呈する（図Ⅶ.15）．葉裏面には，霜のような

図Ⅶ.15 ジャガイモ疫病(葉の病徴)

遊走子のう柄,遊走子のう(分生胞子のう)を生ずる.葉柄が侵されると葉全体が黄化し,枯死する.塊茎が感染すると褐色のえ死組織を形成し,固くなる.

病原菌:*Phytophthora infestans*

わずかに枝分かれした遊走子のう柄(sporangiophore)の先端に多くの遊走子のうを着生する.遊走子のうは多湿条件下の18〜21℃で形成され,水滴中で発芽する.ヘテロタリックで2つの交配型 A_1, A_2 があり,造精器(antheridium)と造卵器(oogonium)が対になったとき,卵胞子(oospore)を形成する.ジャガイモのもつ主働抵抗性遺伝子 R_1〜R_4 に対する疫病菌の反応によってレース(race)が判別される.理論上,16のレースの存在が想定されるが,わが国では4レースが知られている(「病原性の分化」(115頁)参照).

伝染環:本菌は罹病塊茎中で菌糸の形で越冬し,罹病苗を生じ,第一次伝染源となる.野外に放置された罹病塊茎も伝染源として重要である.水温が17℃以上では発芽管発芽(直接発芽)により,12〜13℃では遊走子発芽(間接発芽)して遊走子を放出する.発病適温は18〜23℃である.夜間高湿度条件下で遊走子のう柄を気孔から出し,遊走子をつくる.雨が降ると,遊走子が雨に流され,土中の塊茎に感染する.

b) **キュウリべと病**:世界中に広く分布しており,露地,施設の両栽培で被害が大きい.

病 徴:キュウリの本葉と子葉に発生するが,葉柄,茎,花,穂にも認められる.病斑は葉脈に囲まれた角形で(図Ⅶ.16),裏側に暗灰色の分生子柄や分生胞子を生ずる.激しく発病した葉は枯れてもろくなり,下葉から枯れる.

病原菌:*Pseudoperonospora cubensis*

図Ⅶ.16　キュウリべと病（葉の病徴）（稲葉原図）

本菌は，レモン型の分生胞子を形成するが，有性の卵胞子の形成はきわめてまれである．絶対寄生菌（obligate parasite）で人工培養できない．無性世代の分生子の発芽様式と分生子柄（conidiophore）の形態に差があるので，それによって分類されている．日本ではウリ類べと病菌に寄生性の異なる5つの系統がある．

べと病菌が所属する分類上の属は7つで，*Pseudoperonospora*（ウリ類べと病菌），*Peronospora*（アブラナ科野菜べと病菌），*Peronosclerospora*（サトウキビべと病菌），*Bremia*（レタスべと病菌），*Plasmopara*（ブドウべと病菌），*Sclerophthora*（イネ黄化萎縮病），*Sclerospora*（アワしらが病菌）である．

伝染環：病斑上に形成された分生胞子（遊走子のう）が風媒によって伝染する．分生胞子は水滴があると乳頭部分から遊走子を出す．遊走子は水中を泳ぎまわり，鞭毛を失って被のう胞子になって発芽し，気孔から侵入する．感染5日後から明瞭な病斑が現れる．吸器により細胞内から養分を吸収する．発病の適温は20～25℃である．

ⅱ）　**子のう菌類**（Ascomycotina）**による病気**

a）　モモ縮葉病

病　徴：主に葉に発生する．展開後まもなく，菌糸が葉肉細胞間隙や表皮とクチクラの間を満たし，赤や黄色の小さい火ぶくれ状病斑を生ずる．罹病組織は異常に大きく膨れ上がり，肥厚，縮葉などを起こす（図Ⅶ.17）．縮葉などの奇形の原因は病原菌が産生するIAA，サイトカイニンによる罹病植物のホルモンの代謝異常の結果である．病葉は黒変，腐敗して落葉する．

病原菌：*Taphrina deformans*

5. 菌 類 病

図Ⅶ.17 モモ縮葉病（葉の病徴）（工藤原図）

子のう果は形成されず，子のうは裸出して生ずる．子のうは葉の裏面に角皮を破り形成される．子のう内には，原則として8個の子のう胞子が認められる．子のう内ですぐに出芽するため，子のう内，あるいは外に多数の分生胞子（出芽子，sprout cell）を形成する．菌糸の生育適温は20℃，宿主への侵入適温は13～17℃である．

他の Taphrina 属菌に侵されると以下のような病徴が現れる．

① Taphrina wiesneri によるサクラてんぐ巣病（witches' broom）では枝の一部がこぶ状になり，そこから小枝が密生して鳥の巣のような外観を示す．

② T. pruni によるスモモふくろ実病（bladder, pocket）では果実が異常に肥大し，ふくろ状となり，のちに表面が灰白色に変わる．

伝染環：出芽子は乾燥に対して抵抗力があるので，枝面，特に芽の付近で越冬して，翌春発芽とともに侵入・感染が起こる．

b) **コムギうどんこ病**：うどんこ病と総称される病気は，数属に属する近縁の菌によって起こり，いずれも宿主特異性が高い．世界的に広く分布し，169科9800余種の被子植物上に発生する．

病　徴：初めに葉の表面に白い粉状の斑点ができ，病勢が進むと白色粉状病斑となる（図Ⅶ.18）．菌叢は植物表面を覆い尽くし，光合成が著しく阻害されるため最後には枯死する．白粉状の菌叢が灰白色から淡褐色へと変色する頃になると微細な黒色粒状の有性世代の子のう殻が多数できる．

病原菌：*Blumeria graminis* f. sp. *triticini*

本菌は，外部寄生性で宿主植物体上に無性世代の分生胞子と子のう殻を形成する．分生胞子は連鎖状に数個形成される．子のう殻は球形で，4個，まれに8個

の子のう胞子を内蔵する．生育適温は15〜22℃である．

うどんこ病菌は子のう殻の付属糸（appendage）の形態と子のう数によっていくつかの属に分類されている．

① *Blumeria graminis*（旧学名 *Erysiphe graminis*）：各種イネ科植物に寄生し，9分化型（forma specialis）に分けられている．コムギ菌は *B. graminis* f. sp. *tritici*，オオムギ菌は *B. graminis* f. sp. *hordei* のように分けられ，コムギ菌がオオムギを侵したり，オオムギ菌がコムギを侵すことはない．付属糸は無分枝で，複数の子のうをつくる．

図Ⅶ.18　コムギうどんこ病(本蔵原図)

② *Podosphaera leucotricha*：リンゴうどんこ病菌で，付属糸は平面的に2つに分枝し，子のうは1個できる．

③ *Microsphaera alni*：ミズキ，ウツギ，クリなどのうどんこ病菌で，付属糸は *Podosphaera* であるが，複数の子のうをつくる．

④ *Uncinula necator*：ブドウうどんこ病菌で，付属糸の先端が反転し，コイル状に分枝し，複数の子のうをつくる．

⑤ *Phyllactinia quercus*：ナラ，カシ類のうどんこ病菌で，つけ根が膨らんだ針状の付属糸があり，複数の子のうをつくる．

伝染環：本菌は，秋期に感染，生葉上に菌叢を形成し，菌糸の形で越冬して，翌春の伝染源となる．また，子のう殻のまま，越夏，越冬した子のう胞子は葉，葉鞘，稈，穂に感染して，「粉状のかび」（powdery mildew）と呼ばれるように，全面がうどん粉をふりかけたようになる．菌糸は葉表面をほふく伸長・侵入し，吸器だけを表皮細胞内に侵入させて養分を吸収する絶対寄生性の菌である．

c）**イネばか苗病**

病徴：箱育苗，畑苗代および本田で発生する．罹病苗は黄化徒長して2倍にも達する（図Ⅶ.19）．重症苗は発芽後まもなく枯死する．本田でも罹病株は黄化・徒長し，重症株は枯死する．出穂しても不稔になる．徒長現象は病原菌の産生する毒素によることが1926年わが国で発見され，その毒素は完全世代（perfect

図Ⅶ.19 イネばか苗病(左：徒長した株，右：罹病苗)(本蔵原図)

stage)の属名，*Gibberella* に因んでジベレリン（gibberelin）と命名された．本菌はジベレリンのほかに，イネの生育を抑制するフザリン酸（fusaric acid）を分泌し，苗でわい化症状が認められることがある．

病原菌：*Gibberella fujikuroi*（不完全世代，*Fusarium moniliforme*）

子のう胞子と分生子を形成する．分生子には大型（macroconidium）と小型（microconidium）の2種がある．枯死株上に黒褐色球形，または卵形の子のう殻をつくり，子のうの中に8個の子のう胞子を内蔵する．生育適温は27〜30℃である．

Gibberella 属菌による他の重要病害として *G. zeae* によるコムギ，オオムギ赤かび病（scab, fusarium blight）がある．不完全世代は *Fusarium graminearum* である．主として穂に発生し，穎が黄白色に変色し，間隙に鮭肉色の胞子層を生じる．本菌は風媒感染するとともに，各種イネ科植物に寄生する．赤かび病菌には人畜に強い毒性をもつかび毒を産生する系統がある．

伝染環：罹病株の葉鞘上に形成された分生子が風雨によって飛散し，開花中の穎内に侵入して花器感染する．病原菌は罹病もみ上で越年し，翌年苗に感染・発病する．罹病苗あるいは感染苗を移植すると本田で発病する．

d） **イネ稲こうじ病**：本病にかかると籾が黒い団子のようになって人目を引く．昔はこれを豊年穂といって喜ばれた．

病徴：本病は籾にだけ発生する．内外穎が開き，隙間から緑黄色の小さな肉塊状の突起が現れ，しだいに大きくなって籾を包むようになる．塊は成熟すると

図Ⅶ.20　イネ稲こうじ病（左：罹病株，右：籾の病徴）（本蔵原図）

濃緑色ないし緑黒色となる．収穫期近くになると塊の上に黒色で不定形の菌核を形成する（図Ⅶ.20）．

病原菌： *Claviceps virens*

病粒は菌糸の塊の周りが厚膜化した厚壁胞子（分生子）で覆われている．病粒上に菌核が形成される．菌核は発芽して小さなキノコ状の子のう盤を生じ，その中に多数の子のう殻を形成する．子のう殻の中には多数の子のうが形成され，その中に糸状の子のう胞子を8個形成する．厚壁胞子は発芽して，細長い分生子柄を生じ，その先端に二次分生子を形成する．生育の最適温度は28℃である．イネのみに寄生する．

本菌が属するバッカク菌目（Clavicipitales）は昆虫の内部寄生菌（冬虫夏草類），昆虫の内部共生菌，植物の病原寄生菌（麦角病），植物の内生菌（エンドファイト）というように，すべてが生きた生物の体内に入り込んで寄生・共生することに特殊化した菌類である．しかもそれらの菌類は数々の興味深い宿主との相互作用，生物機能を発揮することが知られている．

伝染環：第一次伝染源は，越冬菌核から生じた子実体上に形成された子のう胞子，あるいは越冬厚壁胞子によって起こる．子のう胞子や厚壁胞子は風雨によって飛散し，穂孕み期の葉上に落下し，雨や露とともに葉鞘内に流れ込み，幼花器に侵入感染する．

iii) **担子菌類**（Basidiomycotina）**による病気**

a) **イネ紋枯病**：紋枯病はいもち病に次いで重要なイネの菌類病であり，わが国では毎年5〜13万t程度の被害がある．

病　徴：葉や葉鞘に緑褐色あるいは灰色の楕円形の紋様病斑を生ずる．病斑は下位葉鞘から現れはじめ，しだいに上位葉鞘に及び，激しいときには止葉の葉鞘や，葉あるいは稈まで侵される（図Ⅶ.21）．病斑上には褐色の菌核（sclerotium）が形成される．

病原菌：*Thanatephorus cucumeris*（不完全世代，*Rhizoctonia solani*）

菌核と担子胞子を形成する．葉鞘上に完全世代（担子胞子）を形成することがある．*T. cucumeris* には多くの系統があり，その系統は菌糸融合群（anastomosis group；AG）とその亜群に類別されている．イネ紋枯病菌はAG-1 ⅠAである（表Ⅶ.11）．イネのほかトウモロコシ，モロコシ，キビ，ヒエなどイネ科の作物あるいは多くの雑草に寄生する．

イネには類似の病斑を形成する菌核病があり，注意が必要である．それらの代表的なものは，褐色紋枯病（病原菌：*T. cucumeris* AG-2-2 ⅢB），赤色菌核病（病原菌：*Rhizoctonia oryzae*），褐色菌核病（病原菌：*Sclerotium oryzae-sativae*），灰色菌核病（病原菌：*S. fumigatum*）である．褐色紋枯病，赤色および褐色菌核病は菌核が葉鞘組織内部に，灰色菌核病は内外に形成される．

図Ⅶ.21　イネ紋枯病（左：罹病株，右：病徴）（羽柴原図）

伝染環：病斑上に形成された菌核が秋に地面に落下し，越年する．代かき，田植時に水面に浮上し，イネの株元に漂着，発芽して葉鞘に感染する．気温および株間の湿度が高くなると急速に蔓延する．

　b） **コムギ裸黒穂病**：世界的に分布する．

病　徴：通常は子実に発生する．病穂は全体が黒粉化するが（図Ⅶ.22），これは一種の厚壁胞子の固まりで，黒穂胞子（smut spore）と呼ぶ．黒穂胞子は，風雨によって飛散し，後に穂軸だけが残るので裸黒穂病の名がある．

病原菌：*Ustilago nuda*

本菌は，厚壁胞子を形成する．生育適温は 20〜25℃である．

類似の病気に以下のようなものがある．

① オオムギ裸黒穂病：病原菌：*Ustilago nuda*　コムギ菌と同一種とされるが，寄生性は異なる．

② エンバク裸黒穂病：病原菌：*Ustilago avenae*　コムギと同様の症状．

③ コムギ網なまぐさ黒穂病：病原菌：*Tilletia caries*　病穂の種子内部は冬胞子で満たされており，しかも生臭い悪臭を発する．

④ コムギ丸なまぐさ黒穂病：病原菌：*Tilletia foetida*.

伝染環：病穂から飛散した胞子が開花中の雌しべの柱頭に付着・発芽し，2核性の菌糸が子房に至り，菌糸の状態で生存する．保菌した種子を播種すると，種子の発芽と生長に伴って，病原菌も生長点を伝って穂に達し，小穂内で多数の厚壁胞子を形成する．本菌は典型的な花器感染（flower infection）である．

図Ⅶ.22　コムギ裸黒穂病(本蔵原図)

c） **ムギ類のさび病**（rust）：さび病菌は被子および裸子植物からシダ類に寄生する絶対寄生菌で種類が多く，広く分布している．

わが国で普通に見られるのは，コムギ赤さび病とオオムギ小さび病である．黄さび病は西日本で，コムギ黒さび病は山間部で発生する．それぞれ海外での発生は多い．

病　徴：出穂期頃から葉身や葉鞘にさび状の小さい斑点，夏胞子堆（uredinium）が多数生じたのち，表皮が破れ，橙色の粉状物（夏胞子，urediniospore）が出る（図Ⅶ.23）．ムギが成熟期に達すると黒色病斑の冬胞子堆（telium）が現れる．この冬胞子堆に形成された冬胞子（teliospore）の形態がさび菌目の分類の基準となっている．コムギ赤さび病では，葉と葉鞘に粉状の赤褐色の病斑（夏胞子堆）を形成する．オオムギ小さび病は赤さび病に似ているが，病斑は小さい．黄さび病では橙黄色の粉状条斑を形成する．

病原菌：コムギ・オオムギのさび病には次の4種類がある．

① コムギ赤さび病：病原菌：*Puccinia recondita*
② オオムギ小さび病：病原菌：*P. hordei*
③ オオムギおよびコムギ黄さび病：病原菌：*P. striiformis*
④ オオムギおよびコムギ黒さび病：病原菌：*P. graminis*

伝染環：さび病菌の生活環・伝染環は複雑であり，全く別種の二種類の植物を宿主とするものが多い．ムギ類のさび病菌は，ムギの上で夏胞子と冬胞子を形成

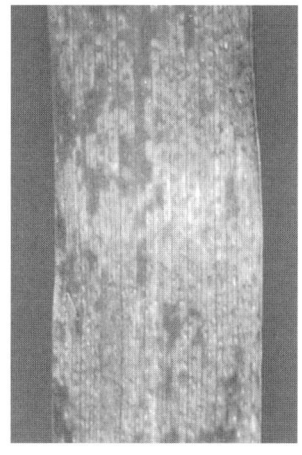

図Ⅶ.23　コムギ赤さび病(左：葉の病徴，右：夏胞子堆)(成澤原図)

し，冬胞子が発芽すると担子胞子ができ，それぞれ中間宿主に寄生してさび胞子を形成する（「宿主交代」（100頁）参照）．コムギ赤さび病の一般的な伝染経路は，収穫後の畑周辺にこぼれた種子から発芽したこぼれ麦に，まず夏胞子が侵入して越夏し，秋に播種されたコムギに寄生して，夏胞子または植物体内で菌糸のかたちで越冬し，春の伝染源となっており，中間宿主を経過しなくても伝染環がつながっている．黄さび病菌は，中国大陸で越冬した夏胞子が風に乗って西日本に飛来して発病の原因になると考えられている．

iv) **不完全菌類**（Mitosporic fungi）**による病気**

a) **イネいもち病**（稲熱病）：いもちとは，稲熱が語源とされ，イネが熱病にかかったようにして枯れるという意味である．イネの病害の中で，最も恐ろしい病気である．

病　徴：苗から出穂後までイネのステージそれぞれに発病する．葉では初め円形ないし楕円形の病斑を生じ，のちに縦に長い紡錘形で，病斑の最外部は黄色（中毒部），その内部は褐色（え死部），最内部は灰白色（崩壊部）の病斑となる．病斑を形成すると葉の葉鞘が短くなり，全体が萎縮して，いわゆるずりこみ症状を示す．穂では暗褐色の病斑を生じ，萎ちょう枯死して白穂となる．籾では護穎や果梗が侵されると，初め灰緑色，のちに暗褐変し，穎が侵されると灰白色となる．箱育苗では苗の基部が暗褐変し，下葉に病斑が現れる場合と，1.5葉期以降心葉が急速に萎ちょう枯死する場合とがある．

病原菌：*Pyricularia oryzae*（完全世代，*Magnaporthe grisea*）

病原菌は不完全菌類の一種で，病斑上に分生子を形成する．分生子は無色，洋ナシ型で普通2個の隔壁がある．ヘテロタリックで2種の交配型があるが，イネ菌相互の交配能力は低い．イネいもち病菌と，シコクビエなどイネ科植物のいもち病菌との人工培地上での交配によって，完全世代である子のう胞子が形成され，*M. grisea*と命名された．子のう殻は暗褐色球形の体部と円筒状の頸部からなっている．子のうの中に8個の子のう胞子がある．生育適温は26～28℃である．完全世代は自然発病のイネ上ではまだ見られていない．イネのほかにオオムギ，コムギなどのイネ科作物や雑草にも寄生する．本菌にはイネ品種群に対して病原性の異なるレース（菌型）がある．

伝染環：被害藁や保菌籾上で分生子あるいは菌糸の形で越冬した病原菌が翌年の第一次伝染源となる．保菌籾を播くと苗床で感染・発病する．罹病苗は葉いもちの伝染源となる．被害藁は気温が上昇し，降雨にあうと病斑上に分生子を形成

図Ⅶ.24 イネいもち病(左:葉いもち,右:穂いもち)(羽柴原図)

し,苗いもちや葉いもちを起こす(図Ⅶ.24左).葉いもち病斑上に形成された分生子が穂いもち(図Ⅶ.24右)の伝染源となる.分生子の飛散は夜中から明け方にかけてが多い.若い葉ほど感染しやすいが,稈,穂軸,枝梗,籾では成熟後も感染する.

　b) **イネごま葉枯病**:本菌の完全世代は子のう菌類に属するが,自然界ではきわめてまれに発見される.伝染は不完全世代の分生胞子で行われるため,本項で取り扱う.

　病　徴:本田では生育の中後期に下位葉から発生が目立つようになる(図Ⅶ.25左).葉の病斑は黒褐色楕円形でまわりに輪紋がある(図Ⅶ.25右).拡大して中

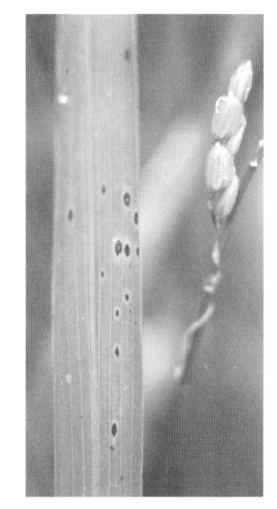

図Ⅶ.25 イネごま葉枯病(左:罹病株,右:葉の病徴)(本蔵原図)

心部は黒褐色となり，やや不鮮明な褐色輪紋ができる．稈や穂軸，枝梗でははじめ黒褐色条斑ができ，後に全体が褐変・枯死して，いわゆる穂枯症を起こす．籾では暗褐色で周縁がやや不鮮明な楕円形病斑を生じる．葉にはごま状の病斑が形成される．

病原菌：*Bipolaris leersiae*（完全世代，*Cochliobolus miyabeanus*）

ごま葉枯病菌は無性世代の胞子として分生子を，有性世代の胞子として子のう胞子を子のう殻の中に形成する．分生子は病斑上に形成するが，子のう胞子は普通イネ体上では見られない．分生子は暗褐色ないし淡褐色，倒棍棒状，わずかに湾曲し，数個ないし十数個の隔壁がある．菌糸の生育適温は27～30℃，分生子の形成適温は24～26℃，分生子の発芽適温は25～30℃である．イネのほかに多くのイネ科植物に寄生する．

伝染環：種籾および被害藁やイネ科雑草に感染した菌糸で越年する．気温が上昇し，降雨にあうとそれから分生子が形成され，本田発病の第一次伝染源となる．葉の病斑上に形成された分生子が飛散して穂を侵す．稈，穂軸，花梗では気孔から侵入する．老朽化土壌，泥炭地土壌，砂質土壌等で発生が多い．また生育後半の肥料切れは発病を助長する．

c) **イチゴ灰色かび病**：本菌の完全世代は子のう菌類に属するが，伝染は主に分生胞子で行われるので本項で取り扱う．

病徴：主に果実に発病する．果実では収穫期近くのものが特に発病しやすく，水浸状，淡褐色の小斑点を生じ，しだいに拡大して果実を軟化腐敗させる（図Ⅶ.26）．果柄，葉柄には暗褐色の病斑を生じ，灰色のかびを密生し，枯死させる．

図Ⅶ.26　イチゴ灰色かび病(佐藤　衛原図)

病原菌：*Botrytis cinerea*（完全世代 *Botryotinia fuckeliana*）

被害植物上に分生子柄と分生子を生ずる．本菌は黒色，不整球形の菌核を被害植物上に形成する．生育温度は20～25℃である．宿主範囲は広く，キュウリ，トマト，ナスなど多くの野菜，花卉，果樹類を侵す．

伝染環：本菌は分生子，菌糸の形で被害植物に残存するとともに，菌核の形で生存し，伝染源となる．病斑上に形成される分生子が空気中に飛散して伝染，蔓延する．

d） ナシ黒斑病（輪紋病）

病　徴：葉，果実，枝梢に発生し，時に花弁を侵すこともある．葉では特に新葉時に発生しやすい．未成熟葉では初め小さな黒色斑点を生じ，しだいに拡大して周囲に退色部分を有する黒色の不整形病斑を形成する（図Ⅶ.27 左）．果実では生育時期に関係なく発生する．幼果が発病すると，病斑部に亀裂が生じ，硬化し，成果では落果する（図Ⅶ.27 右）．これは病原菌の分泌する宿主特異的毒素の作用によるものである．発病の品種間差が明瞭で，二十世紀系統の品種では特に弱い．他の大多数の品種では発病しない．

病原菌：*Alternaria kikuchiana*

ナシ黒斑病菌，リンゴ斑点落葉病菌，イチゴ黒斑病菌，タバコ赤星病菌は，植物に対する寄生性以外は形態学的に区別できず，本菌を *A. alternata* に含める考えもある．本菌は分生子のみを生ずる．分生子は暗褐色，俵形ないし倒梶棒状で，縦横に複数の隔壁がある．病斑部に生じた分生子柄上に分生子が鎖生する．菌糸の生育適温は28℃である．

伝染環：枝病斑や枯死した頂芽の組織内に菌糸で越冬し，翌年これらの部分に分生子を形成して伝染する．新葉あるいは幼果の病斑上に分生子が形成され，風

図Ⅶ.27　ナシ黒斑病(左：葉の病徴，右：幼果実の病徴)(工藤原図)

で飛散して伝染する．

(2) 土壌伝染病

ⅰ) *Plasmodiophora* による病気

病原菌：*Plasmodiophora brassicae*

原生動物界のネコブカビ門のうち植物病原菌は *Plasmodiophora*，*Spongospora* および *Polymyxa* のみである．いずれも絶対寄生菌であり，培養することはできない．*P. brassicae* はハクサイ，カブ，キャベツ，カリフラワーなどの各種アブラナ科植物に根こぶを形成し（図Ⅶ.28），こぶの肥大につれて根の吸水能力が徐々に低下して萎ちょうをくり返し，いずれは枯死に至る．わが国のダイコン品種は，ほとんどが高度の抵抗性を有するため実害は生じない．全世界に分布し，わが国でもアブラナ科植物の栽培地帯では普遍的にみられる．本菌はレースの分化が知られる．

伝染環：土壌中で生存した *P. brassicae* の休眠胞子は，発芽して1個の長短2鞭毛をもつ一次遊走子を生じ，やがて鞭毛を失って粘菌アメーバとなり根毛に侵入し，生長して一次変形体を形成する．変形体は発育して遊走子のうとなり，二次遊走子が根毛外に放出される．二次遊走子が2個接合して主根か支根に侵入，感染するとされており，主に皮層細胞内で多核の二次変形体に発育する．この際，感染細胞は異常肥大を起こして根こぶとなる．ついで核融合，減数分裂が行われ，単相の休眠胞子が細胞に充満する．この休眠胞子はこぶの腐敗によって土壌中に分散し，数年間生存し続ける．

本病は酸性土壌で発病が激しいので，石灰を土壌に施用することが防除法の1

図Ⅶ.28 *Plasmodiophora* による病気，カブ根こぶ病の根の病徴（田口原図）

つである.

ⅱ) ***Pythium*** **による病気**

病原菌：*Pythium* は次に述べる *Phytophthora* とともにクロミスタ界の卵菌門－フハイカビ目－フハイカビ科に属す重要な病原菌である．プラーツ－ニテリンク (Plaats–Niterink, 1981) によれば，*Pythium* 属には 87 種が知られており，そのほとんどが土壌伝染性病原菌である．これらは造卵器と遊走子のうの形態で大別され，さらに受精の様相・形態の大きさなどで分類される．

Pythium は宿主範囲の広い種が多い．幼植物を侵し，苗立枯病を引き起こすものが多いが（図Ⅶ.29），旺盛に生育している組織・器官を侵すものもある．これらの病気は侵される組織・器官と病徴によって，腰折病，茎腐病，根腐病，腐敗病，しみ腐病などさまざまに命名されている．また，1つの病気は必ずしも1種の *Pythium* に起因するとは限らず，ホウレンソウの立枯病が，*P. butleri*, *P. ultimum*, *P. aphanidermatum*, *P. paroecandrum* によって起こされるように複数の種による病気も多い．病徴のみからその病原菌を特定することは非常に困難である．

伝染環：*Pythium* 属菌の耐久器官は主に卵胞子であるが，種類によっては胞子のう（遊走子のう）や厚壁胞子の形で生存するものもある．卵胞子は好適条件下で発芽し，発芽管によって直接植物体の根や胚軸に侵入するか，あるいは発芽管の先端に胞子のうを形成し，そこから放出された遊走子が植物体に侵入する．胞子のうから放出された遊走子は2鞭毛をもち，水中を遊泳後，いずれ被のう胞子となり発芽管を出し，その先端に付着器を生じる．これから侵入菌糸により宿主体に直接侵入するか，気孔や傷口を通じて侵入する．植物から栄養を摂って蔓延した菌糸は，多数の胞子のうを形成し，二次感染する．罹病組織内の菌糸に造卵器と造精器が形成され，受精して造卵器内に通常1個の卵胞子を生じる．土壌水

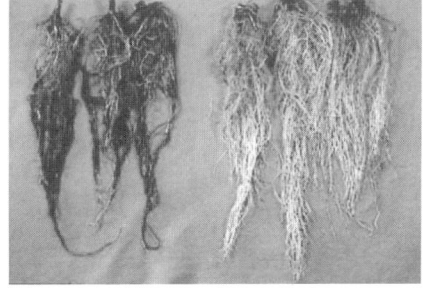

図Ⅶ.29　*Pythium* による病気，バラ根腐病（左：地上部の病徴，右：根の病徴）（岐阜県農業技術研究所原図）

分は胞子のう形成や遊走子放出の重要な要因で，水分が多いほど被害は多い．

iii) *Phytophthora* による病気

病原菌：*Phytophthora*（疫病菌）は *Pythium* と並んでフハイカビ目-フハイカビ科に属す重要な病原菌である．ウォーターハウス（Waterhouse, 1963）によれば，*Phytophthora* 属には40種がある．これらの中には，1845〜47年にアイルランドで100万人以上の死者を出したといわれるジャガイモ疫病菌（*P. infestans*）が含まれる．本属は胞子のう（遊走子のう）の頂端にある乳頭突起（papilla）の形態，造卵器への造精器のつき方，同株性，異株性によって分類される．*Phytophthora* の種の中には変種（*P. parasitica*），分化型（*P. megasperma*, *P. vignae*）やレース（*P. infestans*, *P. vignae*, *P. fragariae*）に分化しているものもある（「ジャガイモ疫病」(186頁)参照）．

伝染環：本属は通常卵胞子で土壌中に生存し，発芽して胞子のう（遊走子のう），遊走子を形成する．遊走子は水中を遊泳後静止して球状の被のう胞子となり，発芽して付着器を形成し，宿主組織内に角皮貫入によって侵入するほか，気孔などからも侵入する．菌糸は宿主の細胞間隙を蔓延するだけでなく，細胞壁を貫通して細胞内にも侵入して増殖する．菌糸の一部に胞子のう柄（遊走子のう柄）を生じ，これは宿主の外表部に抽出し，柄上に胞子のうを形成する．胞子のうから直接発芽で生じた発芽管はその先端に二次遊走子のうを形成し，間接発芽して遊走子を放出する．罹病組織内菌糸の一部に造卵器と造精器が生じ，受精して1個の造卵器に1個の卵胞子を形成する．罹病組織の腐敗によって卵胞子は地上あるいは土壌中に分散して休眠後，発芽して胞子のうを形成し，間接発芽して遊走子を放出する．

耐久器官の卵胞子と厚壁胞子，および罹病植物体内の菌糸からそれぞれ生じる胞子のう→遊走子による一次感染と，そこから発生する病斑上の胞子のう→遊走子による侵入→感染→発病という二次伝染のくり返しによって疫病は蔓延する（図Ⅶ.30）．

iv) *Fusarium* による病気

病原菌：*Fusarium* は無性生殖世代の属名であり，菌界の Mitosporic fungi に入れられている．しかし，*Fusarium* の多くの種で有性生殖世代が発見されており，それらは子のう菌門-ボタンタケ目-ボタンタケ科の *Nectria*, *Gibberella*, *Calonectria* などに属する．スナイダーとハンセン（Snyder and Hansen, 1945）の分類体系に従えば，植物病原性の *Fusarium* は10種あるとされ，植物病理研究

図Ⅶ.30 *Phytophthora* による病気，ピーマン疫病（堀之内原図）

者の多くはこれに基づいて *Fusarium* を分類同定している．一方，ブース（Booth, 1971）は *Fusarium* を 44 種に分類している．最近はさらに細分化する方向性にあり，分子系統学的に見た種数は 200 種を越すとされる．このように本属の分類は激しい変革の中にある．現在 DNA 解析技術の導入と進展に伴い，*Fusarium* の分類体系は根幹から見直されている状況にある．

　土壌伝染性病原菌として重要なものは，*F. oxysporum* と *F. solani* である（表Ⅶ.10）．*F. oxysporum* はわが国では約 50 種の分化型が，*F. solani* では 8 分化型が知られている．また，分化型の下にさらにレースに分化しているものもある．*F. oxysporum* は有性生殖世代が知られていないが，*F. solani* は有性生殖世代が知られており，学名は *Nectria haematococca*（=*Hypomyces solani*）とされる．本菌は異株性で，有性生殖世代の形成には接合の相手となる菌系が必要である．相手となる菌系は同一分化型であり，他の分化型との間では有性生殖世代を形成しない．

　F. oxysporum は導管病であり，つる割病，萎黄病（図Ⅶ.31），萎ちょう病など

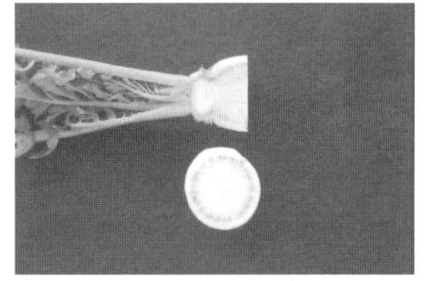

図Ⅶ.31 *Fusarium* によるダイコン萎黄病（左：地上部の病徴，右：根の病徴）（堀之内原図）

の全身病を引き起こす．これに対して，*F. solani* は柔組織病であり，根または地下部器官の柔組織に侵入して根腐病，かいよう病，胴枯病などを引き起こす．代表的な *Fusarium* 属菌とそれらの分化型による主要病害を表Ⅶ.10 に示した．

　伝染環：多くの *Fusarium* 属菌では厚壁胞子が主な耐久器官である．*Fusarium* 属菌は典型的な待機型の病原菌とみなされており，自ら土壌中を移行して宿主に到達することはない．宿主の根が土壌中で生存している厚壁胞子のごく近くにきたときに，根から滲み出る栄養（糖，アミノ酸，有機酸など）によって賦活化し，土壌の静菌作用に打ち勝って発芽し，根に侵入する．萎ちょう性の病気を引き起こす *F. oxysporum* は導管内で増殖し，形成された小型分生子は導管流によって体内の各所に移行する．根腐れ性の病気を引き起こす *F. solani* や *F. roseum* は柔組織内で増殖し多数の分生子を形成する．宿主植物が枯死し，利用しうる栄養が枯

表Ⅶ.10　代表的な *Fusarium* 属菌とそれらの分化型による主要病害

病原菌	病名
Fusarium moniliforme	イネばか苗病
Fusarium oxysporum f. sp.	
adzukicola	アズキ萎ちょう病
allii	ラッキョウ乾腐病
asparagi	アスパラガス立枯病
batatas	サツマイモつる割病
cepae	タマネギ乾腐病，ネギ萎ちょう病
conglutinans	キャベツ萎黄病，カリフラワー萎黄病，ワサビダイコン萎黄病
cucumerinum	キュウリつる割病
fabae	ソラマメ立枯病
fragariae	イチゴ萎黄病
lagenarinum	スイカつる割病，ユウガオつる割病，トウガンつる割病
lycopersici	トマト萎ちょう病
melonis	マクワウリつる割病，メロンつる割病，シロウリつる割病
niveum	スイカつる割病，トウガンつる割病
phaseoli	アズキ立枯病，インゲンマメ立枯病
radicis–lycopersici	トマト根腐萎ちょう病
raphani	ダイコン萎黄病，カブ萎黄病
spinaciae	ホウレンソウ萎ちょう病
Fusarium roseum f. sp.	
cerealis（=*F. graminearum*）	イネ科作物赤かび病，イネ苗立枯病
Fusarium solani f. sp.	
cucurbitae	カボチャ立枯病
eumartii	ジャガイモ立枯病，ジャガイモ乾腐病
radicicola	ジャガイモ乾腐病，コンニャク乾腐病，ラッキョウ乾腐病
pisi	エンドウ根腐病
phaseoli	インゲンマメ根腐病

渇すると，菌糸や胞子の一部に厚壁胞子を形成し，寄生生活を終え耐久生活に移行する．また宿主植物以外にも新鮮な有機物や雑草根圏などで腐生的に増殖することもできる．イネばか苗病菌（*F. moniliforme*，有性世代は *Gibberella fujikuroi*）では罹病葉鞘に形成された分生子が籾に感染し翌年の一次伝染源となる．

v） *Gaeumannomyces* による病気

病原菌：*Gaeumannomyces* は菌界の子のう菌門の Magnaporthaceae 科に含まれるが，この科が所属する目は不明である．*G. graminis* var. *tritici* は，コムギやオオムギの立枯病菌であり，世界各地に広く分布する．イネ科作物の地下部に感染し，幼苗の立枯を起こすばかりでなく（図Ⅶ.32)，収穫期に白穂症状，根の黒変なども起こし，著しい減収をもたらすきわめて重要な病害である．

伝染環：コムギ立枯病菌は，土壌の罹病残渣中の菌糸や子のう胞子の形態で腐生的に生存を続け，感染源となる．子のう胞子による感染は，土壌中の微生物活性が低く，競合が少ないときに起こるといわれている．また，イネ科雑草の根茎に生存する菌糸が感染源になることもある．

病原菌は，根の分泌物に反応して生育を始め，根に到達する．菌糸は，地下部の葉鞘や根の表面で旺盛に生育する．植物体表面の菌糸体は，厚壁で褐色の主軸菌糸，薄壁で無色の菌糸，褐色の分岐菌糸（菌足）などからなる．また，しばしばマット状，偽柔組織様の菌糸体をつくる．分岐菌糸の先端が付着器様に膨らみ，その下から細い侵入糸を出して侵入する．表皮細胞壁の貫通は，侵入糸の酵素作用による．菌糸は，細胞内で旺盛に成育し，菌核様の丸い菌糸塊をつくる．内皮は侵入の防御壁となり，菌糸が内皮に達すると感染は停止するかまたは緩慢になる．激しく感染した場合には，菌糸は内皮を貫通して中心柱にまで達し，導管閉塞や中心柱組織の急速な破壊が起こる．組織の死後も，菌糸は生育を続け，罹病

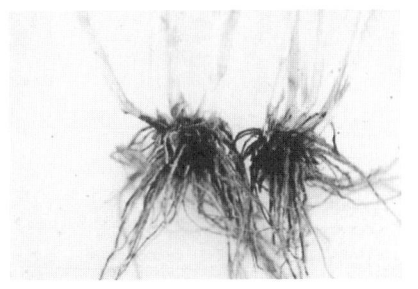

図Ⅶ.32 *Gaeumannomyces* による病気，コムギ立枯病(左：パッチ状の発生状況，右：根の病徴)（百町原図）

組織内に子のう殻を形成し，腐生生活に入る．

vi) *Rosellinia* による病気

病原菌：*Rosellinia* は菌界の子のう菌門-核菌綱-クロサイワイタケ目-クロサイワイタケ科に属す．*R. necatrix* は果樹・クワなどの永年性作物の白紋羽病の病原菌として知られている．

伝染環：*R. necatrix* は罹病植物根で白色菌糸や根状菌糸束の形で生活している．植物の根上に伸長してきた菌糸はまず宿主の細根を侵して腐らせ，しだいに太い根に及び，表面に集まって菌糸束となる（図Ⅶ.33）．さらにこの菌糸束が巻きつくように集まって菌糸の固まりとなり，侵入子座を形成する．侵入子座から発達した菌糸は，宿主組織の細胞縫合部を裂開するか直接コルク層を貫通して侵入する．根の内部に侵入した菌糸は皮層を貫いて形成層に達し，木部の外表をとりまき，さらに細い菌糸が内部組織を侵す．菌糸束は地際部に紋羽状の菌糸膜となって地上部に現れる．罹病組織内外の菌糸は暗褐色の菌糸集合体となる．これはのちに耐久性の根状菌糸束になり，翌年の伝染源となる．

果樹などの場合，菌糸束が根を伝って樹の地際部で層状となり，ここに分生子が群生し，また黒色で直径 1〜2 mm の球形の子のう殻が形成される．分生子と子のう胞子の伝染源としての役割は不明である．

本病は開墾後 20 年を経過した熟畑で，水分が多く，肥沃で通気性の良好な沖積土壌で発生が多い．

vii) *Verticillium* による病気

病原菌：*Verticillium* は有性生殖世代が知られておらず，菌界の Mitosporic fungi に入れられている．*Fusarium* 属菌と並ぶ代表的な導管病菌であり萎ちょう病を引き起こす．野菜，花卉，特用作物，マメ科牧草などの草本植物のほか，果樹や林

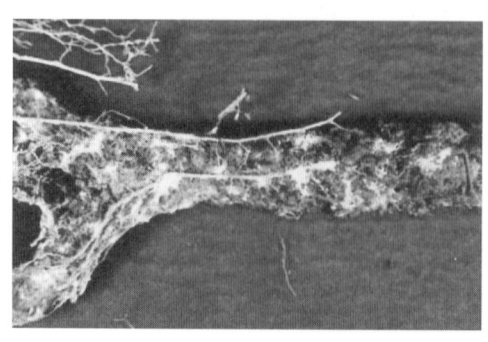

図Ⅶ.33 *Rosellinia* による病気，モモ白紋羽病（岐阜県農業技術研究所原図）

木などの木本植物にも発生する．*Verticillium* 属菌に侵されると植物全体が萎ちょうすることもあるが，特に株の片側だけ萎ちょうする傾向のあることから病名に半身萎ちょうが使われることが多い．近年，各地で本病による被害が増加している．植物病原性の *Verticillium* には5種が知られるが，わが国で経済的に重要なものは *V. dahliae* と *V. albo-atrum* である．わが国では前者による野菜類の病害が圧倒的に多い．わが国の *V. dahliae* はその寄生性から，アブラナ科系，トマト系，ピーマン系，ナス系に分けられる．

伝染環：*Verticillium* 属菌の分生胞子と菌糸は土壌中では容易に死滅するが，微小菌核と暗色休眠菌糸は長期間生存して伝染源となる．腐生能力は著しく弱いため，これら耐久体から発芽した菌糸が土壌中を伸びることはない．伸長してきた宿主の根や胚軸がこれらの耐久体に接触して，あるいは根や胚軸から分泌される糖やアミノ酸などによって賦活化され感染する．傷は感染を容易にするため，根こぶ線虫の存在が発病を助長するとされる．宿主体内に蔓延した菌糸は，宿主の成育末期から枯死後に耐久性のある暗色休眠菌糸に変わるとともに，微小菌核を多数形成し，これらが翌年の一次伝染源となる．

ⅷ） ***Helicobasidium* による病気**

病原菌：*Helicobasidium* は菌界の担子菌門-クロボキン綱-プラチグロエア目-プラチグロエア科に属す．*H. mompa* は多くの畑作物・果樹作物に紫紋羽病を引き起こす．

伝染環：*H. mompa* は土壌中，植物根上あるいは植物残渣上に菌糸，菌糸束，菌糸塊の形で生存する．植物体あるいは残渣を栄養源として菌糸束が土壌中を伸展し，植物根に到達する．菌糸は絡み合って根状菌糸束となり，根を網目状に覆い，これが発達すると厚いフェルト状菌糸層になる．根の表面の菌糸または根状菌糸束は集団となって侵入子座を形成し，根の組織の細胞縫合部を門戸として侵入する．本菌は侵害力は弱いが発病力は強い．植物組織上で繁殖した菌は土壌中へ菌糸束を伸ばし，新たな植物根や残渣に定着する．根上あるいは残渣上で菌糸塊を形成するが，これは耐久器官としての役割を果たす．植物の地下部で発達した根状菌糸束は，秋期になると上方に伸長して植物の茎や幹の地際部に子実体を形成し，この表面に子実層ができて担子器と担子胞子が生じる．担子胞子は発芽して発芽管を生じるが，伝染源としての役割はよく知られていない．

本病は，火山灰土で，通気性がよく，未分解有機物に富み，C/N 率が高く，pH の低い開墾直後の未熟土壌で発生が多いなど，前述した白紋羽病とは発生条件が

対照的である．

ix) *Thanatephorus* による病気

病原菌：*Thanatephorus* は菌界の担子菌門-担子菌綱-ツノタンシキン目-ツノタンシキン科に属す．*T. cucumeris* の無性生殖世代である *Rhizoctonia solani* は菌糸融合群（anastomosis group；AG）により AG-1～AG-13 と AG-BI の 14 群が知られている．*R. solani* は 48 科 263 種を宿主とする多犯性菌とされるが，各菌糸融合群やその亜群である培養型ごとに宿主がある程度限定され，それぞれ特有の病原性をもつことも明らかになっている．現在，*R. solani* の菌群を記す場合はAG-1 IA，AG-1 IB というように菌糸融合群と培養型を併記するのが一般的である．最近の DNA ホモロジーの結果から本菌は複合種であり，各菌群はそれぞれ異なる種とみなされている．表Ⅶ.11 に植物に対する病原性から各菌群の主な宿主と病徴をあげた．

伝染環：*T. cucumeris*（*R. solani*）は，条件的寄生菌で典型的な土壌生息型の寄生菌でもある．1年の大半は土壌中で耐久生存，あるいは土壌中の有機物を利用して腐生生存している．本菌は菌核あるいは植物残渣中の厚壁化菌糸で越冬する．地温が上昇し（10～15℃），植物根の浸出液や未分解有機物などから滲み出た栄養に感応すると発芽し，菌糸を土壌中に伸ばし，植物の根あるいは土壌に接している茎葉に到達する．侵入は菌糸単独か子座を形成して角皮感染するが，気孔感染の場合もある．

表Ⅶ.11 *Rhizoctonia solani*（完全世代 *Thanatephorus cucumeris*）各菌糸融合群の宿主と主な病名

菌糸融合群(培養型)	宿　主	主な病名
AG-1 IA	イネ，トウモロコシ，ソルゴー	紋枯病
AG-1 IB	テンサイ	くものす病，葉腐病
AG-1 IC	テンサイ	苗立枯病
AG-2-1	アブラナ科植物，イチゴ，チューリップ	苗立枯病，芽枯病
AG-2-2 ⅢB	イネ，ゴボウ，シソ，ベントグラス，イグサ	紋枯病，擬似紋枯病，黒あざ病，ブラウンパッチ病
AG-2-2 Ⅳ	テンサイ	根腐病，葉腐病
AG-2-2 LP	コウライシバ，セントオーガスチングラス，ノシバ	ラージパッチ病
AG-2-3	ダイズ	葉腐病
AG-3	ジャガイモ，ナス，タバコ	黒あざ病，葉腐病
AG-4	エンドウ，ダイズ	苗立枯病，葉腐病
AG-5	ダイズ，ジャガイモ	根腐病，黒あざ病
AG-7	ダイズ，カーネーション	茎腐病
AG-8	ムギ類，アルファルファ，ルービン	ベアパッチ病

侵入した菌糸は組織中に蔓延し，あるいは植物体の表面を伸長して，幼植物には苗立枯病を，成長した植物では根腐病，葉腐病をはじめとする腐敗病を起こす(図Ⅶ.34)．植物体から十分な栄養を摂った病原菌は，植物体上あるいはその周囲の土壌中に多数の菌核を形成する．組織中の菌糸は厚壁化し，耐久性のある菌糸となり，翌年の感染源となる．

有性生殖世代を形成する環境条件が揃ったときは，土壌表面，植物の地際部，あるいは罹病植物体上に形成された子実層から担子胞子が風媒伝染し，葉に角皮侵入して病斑を形成し，葉腐病を引き起こすこともある．担子胞子による伝染は菌核による伝染に比べてより広範囲に及ぶと考えられるが，自然界での担子胞子の形成は限定されており，また，すべての菌群・菌株で有性生殖世代が形成されるわけではない．

x) *Athelia* による病気

病原菌：*Athelia rolfsii* は無性生殖世代が *Sclerotium rolfsii* として知られ，菌界の担子菌門-担子菌綱-アナタケ目-サルノコシカケ科に属す．多犯性であり，わが国では 66 科 251 種の植物が宿主として報告されている．高温性のため夏季高温のときに発病が多い．

伝染環：本菌はアワ粒大の赤褐色の菌核で耐久生存する．菌核は発芽すると，土壌の表面あるいは表層部を伸展して植物体に到達する．はじめ地際部が発病し，白色，絹糸状の菌糸に覆われる．多くの作物で白絹病と呼ばれる．被害組織は腐敗して茎葉枯れとなり，地上部は萎ちょうする（図Ⅶ.35）．耕種的防除法として，輪作，湛水，石灰施用，病植物の除去などが効果的である．

図Ⅶ.34 *Thanatephorus* による病気，テンサイ根腐病(左：地上部病徴，右：根の病徴)(百町原図)

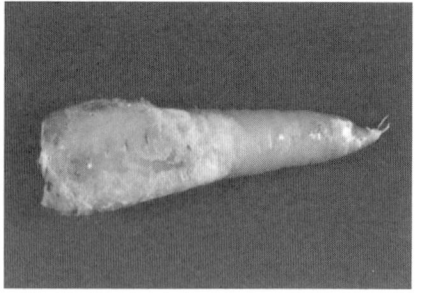

図Ⅶ.35 *Athelia* による病気，ニンジン白絹病(左：地上部の病徴と病株周辺に形成された菌核，右：根の病徴と標徴)(棚橋原図)

6. その他の病害

(1) 線虫類

植物寄生性線虫による症状の発現は，加害部位に現れる病徴を含めて一般に慢性的である．特に植物体の地下部に線虫が寄生した場合の農作物の被害は，地上部の症状からそれを診断することはかなり難しい．そのため線虫の被害を見逃したり，発生が激しくなるまで気づかないこともある．その点でマツノザイセンチュウによるマツの激症型の病徴は，線虫被害の中でも特異な例である．

ⅰ) ダイズシストセンチュウ (*Heterodera glycines*)　ダイズ，アズキなど数種類のマメ科植物に寄生するが，ダイズの被害が最も激しい．線虫が寄生したダイズは，茎葉が淡黄色に変わり，生育が著しく衰退する．圃場では一部が黄変，陥没して見える．被害株の根に，白または淡黄色のケシ粒大の雌成虫が外部に突出しているのが肉眼で観察できる．根粒菌の着生は悪くなる．成熟した雌成虫は，しだいに体表が褐変し，根から脱落してシスト (cyst) となり，土壌中に分散する．シストは約 300 個の卵を抱え，数年間残存する．宿主からのふ化促進物質であるグリシンエクレピン A (glycinoeclepin A) の刺激でふ化した幼虫は，土壌中に泳ぎ出たのち根に侵入する．やや低温性で，わが国では関東以北で普遍的に分布する．防除法としては抵抗性品種の栽培と非宿主植物との輪作を行う．レースの存在が知られており，抵抗性品種の選択には注意を要する．

ⅱ) サツマイモネコブセンチュウ (*Meloidogyne incognita*)　ネコブセンチュウの中で最も代表的な種類で，分布が広く被害が著しい．サツマイモだけでなく，トマト，キュウリ，ダイズ，オカボ，ブドウなど 700 種を越す植物に寄生す

る．寄生を受けた根には大小さまざまな多数のこぶ（gall）ができ，激しく加害を受けた根では数珠状に肥大する．地上部に現れる症状は一般に慢性的であり，全身の生育不良や日中の一時的な萎れが見られる．根こぶの外部にはしばしば卵塊（egg mass）を産出し，そこからふ化した幼虫は土壌中に泳ぎ出たのち宿主植物からの刺激に誘引され，根端部分から侵入する．植物の中心柱に沿って定着すると，唾液を分泌して自ら栄養を摂取するための特別な構造体である巨大細胞を誘導する．これと並行して寄生部位の皮層組織が肥大増生し，根こぶ形成が進む．雌成虫は成熟すると数百個の卵を産み，卵塊を生じる．発育適温は25～30℃で暖地型に属し，1年間に少なくとも数世代を過ごし増殖する．この線虫の寄生を受けた植物は，他の病原体に侵されやすくなり，しばしば複合病を起こす．防除法としては，被害根を除去して土壌中の線虫密度を下げる，抵抗性品種を利用する，マリーゴールドのような殺線虫作用のある対抗植物（antagonistic plant）を輪作に組み入れて栽培する，殺線虫剤による土壌消毒を行うなど総合防除が望ましい．

iii）**キタネグサレセンチュウ**（*Pratylenchus penetrans*）　ネグサレセンチュウの中ではミナミネグサレセンチュウ（*P. coffeae*）と並び主要な種類である．世界での分布も広く，350種以上の宿主植物が記録されている．わが国ではダイコンをはじめ，ゴボウ，ニンジン，フキ，キクなどで被害が目立っている．ネグサレセンチュウは根や塊茎，球塊などを加害してえ死病斑を生じ，皮層の崩壊を起こす．加害が進むと，根全体に腐れが広がり，地上部の生育は著しく不良となる．野菜類の連作障害の主要因でもある．この属の線虫は，内部寄生する移住性の寄生形態をとる．発病適温は20～25℃で寒地型に属し，一世代の期間は1～3カ月を要する．土壌中での耐久生存期間も長い．半身萎ちょう病菌との混合感染により，発病を助長させる．防除法としては，作物残根の処置，堆きゅう肥の施用，対抗植物の利用，殺線虫剤による土壌消毒などを組み合わせて行う．

iv）**マツノザイセンチュウ**（*Bursaphelenchus xylophilus*）　本線虫はアカマツやクロマツの"マツ枯れ"の病原体として知られている．わが国では北海道と青森県以外の全都府県に分布している．この線虫はマツノマダラカミキリによって運ばれ，カミキリがマツ枝を食害する際に樹体内に侵入する．本線虫が寄生したマツは松やにを出さなくなり，真夏から秋にかけて急速に樹勢が衰え，枯死する．マツの成分と線虫の分泌する物質が関係した毒性物質が"マツ枯れ毒素"としてマツ枯れ病に関与すると推察されている．一方，マツ枯れ毒素として，本線

虫の随伴細菌が生産する安息香酸が関与しているとの説もある．マツ枯れ対策の基本はカミキリによる線虫伝播を遮断することであり，そのための生態管理が重要である．

(2) 公　　害

代表的公害として，大気汚染，水質汚染，土壌汚染があるが，その中でも大気汚染が重要である．農作物に被害を及ぼす大気汚染物質（air pollutant）としては，①オゾン，PAN（peroxyacetyl nitrate）およびその同属体，二酸化窒素，塩素など酸化的障害をもたらすもの，②二酸化硫黄（亜硫酸ガス），ホルムアルデヒド，硫化水素，一酸化炭素など還元的障害をもたらすもの，③フッ化水素，四フッ化ケイ素，塩化水素，三酸化硫黄，硫酸ミスト，シアン化水素など酸性障害をもたらすもの，④アンモニアなどアルカリ性障害をもたらすもの，⑤エチレン，プロピレン，アセチレンなどの有機系の毒ガス，および⑥煤塵（すすなど），粉塵，nm サイズの浮遊粒子物質（カドミウム，鉛のような金属，またはその酸化物）など数多くある．

大気汚染による植物被害には，植物体に外観的に明瞭な症状で現れる可視被害（visible injury）と，一見して症状がわからない不可視被害（invisible injury）とに分けられる．不可視被害は植物の光合成や呼吸などの代謝生理に異常をもたらし，病気に対する抵抗力を弱めることがある．例えば，マツ類のすす葉枯病菌（*Rhizosphaera kalkhoffii*）は病原性が弱く通常の病徴は軽いが，二酸化硫黄の汚染条件下では激しい症状を現すようになる．汚染物質の作用と病害発生機構との関連は今後詳細に調べる必要がある．

(3) 貯 蔵 病 害

栽培作物の収穫後に発生する病気（postharvest disease）は，市場病害（market disease）とか，貯蔵病害（storage disease）などとも呼ばれ，栽培圃場で生育中に発生する病気と区別して扱われる．それらの病害を発病の特性によって類別すると，①外観は健全でもすでに病原菌に感染しているもの，②内部病徴だけで外部病徴が現れていないもの，および③収穫後に傷口などから感染して発病するもの，に分けることができる．

ⅰ）**カンキツ青かび病**（病原菌：*Penicillium italicum*）・**カンキツ緑かび病**（病原菌：*P. digitatum*）　青かび病は貯蔵初期には発生が少なく，中期から末期にかけて多くなる．一方，緑かび病の発生は収穫直後の11～12月と貯蔵末期の3月頃に多い．両病とも初め果皮の一部が水浸状となり，不整円形状に拡大して軟化

する．病患部にはまず白い菌糸が広がるが，やがて中央から青緑色の粉状を呈す菌叢に変わり，周囲の白い菌糸部を覆うようになる．最終的には病果はいずれもかびにまみれて腐敗する．

病原菌胞子が収穫した果実に着いたまま貯蔵庫にもち込まれ，収穫前の台風や夜蛾の吸痕，さらに収穫や輸送の際にできた果実のわずかな傷口から侵入する．対策としては圃場衛生と収穫物の傷に対する注意，収穫前の薬剤散布，貯蔵中の環境管理と早期発見が大切である．

ⅱ）**サツマイモ黒斑病**（病原菌：*Ceratocystis fimbriata*）　収穫時のサツマイモにすでに発病していることもあるが，多くは貯蔵中に広がる．病斑は初期には浅く，緑がかった黒褐色で，しだいに黒色をおび，表面がくぼんだ円形の大型病斑となる．中央部にかびを生じる．罹病いもには強い苦味があり，これはファイトアレキシンであるイポメアマロンのためとされている．貯蔵中に罹病いもと接触することにより，健全いもにも蔓延する．貯蔵内の発病は，多くの場合収穫・貯蔵作業中の擦り傷や打ち身の個所から菌が侵入する．主な伝染経路として，種苗に汚染し，さらに収穫いもに汚染が広がるので，もとになる健全種いもの選択が重要である．また収穫時のいも選別に注意し，罹病いもとの接触は極力避ける．貯蔵庫・貯蔵箱などの消毒を行う必要がある．

ⅲ）**タマネギ灰色腐敗病**（病原菌：*Botrytis allii*）　収穫後，冷温貯蔵する間に鱗茎が腐敗して大きな被害を与える．発病した鱗茎は形がやや縦長となり，表面に黒色の小型菌核が連なって形成される．病患部周辺には，灰色ビロード状のかびが密生する．

病原菌は生育中に葉に寄生したり葉鞘部に付着したものが，収穫後の乾燥中に鱗茎に達し，貯蔵に入ってから蔓延する．収穫時に雨が続き乾燥が長引いた場合に多い．対策としては圃場衛生，収穫時の天候条件に対する配慮，貯蔵前の鱗茎の選別，乾燥・貯蔵施設の環境管理など，発生予防に万全を期すことが重要である．

図表引用文献

1) 農林水産省統計情報部：平成13年度作物統計, pp.12-13(2002).
2) Klug, A. and Casper, D. L. D.：*Adv. Virus Res.*, **7**: 225-325(1960).
3) Finch, J. T. and Klug, A.：*J. Mol. Biol.*, **15**: 344-364(1966).
4) 高橋 壯：新編植物ウイルス学(改訂版, 平井篤造ほか共著), pp.26-52, 養賢堂(1988).
5) Sänger, H. L.：*Encyclopedia of Plant Physiology. New Ser.*, **14B**: 368-454(1982).
6) Van Regenmortel, M. H. V. et al. ed.：Virus Taxonomy, 7th ed., pp.1009-1014, Academic Press(2000).
7) Oshima, K. et al.：*Nature Genetics*, **36**: 27-29(2004).
8) Cavalier-Smith：The Kingdom Chromista (Green, J. C. et al. ed.), pp.225-278, Clarrendon Press, Oxford(1992).
9) Agrios, G. N.：Plant Pathology, 4th ed., p. 635., Academic Press(1997).
10) 柿島 眞：植物防疫, **55**: 377-383(2001).
11) Hawksworth, D. L. et al.：Ainsworth & Bisby's Dictionary of the Fungi (8th ed.), p. 616, CAB International(1995).
    柿島 眞(2001), 文献10)
12) 国永史朗：植物病理学事典(日本植物病理学会編), pp.22-27, 養賢堂(1995).
13) 原 秀紀, 小野邦明：植物防疫, **38**(2): 76-79(1982).
    津山博之：農学研究所彙報, **13**(4): 221-345(1962).
    對馬誠也, 脇本 哲, 茂木静夫：日本植物病理学会報, **52**: 253-259(1986).
    New, P. B. and Kerr, A.：*J. Appl. Bact.*, **34**: 233-236(1971).
14) 吉村彰治：北陸農業試験場報告, **5**: 28-177(1963).
15) 津山博之：農業研究所彙報, **13**(4): 221-345(1962).
16) Luria, S. E. and Darnell, J. E.：General Virology, 3rd ed., Wiley(1978).
17) Gregory, P. H.：The Microbiology of the Atmosphere, 2nd ed. Wiley(1973).
    鈴木穂積：北陸農業試験場報告, **10**: 1-118(1969).
18) Gregory, P. H.(1973), 文献17)
19) Roelfs, A. P.：Plant Disease Epidemiology (Leonard, K. J. and Fry, W. E. ed.), vol. 1, pp.129-150, MacMillan(1986).
20) Gibbs, J. N.：*Annu. Rev. Phytopathol.*, **16**: 287-307(1978).
21) Garrett, S. D.：*Biol. Rev.*, **25**: 220-254(1950).
    Garrett, S. D.：Biology of Root-infecting Fungi, p.293, Cambridge University Press(1956).
22) 小倉寛典：新版土壌病害の手引き(新版土壌病害の手引き編集委員会編), pp.157-164, 日本植物防疫協会(1984).
23) 羽柴輝良：北陸農業試験場報告, **26**: 115-164(1984).

24) Van der Plank, J. E.：Disease Resistance in Plants, p. 206, Academic Press(1968).
25) Tomiyama, K.：*Ann. Phytopathol. Soc. Jpn*, **21**：54-62(1956).
26) Yamamoto, M. et al.：*Phytopathology*, **90**：595-600(2000).
27) Kakizawa, S. et al.：*Microbiology*, **150**(1)：135-142(2003).
28) Noda, T. and Ohuchi, A.：*Ann. Phytopathol. Soc. Jpn.*, **55**：201-207(1989).

主要参考図書

1．全般にわたるもの

Agrios, G. N.：Plant Pathology, 5th ed., Elsevier(2005).
濱屋悦次編著：応用植物病理学用語集，日本植物防疫協会(1990).
羽柴輝良他：新農学実験マニュアル，ソフトサイエンス社(2002).
Holliday, P.：A Dictionary of Plant Pathology, Cambridge University Press(1989).
本間保男他編：植物保護の事典，朝倉書店(1997).
Horst, R. K.：Wescott's Plant Disease Handbook, 5th ed., Van Nostrand Reinhold(1990).
梶原敏宏他編：作物病害虫ハンドブック，養賢堂(1986).
岸　國平：植物のパラサイトたち─植物病理学の挑戦─，八坂書房(2002).
小林享夫他：樹病学概論，養賢堂(1986).
久能　均他：新編植物病理学概論，養賢堂(1998).
Lucas, G. B. et al.：Introduction to Plant Diseases. Identification and Management, 2nd ed., Van Nostrand Reinhold(1992).
Lucas, J. A.：Plant Pathology and Plant Pathogens, 3rd ed., Blackwell Science(1998).
Maloy, O. C. and Murray, T. D. eds.：Encyclopedia of Plant Pathology, vol. 1-2, John Wiley & Sons(2000).
日本植物病理学会編：日本植物病名目録，日本植物防疫協会(2000).
日本植物病理学会編：植物病理学事典，養賢堂(1995).
日本植物病理学会編：日本植物病理学史，日本植物病理学会(1980).
大木　理：植物と病気，東京化学同人(1994).
佐藤仁彦他編：植物病害虫の事典，朝倉書店(2001).
植物防疫講座第3版編集委員会編：植物防疫講座─病害編─，─雑草・農薬・行政編─，各第3版，日本植物防疫協会(1997).
Schumann, G. L.：Plant Diseases, Their Biology and Social Impact, APS Press(1991).
Strange, R. N.：Introduction to Plant Pathology, John Wiley & Sons(2003).
都丸敬一他：新植物病理学，朝倉書店(1992).
脇本　哲監修：植物病原性微生物研究法，ソフトサイエンス社(1993).
脇本　哲編著：総説植物病理学，養賢堂(1994).
Waller, J. M. et al.：Plant Pathologist's Pocketbook, 3rd ed., CAB International(2001).

2. ウイルス病・ウイロイド病

Bos, L.: Plant Viruses, Unique and Intriguing Pathogens, A Textbook of Plant Virology, Backhuys Publishers(1999).

Diener, T. O.: Viroids and Viroid Diseases, John Wiley & Sons(1979).

古澤　巌他：植物ウイルスの分子生物学，学会出版センター(1996).

Granoff, A. and Webster, R. G. eds.: Encyclopedia of Virology, 2nd ed., Vol. 1-3, Academic Press(1999).

Hadidi, A. et al. ed.: Viroids, CSIRO Publishing/Science Publishers(2003).

畑中正一編：ウイルス学，朝倉書店(1997).

平井篤造他：新編植物ウイルス学(改訂版)，養賢堂(1988).

Hull, R.: Matthews' Plant Virology, 4th ed., Academic Press(2002).

Khan, J. A. and Dijkstra, J. ed.: Plant Viruses as Molecular Pathogens, Howorth Press (2001).

Tidona, C. A. and Darai, G. ed.: The Springer Index of Viruses, Springer-Verlag(2002).

土崎常男他：原色作物ウイルス病事典，全国農村教育協会(1993).

Van Regenmortel et al. ed.: Virus Taxonomy, Eighth Report of the International Committee on Taxonomy of Viruses, Academic Press(2005).

3. 細菌病・ファイトプラズマ病

土居養二：植物および昆虫のマイコプラズマ(尾形　学監修, マイコプラズマとその実験法)，近代出版(1988).

Holt, J. G. et al.: Bergey's Manual of Determinative Bacteriology, 9th ed., Williams & Wilkins(1994).

西山幸司他：作物の細菌病：病徴診断と病原同定(CD-ROM)，日本植物防疫協会(2001).

Schaad, N. W. et al. ed.: Laboratory Guide for Identification of Plant Pathogenic Bacteria, 3rd ed., APS Press(2001).

Sigee, D. C.: Bacterial Plant Pathology, Cell and Molecular Aspects, Cambridge University Press(1993).

滝川雄一・植松　勉編：作物細菌病の見分け方，日本植物防疫協会(2000).

Whitcomb, R. F. and Tully, J. G. ed.: The Mycoplasmas, Vol. V, Spiroplasmas, Acholeplasmas, and Mycoplasmas of Plants and Arthropods, Academic Press(1989).

4. 菌類病

Alexopoulos, C. J. et al.: Introductory Mycology, 4th ed., John Wiley & Sons (1996).

青島清雄他：菌類研究法，共立出版(1983).

Barnett, H. L. and Hunter, B. B.: Illustrated Genera of Imperfect Fungi, 4th ed., APS Press (1998).

Carlile, M. J. and Watkinson, S. C.: The Fungi, Academic Press(1994).

Cummins, G. B. and Hiratsuka, Y.: Illustrated Genera of Rust Fungi, APS Press(1983).

Farr, D. F. et al.: Fungi on Plants and Plant Products in the United States, APS Press (1989).
Gnanamanickam, S. S.: Biological Control of Crop Diseases, Marcel Dekker (2002).
原田幸雄: キノコとカビの生物学, 変幻自在の微生物, 中央公論社 (1993).
Hawksworth, D. L. et al. ed.: Ainsworth and Bisby's Dictionary of the Fungi, 8th ed., CAB International (1995).
堀　眞雄: イネ紋枯病, 日本植物防疫協会 (1991).
池上八郎他: 新編植物病原菌類解説, 養賢堂 (1996).
Kirk, P. M. et al. ed.: Ainsworth and Bisby's Dictionary of the Fungi, 9th ed., CAB International (2001).
小林享夫他: 植物病原菌類図説, 全国農村教育協会 (1992).
松尾卓見他編: 作物のフザリウム病, 全国農村教育協会 (1980).
大畑貫一他編: 作物病原菌研究技法の基礎―分離・培養・接種―, 日本植物防疫協会 (1995).
宇田川俊一他: 菌類図鑑, 上・下. 講談社サイエンティフィク (1978).
渡邊恒雄: 植物土壌病害の事典, 朝倉書店 (1998).
Webster, J.: Introduction to Fungi, 2nd ed., Cambridge University Press (1980).
山中　達・山口富夫編著: 稲いもち病, 養賢堂 (1987).

5. その他の病害

Bergmann, W. ed.: Nutritional Disorders of Plants: Development, Visual and Analytical Diagnosis, Gustav Fischer Verlag (1992).
Dropkin, V. H.: Introduction to Plant Nematology, 2nd ed., John Wiley & Sons (1989).
石橋信義編: 線虫の生物学, 東京大学出版会 (2003).
草野忠治他: 応用動物学実験法, 全国農村教育協会 (1991).
行本峰子・浜田虔二: 原色作物の薬害, 全国農村教育協会 (1985).
Nickle, W. R. ed.: Manual of Agricultural Nematology, Marcel Deller (1991).
線虫学実験法編集委員会編: 線虫学実験法, 日本線虫学会 (2004).
Whitehead, A. G.: Plant Nematode Control, CAB International (1997).

6. 病態生理, 抵抗性, 病原性

Goodman, R. N. et. al.: The Biochemistry and Physiology of Plant Disease, University of Missouri Press (1986).
市原耿民・上野民夫編: 植物病害の化学, 学会出版センター (1997).
Jeger, M. J. and Spence, N. G.: Biotic Interactions in Plant Pathogen, CAB International (2001).
西村正暘・大内成志編: 植物感染生理学, 文永堂 (1990).
奥　八郎: 病原性とは何か―発病の仕組みと作物の抵抗性, 農山漁村文化協会 (1988).
Scheffer, R. P.: The Nature of Disease of Plants, Cambridge University Press (1997).

島本　功他監修：新版分子レベルから見た植物の耐病性—ポストゲノム時代の植物免疫研究(植物細胞工学シリーズ19)，秀潤社(2004)．
Singh, U. S. et al. ed. : Pathogenesis and Host Specificity in Plant Diseases : Histopathological, Biochemical, Genetic and Molecular Bases, Vol. 1-3, Pergamon(1995)．
Slusarenko, A. J. et al. : Mechanisms of Resistance to Plant Diseases, Kluwer Academic Publishers(2000)．
山田哲治他監修：分子レベルから見た植物の耐病性—植物と病原菌の相互作用に迫る(植物細胞工学シリーズ8)，秀潤社(1997)．

7. 病気の診断と防除

Campbell, C. L. and Madden, L. V. : Introduction to Plant Disease Epidemiology, John Wiley & Sons(1990)．
Compendium of Plant Disease Series (Apple and Pear ; Barley ; Bean ; Citrus ; Flowering Potted Plant ; Rice ; Strawberry ; Tomato etc.), APS Press (1990〜2000)．
Cook, R. J. and Baker, K. F. ed. : The Nature and Practice of Biological Control of Plant Pathologens, APS Press(1983)．
江塚昭典・安藤康雄：チャの病害，日本植物防疫協会(1994)．
Gnanamanickam, S. S. : Biological Control of Crop Diseases, Marcel Dekker(2002)．
堀江博道他編：花と緑の病害図鑑，全国農村教育協会(2001)．
百町満朗監修：拮抗微生物による作物病害の生物防除—わが国における研究事例・実用化事例—，クミアイ化学工業(2003)．
家城洋之編：原色果樹のウイルス・ウイロイド病，診断・検定・防除，農山漁村文化協会(2002)．
岸　國平編：日本植物病害大事典，全国農村教育協会(1998)．
岸　國平編：新版野菜の病害虫，診断と防除，全国農村教育協会(1987)．
北島　博：果樹病害各論，養賢堂(1989)．
小林享夫編著：カラー解説庭木・花木・林木の病害，養賢堂(1988)．
駒田　旦他：病害防除の新戦略，全国農村教育協会(1992)．
駒田　旦：土壌病害の発生生態と防除．タキイ種苗広報出版部(1988)．
Leonard, K. J. and Fey, W. E. : Plant Disease Epidemiology vol. 1-2, Macmillan Publishing (1986)．
日本植物病理学会殺菌剤耐性菌研究会編：植物病原菌の薬剤感受性検定マニュアル，植物防疫特別増刊号4，日本植物防疫協会(1998)．
西尾道徳・大畑貫一編：農業環境を守る微生物利用技術，家の光協会(1998)．
農林水産省野菜・茶業試験場編：種子伝染性病害の管理・研究・制御—国際ワークショップの報告から—，全国農村教育協会(2000)．
農薬ハンドブック2001年版編集委員会編：農薬ハンドブック2001年版，日本植物防疫協会(2001)．
大畑貫一：稲の病害，診断・生態・防除，全国農村教育協会(1990)．

鈴井孝仁他：微生物の資材化：研究の最前線，ソフトサイエンス社(2000)．
梅谷献二他：農業有用微生物，養賢堂(1990)．

8. 定期刊行物その他

Annual Review of Microbiology (Annual Review)(年刊)．
Annual Review of Phytopathology (Annual Review)(年刊)．
今月の農業(化学工業日報社)(月刊)
Molecular Plant-Microbe Interactions(米国植物病理学会)(月刊)．
Journal of General Plant Pathology(日本植物病理学会)(隔月刊)．
日本植物病理学会報(日本植物病理学会)(年4回)．
Phytopathology(米国植物病理学会)(月刊)．
Plant Disease(米国植物病理学会)(月刊)．
植物防疫(日本植物防疫協会)(月刊)．
ウェブサイト：学会，大学，研究機関，行政機関，企業などの関連サイトには有益な記事，画像を含むものが多い．また，例えば[potato famine]で検索すると，歴史上最大のジャガイモ疫病飢饉についての，当時の地方新聞記事や風刺画などを見ることのできるサイトに到達できる．

用 語 一 覧 表

A

abortion	発育不全
abscession layer	離　層
acaricide	殺ダニ剤
acervulus	分生胞子層
acid-fast stain	抗酸性染色
acquired immunity	獲得免疫
actinomycetes	放線菌
activation	活性化
active ingredient	有効成分，主剤
acute disease	急性病
acute toxicity	急性毒性
acquired resistance	獲得抵抗性
adaptation	適　応
additive action	相加作用
adhesion	付　着
adjuvant	アジュバント，補助剤
aeciospore	さび胞子
aecium	さび胞子堆
aerial application	空中散布
aerial hypha (hyphae)	気中菌糸
aerobic	好気性
aerosol application	エーロゾル散布
aerosol preparation	煙霧剤
aethalium	着合子のう体
affinity	親和性
agar gell diffusion test	寒天ゲル内拡散法
agar dilution method	寒天希釈法
agglutination	凝　集
agglutination test	凝集反応試験
agglutinin absorption test	凝集素吸収試験
aggressiveness	侵害力，病原力
agricultural chemicals	農　薬
agricultural pharmacology	農業薬理学
agrotechnical control	耕種的防除
air-borne disease	空気伝染病
airport inspection	空港検査
alternate host	中間宿主
alternation of hosts	宿主交代
amorphous inclusion	無定形封入体
anaerobic	嫌気性
anamorph	不完全世代
anastomosis [—ses]	菌糸融合
anatomical diagnosis	解剖診断
annulations	体　環
annulus	菌輪（つば）
antagonism	抗生（対抗），拮抗作用
antagonistic microorganism	拮抗微生物
antheridium (—a)	造精器
antibiotic substance	抗生物質
antibody	抗　体
antigen	抗　原
antigen analysis	抗原分析
antiserum (immune serum)	抗血清
apothecium (—a)	子のう盤
appendage	付属糸
application	施用，散布
application by helicopter	ヘリコプター散布
applied pesticide science	農薬施用学
appressorium (—a)	付着器
artificial infection	人工感染
artificial mutant	人工変異株
ascocarp	子のう果
ascospore	子のう胞子
ascus (asci)	子のう
asexual	無　性
asexual spore	無性胞子
assay	検定，定量
assimilation	同　化
atrichia	無毛細菌
attenuation	弱毒化
attenuated virus	弱毒ウイルス
attractant	誘引剤
autoclave	滅菌，オートクレーブ
autoecious	同種寄生性
autotrophy	独立栄養
autolysis	自己分解
auxotroph	栄養要求体
average burst size	平均放出量
avirulence	非病原性
axenic culture	純培養

B

bacillus (bacilli)	桿　菌
bacteriocidal action	殺菌作用
bacteriocide	殺菌剤
bacteriocin	バクテリオシン
bacteriology	細菌学
bacteriophage	バクテリオファージ
bacterium (—a)	細　菌
bark pitting	樹皮ピッティング
basidiospore	担子胞子
basidium (—a)	担子柄
bioassay	生物検定

biological control	生物的防除		コロニー形成単位	columella	柱軸, 子のう軸
biological degradation	生物分解	challenge inoculation	二次接種	compatibility	親和性
biological diagnosis	生物診断	challenge virus	攻撃ウイルス, 二次ウイルス	competition	競争
biologic form	生態種			complement fixation test	補体結合試験
biotype	生態型	chemical control	化学的防除	complementary DNA	相補的DNA
black heart	心材黒変	chemical disinfection	化学消毒	complex disease	複合病
blight	枯損			component of organism	生体成分
blister	ふくれ	chemical resistance	化学の抵抗	composition analysis	製剤分析
blossom-end rot	尻ぐされ	chemical sterilization	化学殺菌	concentric ring	同心輪紋
blotch	汚斑	chemical tolerance	薬剤抵抗性	conditioning	順化
blue stain	青変			conidiophore	分生子柄
Bordeaux mixture	ボルドー液	chemotaxis	走化性	conidium (conidia)	分生胞子, 分生子
borders inspection	国境検査	chemotherapy	化学療法	conjugation	接合
bouillon	ブイヨン, 肉汁	chlamydospore	厚膜胞子	consensus sequence	共通塩基配列
breaking	ブレーキング, 斑入	chlorosis	クロロシス	constitution	体質
		chlorotic spot	退緑斑点	contact transmission	接触伝染
breeding control	育種的防除	chromatography	クロマトグラフィー		
brine injury	塩害	chronic disease	慢性病	contamination	コンタミネーション, 汚染
bristles	刺毛	chronic toxicity	慢性毒性		
brooming disease	開花病	cilium (cilia)	べん毛, 繊毛, 線毛	continuous, short-range spread	連続近距離分散
browning	褐変				
buccal cavity	口腔	cistron	シストロン		
budding	芽生, 出芽	clamp connection	かすがい連結	control	(広義の)防除
		clarification	清澄化	control	(狭義の)防除, 対照
C		clavate	こん棒状		
callose	カロース	cleavage-ligation	切り継ぎ	control effect	防除効果
callus	癒合組織, カルス	cleavage map	切断地図	core	中核
cambium	形成層	cleistothecium (—a)	閉子のう殻	coremium (coremia)	分生(胞)子柄束
canker	かいよう	clone	クローン		
capsid	外被タンパク質	coarse dust	粗粉剤	crinkle	れん葉
capsomere	形態単位	coat	外被	crop persistent pesticide	作物残留性農薬
capsule	莢膜	coating	塗布, 粉衣		
capsule stain	莢膜染色	coccus	球菌	cross immunity	交叉免疫
carborundum	カーボランダム	coding region	翻訳領域	cross infection	交叉感染
carrier	保毒(保菌)植物, 担体	codon	遺伝暗号	cross protection	干渉効果
		cold and hot-water treatment	冷水温湯処理	cross resistance	交叉耐性
causal agent	病原	cold injury	冷害	crozier	かぎ状構造
cell-to-cell movement	細胞間移行	colonization	定着	cryptic virus	種子潜伏ウイルス
cell culture	細胞培養	colony	コロニー, 集落, 菌叢		
cell necrosis	細胞え死				
cell fusion	細胞融合	color removing break	退色斑入り	crystalline inclusion body	
cell wall	細胞壁				
CFU (colony forming unit)					

	結晶性封入体	deposit	落下量	duster	散粉機
cubical rot	柱状腐朽	dermal toxicity	経皮毒性	dust-granule	粉粒剤
culture	培養	detoxication	解毒	dusting	散粉
cultural control	耕種的防除	diagnosis	診断	dwarf	萎縮，萎化
curative effect	治療効果	dieback	枝枯れ		
cuscuta transmission		differential host	判別宿主	**E**	
	ネナシカズラ伝染	differentiation	分化	early seeding	早播き
cuticular penetration		dikaryon	2核細胞	ecological race	生態種
	角皮貫入	diluent	希釈剤	ecosystem	生態系
cyst	シスト	dilution end point	希釈限度	egg-mass	卵塊
cystospore	被のう胞子	dimorphic	二形性の	electron microscope	
cytoplasmic inclusion		dioecious	雌雄異株の		電子顕微鏡
	細胞質内封入体	diploid mycelium	複相菌糸	electron staining	電子染色
		dipping	浸漬	electron transfer	電子伝達
cytoplasmic male sterility (CMS)		dipping method	浸漬法	electrophoresis	電子泳動
	細胞質雄性不稔	direct negative staining method		elicitor	エリシター，誘導因子
			ダイレクトネガティブ染色法		
cytoplasmic membrane				ELISA, enzyme linked-immunosorbent assay	
	細胞質膜	disease	病気，罹病，発病		酵素結合抗体法
D		disease injury	病害	embargo	輸入禁止
damage	被害	disease resistance	病害抵抗性	embedding	包埋
damping-off	立枯れ	disinfection	消毒	emergence	発芽
debris	残渣	dispersal	分散	emergency control	緊急防除
decay	腐敗，腐朽	dispersing agent	分散剤	emulsifiable concentrate	
decoating	脱外被，脱タンパク	disposition	種族素因		乳剤
		disposition by disinfection and destruction		emulsifier	乳化剤
decline	衰弱，衰退		廃棄，消毒処分	emulsion	乳剤
decoction	煎汁			enation	ひだ葉
decomposition	分解	dissemination	伝搬，伝播	encapsulation	吸器包のう
defective strain	欠陥系	dissimilation	異化	endemic disease	風土病
defense reaction	防御反応	distilled water	蒸留水	endospore	内生胞子
deficiency	欠乏症	distortion	奇形	endotoxin	菌体内毒素
defoliation	落葉	dodder	ネナシカズラ	envelope	外膜
deformation	奇形	domestic plant quarantine		environmental pollution	
degeneration	退化		国内植物検疫		環境汚染
degenerative form	退行形	dormant spore	休眠胞子	environmental resistance	
degradation	分解	dormant spray	休眠期散布		環境抵抗性
dehydration	脱水	dosage response curve		enzyme	酵素
deleterious substance			薬量反応曲線	epidemic desease	流行病
	劇物	dose	薬量	epidemiology	疫学，流行学
deletion	欠失	double strand	2本鎖		
dendrogram	樹状図	drench	灌注	epiphyte	表生生物(菌)
density-gradient centrifugation		dressing	粉衣	epitope	エピトープ，抗原決定基
	密度勾配遠心分離	drought injury	干害		
		drug resistance	薬剤耐性	ER (endoplasmic reticulum)	
deoxyribonucleic acid		dry rot	乾腐		小胞体
	デオキシリボ核酸(DNA)	dust	粉剤	eradication	撲滅
		dust diluent	増量剤	ergot	麦角

escape	病気の回避
establishment	定着
etiolation	白化
etiology	病原学
eukaryote	真核生物
Eumycetes	真菌
excess	過剰症
exospore	外生胞子
exotic species	外来種
exotoxin	菌体外毒素
extender	増量剤
external symptom	外来病徴
extracellular enzyme	細胞外酵素
exudate	分泌物
exudation	分泌，漏出

F

facultative anaerobe	条件的嫌気性者(菌)
facultative parasite	条件寄生者(菌)
fallow	休閑
fasciation	帯化
feeding	吸汁
fern leaf	しだ葉
fertile	稔性の
fibril	繊維
fibrous	ひも状
field infection	圃場感染
field resistance	圃場抵抗性
field sanitation	圃場衛生
field test	圃場試験
filamentous	ひも状
filiform leaf	糸葉
fine granule	微剤粒
fine structure	微細構造
flagellar antigen (H antigen)	鞭毛抗原 (H抗原)
flagella stain	鞭毛染色
flagellated bacteria	極毛細菌
flagellum (—lla)	鞭毛
flood injury	水害
flower transmission	花器伝染
flower infection	花器感染
fluorescent antibody	蛍光抗体
foaming agent	起泡剤
fog application	くん煙(施用)
fogging machine	煙霧機
foliar disease	茎葉病
foliar application	茎葉散布
food web	食物連鎖
foot rot	すそ枯れ
forecasting of outbreak	発生予察
forecast work	発生予察事業
forest pathology	樹病学，森林病理学
formulation	剤型
fractional sterilization	間けつ滅菌
freeze-drying	凍結乾燥
freeze-etching method	フリーズ・エッチング法
freezing injury	凍害
frost injury	霜害
fructification	子実体形成
fumigant	くん蒸剤，ガス剤
fumigation	くん蒸
fumigator	くん蒸機
functional disturbance	機能症
Fungi Imperfecti	不完全菌類
fungicidal action	殺菌作用
fungicide	殺菌剤
fungistatic action	静菌作用
fungus (fungi)	糸状菌

G

gall	がんしゅ，こぶ
gametangium (—a)	配偶子のう
gamete	配偶子
gametic hypha	配偶菌糸
gangrene	えそ
gel permeation	ゲルろ過
gemma (—ae)	菌芽，分芽
gene diagnosis	遺伝子診断
gene manipulation	遺伝子操作
gene resources	遺伝子資源
gene targeting	ジーンターゲッティング
genus	属
germ tube	発芽管
germination	発芽
gill	菌褶，ひだ
gland infection	腺感染
graft inoculation	接木接種
graft transmission	接木伝染
Gram stain	グラム染色
granule	粒剤
granule application	散粒
granule applicator	散粒機
greenhouse test	温室試験
ground application	地上散布
growth	増殖，生長
growth factor	生長因子
growth inhibitor	生長抑制剤
growth regulator	生長調節物質
gummosis	ゴム化

H

hairy root	毛根叢生，毛状根
half-leaf method	半葉法
halo	かさ
haploid mycelium	単相菌糸
haustorium (haustoria)	吸器
hazard evaluation	安全性評価
heart rot	心材腐朽
heat injury	高温害
heat treatment	熱処理
herbicide	除草剤
heteroecious	異種寄生性
heterokaryosis	ヘテロカリオシス
heterothallism	ヘテロタリズム，異株性
heterotrophy	従属栄養
HPLC (high performance liquid chromatography)	高速液体クロマトグラフィー
hill indexing	株別検定
hollow	くぼみ
holotype	正基準(株)
homothallism	ホモタリズム，同株性

horizontal resistance	水平抵抗性	indicator plant	指標植物	interferon	インターフェロン
host	宿主，寄主	induced resistance	誘導抵抗性	intermediate host	中間宿主
host-parasite interaction	宿主・寄生者相互作用	infection	感染，伝染	internal multiplication	組織内増殖
		infection cycle	伝染環	internal symptom	内部病徴
		infection hypha	感染菌糸		
host plant	宿主植物	infection peg	侵入糸	international plant quarantine	国際植物検疫
host range	宿主範囲	infection route	伝染経路		
hot air sterilization	乾熱殺菌	infection type	感染型	intracellular parasitism	細胞内寄生
		infectious agent	伝染源		
hot-water treatment	温湯処理	infectious disease	伝染病	intrusion	侵入
hydathode infection	水孔感染	infectivity	感染性	in vitro	生体外で(試験管内で)
		infestation	汚染		
hydrophilic	親水性の	inhalation toxicity	吸入毒性		
hydrophobic	疎水性の	inhibition of infection	感染阻害	in vivo	生体内で
hydroponics	養液栽培	inhibition zone method	阻止円法	invagination	陥入
hymenium	子実層			invasion	侵入
hyperplasia	増生	inhibitor	阻害剤	isolate	分離株，株
hypersensitive death	過敏感死	initial inoculum	初期伝染源	isolation	分離
		injection	注入	isozyme	アイソザイム
hypersensitive reaction	過敏感反応	injector	注入機		
		injury	傷害，障害	**J**	
hypertrophy	肥厚，肥大	inner course	内因	juice inoculation	汁液接種
		inoculation	接種		
hypha (hyphae)	菌糸	inoculum	接種原	**K**	
hyphal (anastomosis)	菌糸融合	insect transmission	昆虫伝染	karyotype	核型
				Koch's pasteurization	コッホ滅菌
hypoplasia	減生	insect transmission	昆虫伝搬	Koch's postulate	コッホの法則
I		insecticide	殺虫剤	**L**	
ice nucleation	氷核現象	inspection of designated nursery plants	指定種苗検査	laboratory test	室内試験
identification	同定			lag phase	誘導期(遅滞期)
immunoelectron microscopy	免疫電子顕微鏡法	inspection of export plants	輸出植物検査		
				lamella	菌褶(ひだ)
		inspection of imported plants	輸入植物検査	latent disease	潜伏病
immunoelectrophoresis	免疫電気泳動法			latent infection	潜伏感染，無病徴感染
		inspection of mother stocks	母樹検査		
				letent period	潜伏期間
imperfect stage	不完全時代(世代)	inspection at international border	国境検査	leaf blight	葉枯れ
				leaf curl	巻葉
import limitation	輸入制限	inspection of palnts for propagation	種苗検査	leaf roll	葉巻
import prohibition	輸入禁止			lenticel infection	皮目感染
inactivation	不活性化	integrated control	総合防除	lesion	病斑
inapparent disease	不顕性病	integrated pest management [IPM]	総合的病害虫管理	lethal dosage	致死量
inclusion body	封入体			life cycle	生活環
incompatibility	不親和性，不和合性			life history	生活史
		intercellular parasitism	細胞間寄生	lignification	木化
incubate	培養する，潜伏する			lime sulfur	石灰硫黄合剤
		intercrop	間作	liquid medium	液体培地
incubation period	潜伏期間	interference	干渉	local infection	局部感染

local lesion	局部病斑	mite	ダニ		
logarithmic phase (exponential phase)	対数増殖期	miticide	殺ダニ剤	**N**	
		mixed infection	混合感染	natural enemy	天敵
long-distance transport	遠距離移行	mixture	混合剤	natural infection	自然感染
lysis	分解	mode of action	作用機構	necrosis	え死, えそ, ネクロシス
lysogenic bacteria	溶原菌	moderate resistance	普通抵抗性		
lysogenization	溶原化	modification	修飾	necrotic lesion	えそ病斑
		moist chamber	湿室	nectary infection	蜜腺感染
M		monoecious	雌雄同株の	needle inoculation	針接種
macroconidium (—a)	大型分生胞子	monosporous culture	単胞子培養	negative staining	ネガティブ染色(法)
malformation	奇形	monoxeny	単犯性	nematicide	殺線虫剤
market disease	青果病, 市場病	mosaic	モザイク	nematode	線虫
masking	マスキング	mottle	モットル, 斑紋	nematology	線虫学
mechanical inoculation	機械的接種	mottled rot	斑入状腐朽	net necrosis	網状え死
		mo(u)ld	かび	nitrate reduction	硝酸塩還元
mechanical resistance	機械的抵抗性	movement limitation	移動制限	nomenclature	命名
		movement prohibition	移動禁止	non-affinity	非親和性
median lethal concentration (LC₅₀)	中央致死濃度	mucoid colony	M型(粘稠性の)コロニー	non-biological degradation	非生物分解
median lethal dose (LD₅₀)	中央致死薬量	mulching	マルチング	non-continuous long distance spread	非連続遠距離分散
medium (—a)	培地, 培養液	multiline	多系品種		
membrane	膜	multiple infection	重複感染	non-infectious disease	非伝染病
meristem	分裂組織	multiple regristance	多剤耐性	non-parasitic disease	非寄生病
meristem culture	生長点培養	mummification	ミイラ化	non-persistent transmission	非永続的伝搬
mesh	メッシュ	mutagen	突然変異誘発物質		
mesophyll	葉肉組織	mutant	変異株	nonspecific	非特異的
metabolic antagonism	代謝拮抗	mycelial colony	菌叢	nuclear inclusion	核内封入体
metabolic inhibition	代謝阻害	mycelial strand	菌糸束	nuclease	ヌクレアーゼ, 核酸分解酵素
		mycelium (mycelia)	菌糸体		
metabolism	代謝	mycology	菌類学	nucleic acid	核酸
metabolism of pesticide (s)	薬物代謝	mycophage	マイコファージ, 菌食性	nucleoid	核様体
				nucleolus	核小体, 仁
microbe	微生物	mycoparasite	菌寄生菌	nucleoprotein	核タンパク質
microconidium (—a)	小型分生胞子	mycoplasma	マイコプラズマ	nucleus	核
				nursery bed test	苗床試験
mineral injury	鉱害	mycoplasma-like organism (MLO)	マイコプラズマ様微生物	nursery box	育苗箱
minimal reproductive unit	最小再生単位			nutrient broth	ブイヨン, 肉汁ペプトン培地
minimum inhibitory concentration (MIC)	最低阻止濃度	mycorrhiza	菌根		
		mycostasis	静菌作用	**O**	
minor element deficiency	微量要素欠乏(症)	mycotoxin	真菌毒, かび毒	oatmeal	オートミール
		mycovirus	菌類ウイルス	obligate parasite	絶対寄生菌
mist application	ミスト散布	Myxomycetes	変形菌	oedema	水腫
mist blower	ミスト機				

oidium (oidia)	分裂子
one step growth curve	一段増殖曲線
oogonium (—a)	造卵器
oospore	卵胞子
operator	作動遺伝子
oral toxicity	経口毒性
organic synthetic fungicide	有機合成殺菌剤
ostiole	孔口
ovary	卵巣，子房
ovarial transmission	経卵伝染
oxidation	酸化

P

painting	塗布
pandemic disease	世界的流行病
papilla (—ae)	突起
paraphysis	側糸
parasitic disease	寄生病
parasite	寄生者
parasitism	寄生(性)
parasexual cycle	擬似有性生活環
parenchyma	柔組織
pasteurization	滅菌
pathogen	病原体
pathogenesis	病原性
pathogenesis-related proteins [PRs]	病原性関連タンパク質
pathogenicity	発病力
pathological	病理の
pathological plant biochemistry	病体植物生化学
pathological plant physiology	病体植物生理学
pathology	病理学
pathotype	感染型
pathovar	病原型
penetration	浸透，貫入
perfect stage	完全時代（世代）
peridium (—a)	殻壁
perithecium (—a)	子のう殻
peritrichous	周毛の
peroxidase	ペルオキシダーゼ
persistent transmission	永続的伝搬
perthophyte	殺生者
pest	害虫
pesticide	農薬
pesticide residue	農薬残留
petri dish	ペトリ皿
phloem necrosis	篩(管)部えそ
phosphatase	フォスファターゼ
photo decomposition	光分解
photolysis	光分解
photosynthesis	光合成
phyllody	フィロディ，葉化
physical and chemical diagnosis	理化学診断
physical control	物理的防除
physiological disease	生理病
physiological form	生理型
physiological disorder	生理的障害
physiological specialization	生理的分化
phytoalexin	ファイトアレキシン
phytopathology	植物病理学
phytotoxicity	薬害
phytotron	ファイトトロン
pigment production	色素産生
pileus	菌傘
plant damage by pollution	公害
plant diagnostics	植物診断学
plant epidemiology	植物疫学，流行病学
plant etiology	植物病因学
plant growth promoting rhizobacteria (PGPR)	植物生育促進性根圏細菌
plant growth regulator (PGR)	植物生長調節剤
planthopper	ウンカ
plant hygiene	植物衛生，植物衛生学
plant parasitic nematode	植物寄生線虫
plant pathology	植物病理学
plant prophylaxis	植物防疫
plant protection	植物保護，植物防疫
plant protection science	植物保護学
plant quarantine	植物検疫
Plant Quarantine Law	植物防疫法
plant quarantine official	植物防疫官
plant symptomatology	植物病徴学
plant virology	植物ウイルス学
plaque	溶菌斑，プラーク
plasmid	プラスミド，核外遺伝子
plasmodium (—a)	変形体
plate culture	平面培養
pleomorphic form	多形
pleomorphism	多形(性)
pleuropneumonia-like organism (PPLO)	マイコプラズマ様微生物
pocket rot	孔状腐朽
pollen transmission	花粉伝染
polyxeny	多犯性
post-entry inspection	隔離栽培検査
postharvest disease	市場病害，貯蔵病害
pot test	鉢試験
pouring	灌注
precipitation reaction	沈降反応
precipitation test	沈降反応法
pre-emergence rot	地中腐敗
preparation for spray	噴霧剤
prevention	予防
preventive effect	予防効果
preventive value	予防価，防除価

primary infection	一次感染			scorch	葉焼け
primer	プライマー	resistance to spread of the pathogen	拡大抵抗	seaport inspection	海港検疫
primordium	原基			secondary infection	二次感染
probe	プローブ	resistant variety	抵抗性品種		
progeny	子孫	respiration	呼吸	sector	扇形変異, セクター
prokaryote	原核生物	resting spore	休眠胞子		
proliferation	叢生, 増殖	restriction enzyme	制限酵素	seed-borne disease	種子伝染病
promycelium (—a)	前菌糸	restriction fragment length polymorphism (RFLP)	制限酵素断片長多型性	seed disinfection	種子消毒
propagation	繁殖			seed dressing	種子粉衣
propagule	繁殖体			seed transmission	種子伝染
protectant	保護剤			selection pressure	選択圧
protecting virus	防衛ウイルス, 一次ウイルス	rhizomorph	根状菌糸束	selective medium	選択培地
		rhizoplane	根面	selective toxicity	選択毒性
		rhizosphere	根圏	sensitiveness	感受性
protective value	防除価	ribonucleic acid (RNA)	リボ核酸	septum (—a)	隔膜
protein	タンパク質			sequence	配列
protoplasm	原形質	ribosome	リボソーム	serological diagnosis (serodiagnosis)	血清診断
protoplast	プロトプラスト	rickettsia	リケッチア		
		ring	菌輪 (つば)	serological method	血清学的方法
pure culture	純粋培養	ring rot	輪状腐朽	serotype	血清型
purification	純化	ring test	重層法, リングテスト	serum	血清
pustule	突起			seta (—ae)	剛毛
pycnidium (—a)	柄子殻	rise period	上昇期	sexual spore	有性胞子
pycnium (—a)	さび柄子殻	rod	桿状	shaking culture	振とう培養
pycnospore	柄胞子	roguing	病株抜取り	sheath blight	紋枯病
		root nodule bacterium	根粒菌	shoot tip culture	茎頂培養
Q		rosette	ロゼット, 叢生	shothole	穿孔
qualitative resistance	質的抵抗性			sick soil	いや地 (忌地)
		rot	腐敗	siderophore	シデロフォア
quarantine	検疫	rotation	輪作	sieving technics	篩い分け法
		rotting	腐敗, 腐朽	sign	標徴
R		rubbing method	摩擦法	simple disease	単純病
race	レース	rugose	縮葉	single spore isolation	単胞子分離
receptor	受容体	russet	粗皮		
recipient	(遺伝) 受容体	rust	さび病	slant culture	斜面培養
				slide agglutination	スライドグラス凝集反応
reconstitution	再構成	**S**			
recovery	回復, 回収	sap inoculation	汁液接種	slime layer	粘液層
regeneration	再生	sap rot	辺材腐朽	slime mo(u)ld	変形菌
reisolation	再分離	saprophyte	腐生者 (菌)	slurry	スラリー, 泥状物
repellent	忌避剤	saprophytism	腐生		
replica method	レプリカ法	sap transmission	汁液伝染	smoke	くん煙 (剤型)
replication	複製	scab	そうか (瘡痂) 病	smoke injury	煙害
replicative form (RF)	複製型			smoking	くん煙 (施用)
residue	残留	scanning electron microscope	走査電子顕微鏡	smut	黒穂病
residue analysis	残留分析			soaking	浸漬
resistance	抵抗性			soft rot	軟腐
resistance to penetration	侵入抵抗 (性)	Schizomycetes	分裂菌	soil application	土壌施用
		sclerotium (sclerotia)	菌核	soil-borne disease	土壌病, 土壌伝染病
resistance to pesticides					

soil disinfection	土壌消毒	stem tip culture	茎頂培養	taxon (taxa)	分類群，タクソン
soil dressing	客土	sterigma (sterigmata)	小柄	teleomorph	完全世代
soil fumigation	土壌くん蒸	sterility	無菌	teliospore	冬胞子
soil fumigant	土壌くん蒸剤	sterilization	殺菌	telium (telia)	冬胞子堆
soil fungistasis	土壌静菌作用	stipe	菌柄(茎)	temperate phage	溶原性ファージ
soil persistent pesticide	土壌残留性農薬	stoma (stomata)	口腔，気孔	temperature sensitivity	温度感受性
soil sickness	忌地	stomatal infection	気孔感染	template	鋳(い)型
soil sterilization	土壌消毒	storage disease	貯蔵病	test plant	検定植物
soil transmission	土壌伝染	strain	系統	thermal death point	致死温度
solid medium	固形培地	streak	条斑	thermal inactivation point	不活化温度
soluble powder	水溶剤	stringy rot	繊維状腐朽	thermostat	恒温器(定温器)(ふ卵器)
solvent	溶剤，溶媒	stripe	しま(縞)	tissue culture	組織培養
somatic antigen	菌体抗原	stroma (stromata)	子座	titer	力価
sooty mold	すす病	stunt	わい化	tolerance	耐病性
sorus	胞子層	stylet	口針	tolerance for pesticide residue	農薬残留許容量
sourse of infection	伝染源	stylet borne virus	口針伝搬型ウイルス	total effective temperature	有効積算温度
spear	口針	suberization	コルク化	totipotency	分化全能性
specimen	標本	subculture	植えつぎ培養，継代培養	toxicity test	毒性試験
speed sprayer	スピードスプレーヤー	submerged application	水面施用	toxicity to fish	魚毒性
spermatium	精子	summer spore	夏胞子	toxicity to mammal	人畜毒性
spermatogonium	精子器	suppressive soil	抑止土壌	toxin	毒素
spherical form	球状体	suppressor	サプレッサー	trace element	微量要素
spicule	交接刺	surfactant	界面活性剤	transformant	形質転換体
spongy rot	海綿状腐朽	surface-sterilization	表面殺菌	transgenic plant	遺伝子組換え植物
sporadic disease	散発病	susceptibility	罹病性，感受性	transit disease	輸送病害
sporangiospore	胞子のう胞子	susceptibility to pesticides	薬剤感受性	translocation	移行
sporangium (—a)	胞子のう	suspending agent	水和助剤	transmission	伝搬，媒介
spore	胞子	symbiosis	共生	transovarial transmission	経卵伝染
spore germination test	胞子発芽試験	symptom	病徴	transpiration	蒸散
spore suspension	胞子懸濁液(胞子浮遊液)	syndrome	症候群	transposon	転移性遺伝子，トランスポゾン
spore trap	胞子採集器	synergism	協力作用	tricarboxylic acid cycle	TCA回路
sporidium	小生子	synergist	協力剤	true resistance	真性抵抗性
spot	斑点	synthetic medium	合成培地	tuber-unit indexing	塊茎単位検定
spray	噴霧	systemic acquired resistance	全身獲得抵抗性	tubular form	管状体
sprayer	噴霧機	systemic fungicide	浸透性殺菌剤	tumor	がんしゅ，こ
spreader	展着剤	systemic infection	全身感染		
spreading	分散	systemic symptom	全身病徴		
stab culture	穿刺培養				
stabilizing selection	安定化淘汰				
static culture	静置培養				
stationary phase	定常期				
steam disinfection	蒸気消毒				
stem pitting	ステムピッティング				

T

tablet	錠剤

tylosis	チロース形成	virion	ウイルス粒子	wilt	萎ちょう
type culture	基準菌株	virology	ウイルス学	wind injury	風害
		virulence	毒性，毒力	witches' broom	てんぐ巣病
U		virus	ウイルス	wood disinfection	木材消毒
		virus free	ウイルスフリー	wound infection	傷感染
ultracentrifuge	超遠心分離	virus particle	ウイルス粒子	wound parasite	傷寄生者(菌)
ultramicrotome	ウルトラミクロトーム	vivotoxin	生体内毒素		
				X	
ultrathin sectioning	超薄切片	**W**			
				X-body	X体
uncoating	脱外被，脱タンパク	wart	がんしゅ，こぶ	xylem	木部
		water agar	素寒天	**Y**	
uredium (—a)	夏胞子堆	watermold	水生菌		
uredospore	夏胞子	water-polluting pesticide	水質汚濁性農薬	yellowing	黄化
				yellows	萎黄
V				yield	収量
		water-soaked spot	水浸斑	yield loss	減収
VA mycorrhiza (vesicular arbuscular mycorrhiza)	VA菌根	water transmission	水媒伝染	**Z**	
vaccination	ワクチン法			zonate	輪紋状の
variant	変異株	weak parasite	弱寄生者	zoosporangium (—a)	遊走子のう
vector	媒介生物，ベクター	weak resistance	弱抵抗性		
		weedkiller	除草剤	zoospore	遊走子
vein banding	葉脈緑帯	wet-heat pasteurization	湿熱殺菌	zygospore	接合胞子
vein clearing	葉脈透化			zygote	接合子
ventilation	換気	wet rot	軟腐	zymogram	酵素活性泳動像，ザイモグラム
vertical resistance	垂直抵抗性	wettable powder	水和剤		
vesicle	小胞	white head	白穂		
virescence	緑化	wild type	野生型		

索引

事項和文

ア行

亜科　56
アカマツこぶ病　136
アグロシン　84, 182
アグロバクチン　54
アーケゾア界　56
亜綱　56
アザミウマ　77, 169
アジサイ葉化病　136
亜種　38
亜硝酸処理　158
アスナロてんぐ巣病　136
アセトシリンゴン　89
アナモルフ　62
アブラナ科野菜根こぶ病　136, 139
アブラムシ　74, 75
アブラムシ媒介性　167
アベナシナーゼ　120, 128
アベナシン A-1　120, 128
雨よけ栽培　104
アメダス　113
亜目　56
亜門　56
アーモンド葉焼け病　41
R 因子　51
RNA (16S rRNA 遺伝子)　31
RNA 依存性 RNA 合成酵素　159
RNA 干渉　159
RNA サイレンシング　159
RNA 転写酵素　19
暗黒期　18
暗色休眠菌糸　207
アンビセンス RNA　19, 20

萎黄叢生病　31
萎黄病　203
維管束部褐変　137
移行タンパク質　18
異種寄生　100
萎縮　76, 136, 165, 166, 172
異常 RNA　159

移植栽培　146
イチゴ萎黄病　137
イチゴ灰色かび病　140, 198
一次感染　171
一次病徴　134
一倍体　68
萎ちょう　136, 169
萎ちょう病　203
一般的拮抗作用　111
遺伝子組換え　156
遺伝子工学　156
遺伝子交雑　79
遺伝子診断　27, 142
遺伝子操作　156
遺伝子対遺伝子説　117
遺伝子ベクター　45
移動型の病原　110
イネ萎縮病　74, 77, 165
イネ稲こうじ病　191
イネいもち病　196
イネ黄萎病　31, 136, 174
イネ褐色菌核病　193
イネ褐色紋枯病　193
イネ黒すじ萎縮病　166
イネごま葉枯病　197
イネ縞葉枯病　166
イネ白葉枯病　177
イネ赤色菌核病　193
イネ苗立枯細菌病　180
イネばか苗病　136, 190
イネ・ムギ類黄化萎縮病　136
イネもみ枯細菌病　137, 179
イネ紋枯病　113, 193
インドール酢酸　53
インドール-3-アルデヒド　108

ウイルス　5, 11
　——の遺伝情報　19
　——の干渉効果　23
　——の感染・増殖　78
　——の宿主範囲　19
　——の人工突然変異株　22
　——の精製　24
　——の定量　24

　——の不活化　23
　——の分類　15
ウイルス RNA の試験管内転写系　22
ウイルス RNA 複製酵素　18
ウイルス遺伝子の塩基配列　27
ウイルス遺伝子の発見　19
ウイルスゲノム　14
ウイルス粒子　11, 13
　——の形態　15, 26
ウイロイド　2, 5, 28
動く遺伝子　50
ウドンコカビ目　63
うどんこ病　140
ウンカ　74, 76, 165

永続的伝染　75
栄養素　48
栄養体　57
栄養繁殖　80
え死　108, 135, 140
えそ　140, 170
枝枯れ　137
N 因子　23
エピトープ　84
エフェクター　46
エリシター　123, 162
エンドファイト　154, 192
エンバクチオニン　161
エンバク裸黒穂病　194
煙霧剤　150

黄化　76, 136
黄色斑紋　167
大型分生子　191
オオムギおよびコムギ黄さび病　195
オオムギ小さび病　195
オオムギ裸黒穂病　194
オオムギ斑葉モザイク病　166
オスモチン　124
オリーブこぶ病　136

カ 行

科　15, 56
階級分類　15
外生病原菌　108
外被タンパク質　11, 13, 18
外部寄生　69, 73
外部病徴　134, 136
外膜　43
かいよう　137
外来遺伝子　157
加害因子としての酵素　132
加害因子としての毒素　132
化学的侵入力　126
化学的防除　150
化学分類　38, 39
カキ円星病　137
カキ角斑病　137
花器感染　194
花器侵入　102
核外遺伝子　42
核菌綱　63
核酸雑種形成　27
拡大抵抗性　118
核タンパク質　14
獲得吸汁　75
獲得抵抗性　23
角皮　9
角皮(クチクラ)侵入　101, 126
角皮侵入菌　126
隔壁　62
学名　3, 38, 56
可視被害　212
かすがい連結　63
ガス剤　150
化生　139, 140
活動的生存　107
(+)-カテキン　123
カテコール　120
カーネーション萎ちょう細菌病　136
かび　55, 140
過敏感細胞死　121
過敏感性　23
過敏感反応　47, 121
花粉伝染　72
芽胞　42, 46
カーボランダム　17
カメムシ　80
カルモジュリン　163

カンキツ青かび病　212
カンキツエクソコーティス病　28, 173
カンキツかいよう病　113, 137
カンキツグリーニング病　35
カンキツ黒点病　103, 113
カンキツスタボン病　35
カンキツ緑かび病　212
がんしゅ　53, 88
感受性　23, 115
干渉　23
桿状　41
干渉作用　156, 158
感染　10, 101
感染菌糸　108
感染源　109
──の密度　109
感染源ポテンシャル　109
感染生理学　1
完全世代　190
感染阻害因子　123
感染特異的タンパク質　124
感染誘導　130
寒天ゲル(内)拡散法　26, 27
貫入　101
偽遺伝子組換え　156
キク褐斑病　137
偽組換え体　22
キクわい化病　28
奇形　136, 169
気孔　10
気孔侵入　102
偽子のう殻　63
キジラミ　33, 80
傷侵入　102
寄生の特異性　115
キチナーゼ　124, 162
キチン　163
拮抗細菌　154
拮抗作用　110
拮抗糸状菌　152
拮抗微生物　90, 94, 152
きのこ　55
基本的親和性　117
逆位反復配列　160
逆転写酵素　28, 157
キャプシド　13
キャプソメア　13
球形ファージ　92

吸光係数　25
休眠的生存　107
休眠胞子　62, 107
キュウリつる割病　137
キュウリ斑点細菌病　140
キュウリべと病　140, 187
競合　110, 112
競合的腐生能力　109
共生　8
莢膜　41, 43
局部(的)(誘導)抵抗性　119
局部病徴　134, 136
局部病斑　24, 124
局部病斑法　24
巨大細胞　69
キリてんぐ巣病　31, 136, 176
菌界　56
菌核　94, 107, 140, 193
菌核病　140
菌寄生　110, 112
菌根菌　112, 126
菌糸体　108, 140
菌糸融合　153
菌糸融合群　64, 193, 208
菌足　205
菌体外多糖(質)　43, 51, 90
菌体抗原　84
菌泥　140, 178
菌類　7, 55
──による媒介　74
菌類病　55
菌類病耐性植物　162

グアニン　65
空気伝染病　105, 186
クキセンチュウ属　70
ククモウイルス　15
クズかさ枯病　137
クチクラ　9
クチナーゼ　126
クチン　9
グラム陰性菌　43
グラム染色法　85
グラム陽性菌　43
グリシンエクレピン A　210
クリ胴枯病　137
グルカナーゼ　124
β-1, 3-グルカナーゼ　162
β-1, 3-グルカン　162
クロボキン綱　64

黒穂病　140
黒穂胞子　63, 194
クロミスタ界　56
クロロシス　53
クワ萎縮病　31, 175
クワ縮葉細菌病　136

蛍光抗体法　84
形質転換(体)　156
形質導入　156
系統　115
経卵伝染　76, 81, 166
血清学的診断　142
血清学的性質　38
血清学的定量法　24, 26
血清反応　27
解毒酵素　161
原核生物　6, 38, 56
原形質連絡(糸)　18
減収量算出式　114
減生　140
原生生物　90
原生生物界　56
原生動物　7, 94
原生動物界　56
検定植物　25, 26
顕微鏡的診断　141

コア　46, 92
綱　56
高エネルギーピロリン酸の複合体　45
好気性　48
抗菌性物質　120
抗菌性ペプチド　161, 163
抗菌物質　51, 53
　──の解毒　128
抗血清　26, 27
抗原　26
抗原決定基　84
抗原抗体反応　26
孔口　63
交叉耐性　51, 151
交雑　67
耕種的防除　146
口針　69
口針型伝染　75
抗生(作用)　110, 112
構成的抵抗性　118
酵素結合抗体法　26

抗体　26
交配型　67
交配群　64
厚壁(厚膜)胞子　94, 107, 192
酵母　55
小型分生子　191
呼吸　69
国際イネ研究所　177
国際検疫　144
国内検疫　144
固形培地　48
ココヤシカダンカダン病　28, 136
古細菌界　56
個体素因　71
コッホの原則　9
粉状のかび　190
コナジラミ　77
こぶ　53, 136
コムギ赤さび病　195
コムギ網なまぐさ黒穂病　194
コムギうどんこ病　189
コムギ, オオムギ赤かび病　191
コムギ条斑病　137
コムギ立枯病　111
コムギ裸黒穂病　194
コムギ斑点病　137
コムギ丸なまぐさ黒穂病　194
コモウイルス　21, 77
ゴール　136
コロナチン　53
根状菌糸束　110
根頭がんしゅ病　88, 136, 139, 181
混入型保菌　94

サ 行

細菌学的方法による分類　39
細菌病耐性植物　161
最小発病菌密度　109
再生　139
サイトカイニン　53
細胞間移行　19, 157, 160
細胞質　41
細胞(質)膜　41, 43
細胞壁　41
作期の移動　146
作物生育促進性根圏細菌　54
サクラてんぐ巣病　136, 189
ササラビョウキン目　62

殺菌剤の分類　150
サツマイモ黒斑病　213
サツマイモ軟腐病　137
サテライト RNA　22, 160
さび病　140
さび病菌　63, 68
さび柄子殻　101
さび柄子胞子　100
さび胞子堆　101
サブゲノミック RNA　20
サブユニット　13
サプレッサー　129
鞘　92
サリチル酸　125
酸性パーオキシダーゼ　124
ザンタン　43
散布用殺菌剤　150
三粒子分節ゲノム　15

2,4-ジアセチルフロログルシノール　111
CMV(キュウリモザイクウイルス)
　1a タンパク質　21
　2a タンパク質　21
　3a タンパク質　21
篩管　135
シグナル伝達系遺伝子　163
子座　140
GC 含量　65
指示菌　54
子実層　64
子実体　57, 140
糸状菌　55
糸状菌病　55
市場病害　4, 133, 212
シスト　141, 210
シストセンチュウ属　70
自然突然変異　67
質的抵抗性　118
シデロフォア　51, 54
シトシン　65
子のう　63
子のう果　63
子のう殻　63, 140
子のう菌門　62
子のう菌類　188
子のう子座　63
子のう盤　63, 140
子のう胞子　63, 94
指標植物　26, 142

篩部　19, 135
篩部(組織)え死　139, 168
ジベレリン　133, 191
シミュレーションモデル　113
死滅期　49
ジャガイモ疫病　116, 137, 186
ジャガイモ乾腐病　137
ジャガイモ黒あざ病　139
ジャガイモスピンドルチューバー病　28
ジャガイモそうか病　137
ジャガイモ大飢饉　2
ジャガイモてんぐ巣病　31
ジャガイモ葉巻病　139, 168
ジャガイモヒゲナガアブラムシ　168
ジャガイモモザイク病　168
弱毒ウイルス　23, 156, 158
弱毒系統　153
弱毒変異体　158
弱病原菌　112
ジャスモン酸　125
種　15, 38, 56
主因　71
雌雄異株性　67
汁液伝染　27
柔組織病　108, 204
周毛　45
宿主決定因子　130
宿主交代　100
宿主植物　78
宿主生物　11
宿主特異性　19, 93
宿主特異的毒素　130
宿主範囲　26, 78, 115
縮葉　136, 167, 168
種子消毒　23, 149
種子消毒剤　150
種子伝染　27, 72, 96, 166, 169
樹状図　39
種族素因　71
出芽子　189
シュードバクチン　54
樹木類ならたけ病　140
受容性　128
純化　24
循環型伝染　75, 168
純寄生　8
準有性生殖　68
条件的寄生　8

条件的寄生菌　105
条件的腐生　8
条件的腐生菌　105
条溝　172
小黒点　140
照射　50
小生子　100
条斑　137, 166
小柄　64
小房子のう菌綱　63
初期病徴　134
植物衛生　143
植物界　56
植物寄生性線虫　69
植物検疫　144
植物残渣法　112
植物診断　141
植物生育促進菌類　112
植物生育促進根圏細菌　112, 155
植物組織学　139
植物組織崩壊酵素　51
植物毒素　51, 52
植物内生菌・菌根菌　154
植物の病害抵抗性　118
植物病原菌類　55
植物病理学　1
植物防疫　144
植物保護　1
植物ホルモン　51, 53
植物ラブドウイルス　14
植物レオウイルス　14
白絹病　140, 209
白紋羽病　140, 206
真核生物　7
進行性病変　139
真正細菌界　56
真正抵抗性　118
診断　141
浸透性殺虫剤　168
振とう培養　48
侵入　9, 101
侵入型保菌　94
侵入糸　101
侵入子座　108
侵入抵抗性　118
侵略力　125
親和性　117

スイカ果実汚斑細菌病　137
水孔　10, 178

水質汚染　212
垂直耐性遺伝子　161
垂直抵抗性　117, 118
垂直抵抗性遺伝子　161
垂直伝搬　72
水媒伝染　99
水平耐性遺伝子　161
水平抵抗性　118
水平伝搬　72
水和剤　150
数理分類法　39
スクリーニング　151
スパイク　92
スーパーオキシド　122
スピロプラズマ属　33
スモモふくろ実病　189
ずりこみ症状　196

聖アントニウスの火　2
生活環　7, 85
制限酵素断片長多型　40, 66
精子　100
成熟タンパク質　22
性線毛　46
静置培養　48
精虫形　92
静的抵抗性　118, 119
生物学的診断　142
生物検定　79, 151
生物5界説　56
生物の定量法　24
生物の防除　111, 152
生物的防除因子(エージェント)　112, 152
生物8界説　56
生理型　180
生理活性物質　51
生理・生態学的性質　38
生理型　5
接合　45, 156
接合菌門　62
接合胞子　62
接種吸汁　75
摂取許容量　152
摂食　155
接触伝染　72, 166
節足動物による媒介　74
絶対寄生　8
絶対寄生菌　105, 188, 200
セルラーゼ　52, 126

索 引

セルロース　10
繊維状　92
前菌糸　63, 100
線形動物門　69
潜在感染　95, 134, 170
潜在性ウイルス　72
先天性抗菌物質　128
全実性　57
染色体外DNA　6, 34
染色体交叉　68
染色体DNA　41, 44
全身(獲得)抵抗性　119, 150
全身病徴　134, 136
選択培地　83
線虫　7, 141
線虫伝搬性病害　70
線虫媒介性ウイルス　73
潜伏期間　10, 102
線毛　42, 46

素因　71
そうか　137
総合的病害虫管理　143
増殖　48
増殖型　75
増殖適温　48
増生　139
造精器　62, 187
造卵器　62, 187
属　15, 38
属名　56
束毛　45
組織培養　156
ソベモウイルス　77
損傷　3

タ 行

第一次伝染　94
第一次伝染源　77
第一相のファイトアレキシン　123
大気汚染(物質)　212
待機型の病原　110
耐久生存器官　107
タイクロン酸　43
対抗植物　155, 211
退行性病変　139
タイコ酸　43
体細胞和合群　64
ダイズ萎縮病　167

対数増殖期　48
ダイズシスト線虫病　141
ダイズ葉焼病　137
ダイズモザイク病　167
第二次伝染　94
第二相のファイトアレキシン　123
耐病性　23, 119
太陽熱利用土壌消毒法　149
退緑斑点　166
多核菌糸体　62
多核体　69
多剤耐性　51
脱外被　18
ダニ類　77
タバコ野火病　137
タバコわい化病　78
タブトキシン　53
タマネギ灰色腐敗病　213
多粒子性ウイルス　15
たる型孔隔壁　63
単一ゲノム　14
単位膜　43
単極毛　45
担子果　64
担子器　63, 100
担子梗　140
担子菌　193
担子菌綱　64
担子菌門　62
担子胞子　63, 100
炭疽病　140
タンパク質分解酵素　22
単粒子分節ゲノム　15

中央保存領域　28
中間宿主　100, 144, 196
虫体内潜伏期間　75, 76, 80
虫体内注射法　81
長距離移行　19
貯蔵病害　4, 102, 133, 212
治療殺菌剤　150

通気性　48
通性嫌気性菌　185
接ぎ木伝染　72
ツボカビ門　62, 74
ツマグロヨコバイ　76
ツユカビ目　62
つる枯れ　137

つる枯病　140
つる割病　203

DNA依存RNAポリメラーゼⅠ　30
DNA依存RNAポリメラーゼⅡ　30
抵抗性　23, 115
抵抗性遺伝子　117
抵抗性台木　181
抵抗性抑制因子　129
抵抗反応における情報伝達　125
定常期　48
ディフェンシン　163
T複合体　89
ティモウイルス　77
テトラサイクリン　31
テヌイウイルス　19
テレオモルフ　62
デロビブリオ　90, 93
電気泳動核型　65
てんぐ巣　136
テンサイ褐斑病　137
転写後ジーンサイレンシング　159
伝染　96
伝染源　78, 94, 167
伝染性の病気　5
伝染病学　1
伝染力保持期間　76
伝達性プラスミド　45
デンドログラム　39
伝播(搬)　96
テンペレートファージ　90
転流性菌類　110

胴枯れ　137
胴枯病　140
導管病　108, 203
同種寄生　100
淘汰　151
冬虫夏草　192
同定　38
動的抵抗性　118, 120
動物界　56
動物媒介伝染　99
トウモロコシスタント病　35
トキソフラビン　179
特異性の遺伝学的背景　117
特異的拮抗作用　111

特異的な拮抗微生物　111
特異的プライマー　112
特異的プローブ　112
毒素耐性標の酵素　161
土壌汚染　212
土壌希釈平板法　112
土壌検診　112
土壌消毒　23,149
土壌消毒剤　150
土壌伝染　27,73,166,169,170
土壌伝染性ウイルス　73
土壌伝染病　104
土壌伝染病菌　105
土壌の静菌作用　107
土壌平板法　112
トスポウイルス　19,77
徒長　136
突然変異　151
トバモウイルス　15
トマチナーゼ　129
α-トマチン　129
トマト萎ちょう病　136,137
トマトかいよう病　136,137,183
トマト斑点病　137
トマト輪紋病　113
トランスポゾン　49,50
鳥眼状の病斑　184
トロポロン　54

ナ 行

内生菌　112,192
内部寄生　69
内部寄生菌　192
内部病徴　134,137
苗立枯れ　136
苗による伝染　72,73
ナシ黒斑病　199
ナシ胴枯病　137
ナス科作物青枯病　90,136,180
ナス半身萎ちょう病　137
夏胞子　100,195
夏胞子堆　100,195
難培養性原核生物　2

二核性菌糸体　63
肉眼の診断　141
二次感染　171
二次病徴　134
ニセフクロセンチュウ属　70

二本鎖 RNA　153
二本鎖 RNA 分解酵素　161
乳剤　150
乳頭突起　202
二粒子分節ゲノム　15

ヌクレオキャプシド　14

ネガティブ染色法　26
ネグサレセンチュウ属　70
根腐病　108
根こぶ　136
ネコブカビ綱　57
ネコブカビ門　57
ネコブセンチュウ　141
ネコブセンチュウ属　70
根こぶ線虫病　136
ネナシカズラ類　80
粘液層　41,43
粘菌　55
粘質物　140
粘性層流層　98

濃淡斑　169
農薬　150
糊状剤　150

ハ 行

灰色かび病　140
灰色菌核病　193
バイオテクノロジー　156
媒介生物　78
　——による伝染(伝搬)　27,72
培地　48
ハイドロキシプロリンに富んだ
　糖タンパク質　125
5-ハイドロキシ-6,7-メチレン
　ジオキシフラボン　108
ハクサイ根こぶ病　136
バクテリア　6
バクテリオシン　53
バクテリオファージ　90
バクテリゼーション　112
発芽管の溶菌　110
バッカク菌目　192
発酵　69
発生生態学　1
発生予察　113
発病衰退現象　111
発病衰退土壌　152

発病と環境　102
発病抑止土壌　110,152
バナナのフザリウム萎ちょう病
　111
パナマ病　111
パピラ　120
葉巻　76,167
ハムシ類　76
バラ枝枯病　137
ハリセンチュウ属　70
パルスフィールドゲル電気泳動
　65
半永続的伝染　76
盤菌綱　63
半子のう菌綱　63
半身萎ちょう病　136
半担子菌綱　64
斑点　137
半内部寄生　69
判別宿主　26
判別品種　116
半葉法　25

PR タンパク質　122,124,162,163
非永続的伝染　75,76
PFS システム　114
被害度　114
ピサチン　123,129
ピサチン脱メチル化酵素　129
PCR-マイクロプレート・ハイ
　ブリダイゼーション　142
非宿主抵抗性　119
非循環型　75
微小菌核　207
非親和性　117
微生物多様性　154
微生物農薬　182
非絶対寄生　8
皮層　46
非増殖型永続的伝染　75,76
肥大　139
肥大病　108
非伝染病　5,70
非伝達性プラスミド　45
非特異的毒素　133
肥培管理　146
非病原性株　154
非病原遺伝子　117,161,163
尾部繊維　92

飛沫伝染　99
ヒメトビウンカ　76
皮目　10
病害耐性植物　156
病害誘導性プロモーター　164
病気の三角関係　71
病原因子　52,90
病原学　1
病原型　3,38,41,115,132
病原菌　55
表現形質群　39
病原性　38,125
　　――の分化　115
病原性決定因子　131
病原性発現機作　88
病原性変異　51
病原力　125
標徴　10,140
病徴　10,102,134
病徴学　134
病斑　137
表皮細胞のけい質化　119
病名　3
病理解剖学　139
ビリオン　13
ピリン　46
vir 領域　88
ビルレントファージ　90
ビワがんしゅ病　137

ファイトアレキシン　122,129,
　　163
ファイトアンティシピン　120
ファイトプラズマ　2,6,31
ファイトレオウイルス　20
ファージ　83,90,143
ファージ感受性　38,177
ファゼオロトキシン　161
VA 菌根菌　154
斑入り症状　170
封入体　139
風媒伝染　97
フェノン　39
フェルト状菌糸層　207
不可視被害　212
不完全菌亜門　62
不完全菌類　196
複合病害　70
フザリン酸　191
フシダニ　34

ふし根　136
フジのこぶ病　136
腐生　8
腐生能力　105
付属糸　190
付着型保菌　94
付着器　101,126
付着器様器官　108
物理的侵入力　126
物理的防除　149
ブドウピアス病　35,41
腐敗　137
フハイカビ目　62
冬胞子　63,100,195
冬胞子堆　100,195
フラジェリン　46,84
プラス (+) 鎖　19
プラスミド　6,41,44
腐らん　137
ブルネチン　108
プロセッシング　22,89
プロテアーゼ　22,52
プロテイナーゼインヒビター　124
プロトカテク酸　120
プロトプラスト　18
プロファージ　91
ブロモウイルス　77
分化型　3,64,115,190
分化寄生菌　105
分画遠心法　24
粉剤　150
分実性　62
分子分類　38,40
粉状物　140
分生子　140
分生子層　140
分生子柄　188
分生胞子　63,94
分節ゲノム　15
分類基準　38
分裂酵母　161

柄子殻　140
柄子殻内菌糸　101
閉子のう殻　63
ペクチナーゼ　52,126
ペクチン　10,127
ペクチン酸　127
ヘテロカリオシス　67
ヘテロカリオン　65,67

ヘテロタリック　187
ペプチドグリカン　163
ペプチドグリカン層　43
ペリプラズム　43
ヘルパー成分　76
変異源　49
変形菌　55
変形体　57
変種　64,115
変生　140
ペントースリン酸経路　123
鞭毛　45
鞭毛菌類　186
鞭毛抗原　84
鞭毛タンパク質　84

胞子採集器　98
胞子のう　62
胞子のう柄　62
胞子のう胞子　62
胞子膜　46
ホウレンソウの立枯病　201
捕獲作物　155
保護殺菌剤　150
圃場衛生　143
圃場診断　141
圃場抵抗性　118
捕食　110,112,155
捕捉法　112
ホップわい化病　28,136,174
ポティウイルス　21
保毒植物　134
保毒虫　80
ポリアクリルアミド電気泳動　79
ポリクローナル抗体　84
ポリプロテイン　22
ポリンタンパク質　43

マ　行

マイコトキシン　133
マイコプラズマ様微生物　2,31
マイナス (－) 鎖　19
摩擦 (塗抹) 接種　17
マスキング　10,134
マツ枯れ毒素　211
末期病徴　134
マツノザイセンチュウ　210
マメ科植物の根粒菌　126
マルチプレックス PCR　142

ミズカビ目　62
蜜腺　10
密度勾配遠心分離　24
ミツバてんぐ巣病　175
未分化寄生菌　105

無隔菌糸　62
ムギ類萎縮病　137
ムギ類うどんこ病　116
ムギ類北地モザイク病　166
無病徴感染　134
無毛　45
紫紋羽病　140, 207

命名　38
メソソーム　42
メラニン　126
メロンがんしゅ病　136
メロンつる枯病　137
免疫性　23, 119
免疫電子顕微鏡法　27

毛根病　136
目　56
モザイク　137, 167
モザイク病　11
木化　121
モネラ界　56
モノクローナル抗体　84
モモアカアブラムシ　74, 76, 168
モモ縮葉病　188
モモ穿孔細菌病　137
モモ灰星病　140
モリキュート　6
門　56

ヤ　行

薬害と毒性　151
薬剤感受性菌　151
薬剤耐性　51, 151
薬剤耐性菌　151
薬剤耐性変異　51
焼け　137
野菜類軟腐病　137, 185
野生株　158

誘因　71
融合　67
遊走子　57
遊走子のう　57
遊走子のう柄　187
誘導　88
誘導期　48
誘導抵抗　112, 119
誘導変異　151
有用な微生物　112
ゆうれい（幽霊）病　166
雪腐菌核病　140

溶液　150
溶菌酵素　162
溶菌酵素遺伝子　161
溶菌斑　90
溶菌斑計数法　83
溶菌ファージ　90
溶原化ファージ　90
溶原菌　91
幼虫越冬　81
ヨコバイ　31, 74, 76, 80
ヨコバイ類　74, 165
読み過ごしタンパク質　20
読み取り枠　20, 157

ラ　行

ライラック枝枯細菌病　137
落葉　136
裸生子のう　63
ラテン名　56
ラブドウイルス　19

卵塊　141, 211
卵菌門　62
卵胞子　62, 94, 107, 187
乱流層　98

理化学的定量法　24, 25
リグニン化　121
リゾチーム　161, 163
リゾバクチン　54
罹病性　115
リベリバクター　35
リボザイム　30
リボソーム　41, 44
リボソームRNA遺伝子　66
リボソーム不活化タンパク質　161, 163
リモウイルス　77
流行　5
粒剤　150
量的抵抗性　118
緑化　136
リンゴさび果病　173
リンゴ腐らん病　137
輪作　146
リンドウてんぐ巣病　175

ルテオウイルス　76

レース　64, 116, 187
レース−品種特異性　116
れん葉症状　168

濾過性病原体　11, 31
ローリングサークル型複製　29

ワ　行

わい化　136
ワタアブラムシ　76, 168
ワックス　9

事　項　欧　文

A

aberrant RNA　159
acceptable daily intake for man; ADI　152
accessibility　128
— aceae　56

acquired resistance　23
active resistance　118
active survival　107
ADI　152
aeciospore　100
aecium　101
aeration　48

aerobic　48
aerosol　150
aggressiveness　125
agrobactin　54
air-borne disease　96
air pollutant　212
— ales　56

索　　引　　　　　　　　　　239

alternate host　144
alternation of hosts　100
ambisense RNA　19
AMeDAS　113, 114
anamorph　62
anastomosis　67
anastomosis group; AG　64,
　　193, 208
antagonism　110
antagonistic bacteria　154
antagonistic fungi　152
antagonistic microorganism　94
antagonistic organism　152
antagonistic plant　155, 211
antheridium　187
antheridium, pl. antheridia　62
antibiosis　110
antibiotic　53
antibody　26
antigen　26
antiserum　26
aphid　74
aplanospore　62
apothecium, pl. apothecia　63
appendage　190
appressorium　101, 126
aquisition feeding　75
ascocarp　63
Ascomycota　63
Ascomycotina　188
ascospore　63
ascostroma, pl. ascostromata
　　63
ascus, pl. asci　63
aseptate hyphae　62
Aspergillus　68
assay plant　25
atrichous　45
autoecism　100
Automated Meteorological
　　Data Acquisition System;
　　AMeDAS　113
avirulence gene　117
avirulent strain　154

B

Bacillus spp.　112
bacteriocin　53
bacteriophage　90
bacterium　6

basic compatibility　117
basidiocarp　64
Basidiomycetes　64
Basidiomycota　63
Basidiomycotina　193
basidiospore　63, 100
basidium　100
basidium, pl. basidia　63
Bdellovibrio　90, 93
Begomovirus　77
bioassay　151
biocontrol　152
biocontrol agent　152
biological control　111, 152
biological control agent　112
biotechnology　156
biovar　180
bladder　189
BLASTAM　113
BLASTL　113
blight　137
BLIGHTAS　113
Bromovirus　77
brown spot　197

C

Calonectria　202
canker　137
capsid　13
capsomere　13
capsule　41
carrier　134
cell membrane　41
cell-to-cell movement　19
cellulase　52
cellulose　10
cellulose fungi　68
cell wall　41
central conserved region　28
CFU　48
chemical resistant bacteria　151
chemical resistant fungi　151
chemical susceptible bacteria
　　151
chemical susceptible fungi　151
chemotaxonomy　38
chlorosis　53, 136
chromosome DNA　41
Chytridiomycota　62
circulative type　75

clamp connection　64
Clavicipitales　192
cleistothecium, pl. cleistothecia
　　63
club root　136
CMV　76
coat protein　11
coenocytic mycelium　62
colony forming unit; CFU　48
Comovirus　21, 77
compatible　117
competition　110
competitive saprophytic ability
　　109
complementary DNA; c DNA
　　157
complex disease　70
compound interest disease　105
conidiophore　188
conidium, pl. conidia　63
conjugation　45, 156
constitutive resistance　118
core　46, 92
cortex　46
criteria　38
cross protection　23, 156, 158
cross resistance　51, 151
cultural control　146
curative fungicide　150
cuticle　9
cuticular invasion　101, 126
cutin　9
cyst　210
cytokinin　53
cytoplasm　41
cytoplasmic membrane　43
cytosine　65

D

damping-off　136
DAPI　35
death phase　49
defoliation　136
degeneration　140
dendrogram　39
density-gradient centrifugation
　　24
Deuteromycotina, Fungi
　　Imperfecti　196
diagnosis　141

Dianthovirus 73
DIBA 法 26
Dicer 159
die-back 137
differential centrifugation 24
differential cultivar 116
differential host 27
dikaryotic mycelium 63
Discomycetes 63
disease declined soil 152
disease decline phenomenon 111
disease forecast 113
disease suppressive soil 110, 152
dispersal 96
dissemination 96
dolipore septum 63
domestic quarantine 144
dormant survival 107
dot immunobinding assay; DIBA 26, 84
double-stranded RNA; ds RNA 153
drug tolerance 51
dry rot 137
dsRNA 153
dust 150
dwarf 136

E

EBPM 143
eclipse phase 18
ecologically based pest management; EBPM 143
ecology 1
ectotrophic pathogen 108
egg mass 211
electrophoretic karyotype 66
elicitor 123, 162
ELISA 26, 84
elongation 136
emulsion 150
endophyte 112, 154
Entomoplasmatales 目 35
enzyme-linked immunosorbent assay; ELISA 26, 84
EPIDEM 113
epidemic 5
epidemiology 1

epitope 84
EPS 43, 90
etiology 1
eucarpic 62
eukaryote 7
external symptom 134
extracellular polysaccharide; EPS 43
extrachromosomal DNA 6

F

facultative parasitism 8
facultative saprophytism 8
facultative anaerobic 185
family 15
fastidious prokaryote 6
feeding 155
fermentation 69
field diagnosis 141
field resistance 118
filamentous 92
filamentous fungi 55
flagellin 46, 84
flagellum, pl. flagella 45
flower infection 194
fluorescent antibody method 84
forma specialis; f. sp., pl. formae speciales(f. spp.) 64, 115, 190
fruit body 57
fumigant 150
fungal disease 55
fungus, pl. fungi 7, 55
fusaric acid 191
Fusarium 68
fusarium blight 191

G

gall 53, 136
Geminiviridae 77
gene engineering 156
gene-for-gene theory 117
gene manipulation 156
general antagonism 111
genetic recombination 156
genus 15, 38
genus name 56
germling lysis 110
giant cell 69

gibberelin 191
Gibberella 202
Gliocladium 112
β-1, 3 glucanase 162
glycinoeclepin A 210
granule 150
guanine 65

H

half-leaf method 25
haploid 68
Helicobasidium 207
Helminthosporium 68
helper component 76
Hemiascomycetes 63
heteroecism 100
heterokaryon 65, 67
heterokaryosis 67
heterothallic 67
heterotrophy 68
hierarchical classification 15
holocarpic 57
horizontal resistance 118
horizontal transmission 72
host range 26, 115
host-specific 93
host-specific toxin 130
HR 47
hrp 47
hybridization 67, 80
hydathode 10, 178
hydroxyproline-rich glycoprotein; HRGP 125
hymenium, pl. hymenia 64
hyperparasitism 110
hyperplasia 139
hypersensitive cell death 121
hypersensitive reaction 121
hypersensitive response and pathogenicity; *hrp* 47
hypersensitivity 23
hypertrophy 139
hyphal anastomosis 153
hypoplasia 140
hypovirulent strain 153

I

IAA 53
identification 38
immunoelectron microscopy 27

索　　引

inclusion body　139
incompatible　117
incubation period　10, 102
indicator bacterium　54
indicator plant　26, 142
indole acetic acid; IAA　53
induced mutation　151
induced resistance　112, 119
—ineae　56
infection　10
infection cushion　108
infection feeding　75
infection hypha　108
infection-inhibiting factor　123
infection peg　101
infectious disease　5
injury　3
inoculum　94, 109
inoculum density　109
inoculum potential　109
integrated pest management; IPM　143
interference　23, 158
intermediate host　100
internal symptom　134
international quarantine　144
International Rice Research Institute; IRRI　177
invasion　9, 101
inverted repeat　160
invisible injury　212
irradiation　50
IRRI　177

K

Kingdom Fungi　56
Koch's postulates　9

L

lag phase　48
laminar boundary layer　98
LAMP　142
latent infection　95, 134
latent period　75, 102
latin name　56
leafhopper　74
leaf roll　136
least threshhold population density　109
lenticel　10

lesion　137
life cycle　7, 85
lobate appressoria　108
local lesion　24, 124
local lesion assay　24
local resistance　119
local symptom　134
Loculoascomycetes　63
logarithmic phase　48
long-distance movement　19
loop-mediated isothermal amplification　142
lophotrichous　45
Luteovirus　76
lysogenic bacterium　91

M

macroconidium　191
malformation　136
market disease　4, 133, 212
masking　10, 134
Mastigomycotina　186
mating population　64
mating type　67
medium　48
mesosome　42
metaplasia　139, 140
microbial diversity　154
microconidium　191
Mitosporic fungi　62
mitotic crossing over　68
MLO　31
molecular taxonomy　38
mollicute　6
Mollicutes 綱　31
monoclonal antibody　84
monotrichous　45
mosaic　137
mottle　137
movement protein; MP　18
multipartite virus　15
multiplex PCR　142
multiplication　48
mutagen　49
mutation　151
—mycetes　56
—mycetidae　56
mycoplasmalike organism; MLO　31
—mycota　56

—mycotina　56
mycotoxin　133

N

naked ascus　63
necrosis　108, 140
nectarthode　10
Nectria　202
negative staining　26
Nemathelminthes　69
nematode　7
nematode transmitted disease　70
Nepovirus　73
nested PCR　142
nomenclature　38
non-circulative type　75
non-host resistance　119
non-infectious disease　5
non-obligate parasitism　8
non-pathogenic strain　154
non-persistent transmission　75
non-propagative type　75
non-specific toxin　132
non-transmissible plasmid　45
nucleic acid hybridization　27
nucleocapsid　14
numerical taxonomy　39
nutrients　48

O

obligate parasite　188
obligate parasitism　8
—oideae　56
Olpidium　74
oogonium, pl. oogonia　62, 187
Oomycota　62
oospore　62, 187
ooze　178
open reading frame; ORF　20, 157
optimum growth temperature　48
ORF　20
ornithine carbamoyltransferase　161
ostiole　63
outer membrane　43

P

papilla 120, 202
parasexual recombination 68
parasitic disease 55
paste 150
pathogen 55
pathogenesis-related proteins;
　PR-proteins 124, 162
pathogenic differentiation 115
pathogenicity 38, 125
pathogenic specialization 115
pathological anatomy 139
pathotype 115, 132
pathovar 38, 115
PCR 27, 66
PCR-MPH 142
pectin 10
pectinase 52
penetration 101
Penicillium 68
peptideglycan layer 43
perfect stage 190
periplasm 43
perithecium, pl. perithecia 63
peritrichous 45
persistent transmission 75
pesticide 150
pests forecasting service system 114
PGPR 155
phage 83, 90, 143
phage sensitivity 38
phaseolotoxin 161
phenon 39
phloem 19
phloem necrosis 139
physiological and biological properties 38
physiological disease 5
physiological plant pathology 1
phytoalexin 122
phytoanticipin 120
Phytophthora 201
phytoplasma 6
Phytoplasma 33
Phytoreovirus 20
phytosanitation 143
phytotoxin 52
pili 42, 46

pilin 46
plant diagnosis 141
plant growth promoting fungi;
　PGPF 112
plant growth promoting rhizobacteria; PGPR 54, 112
plant histology 139
planthopper 74
plant hormone 53
plant parasitic nematode 69
plant pathogenic fungi 55
plant pathology 1
plant protection 1, 144
plant quarantine 144
plaque 90
plaque counting method 83
plasmid 6, 41
plasmodesmata 18
Plasmodiophora 200
Plasmodiophoromycetes 57
Plasmodiophoromycota 57
plasmodium 57
pocket 189
polyacrylamidegel electrophoresis; PAGE 79
polyclonal antibody 84
polymerase chain reaction; PCR 27, 66, 85
Polymyxa 74, 200
polyprotein 22
porin protein 43
postharvest disease 4, 102, 133, 212
post-transcriptional gene silencing 159
Potyvirus 21, 76
powdery mildew 190
predation 110, 155
primary infection 94
primary symptom 134
processing 22, 89
prokaryote 6, 38
promycelium 63, 100
propagative type 75
propagule 7, 94
prophage 91
protective fungicide 150
protoplast 18
protozoa 7, 90, 94
pseudobactin 54

pseudo-recombinant 22
pseudo-recombination 156
pseudothecium, pl. pseudothecia 63
pTi 88
pulse field gel electrophoresis;
　PFGE 65
pycniospore 100
pycnium 101
Pyrenomycetes 63
Pythium 201

R

race 64, 116, 187
race-cultivar specificity 116
random amplified polymorphic DNA; RAPD 66
rDNA 66
read-through protein 20
reassortant 22
receptive hypha 101
recombinant 156
regeneration 139
remote sensing 114
resistance 23
resistance gene 117
resistance to penetration 118
resistance to spread 118
resistant 115
respiration 69
resting spore 62
restriction fragment length polymorphism; RFLP 40, 66
reverse transcriptase; RT 28, 157
reverse transcription polymerase chain reaction; RT-PCR 28, 142
RFLP 41, 66
Rhabdoviridae 19
rhizobactin 54
ribosome 41
ribozyme 30
RISC 159
RNA-dependent RNA polymerase 159
RNA-induced silencing complex; RISC 159
RNA interference 159

rod 41
root-knot 136
rot 137
RT-PCR 28, 142
rub inoculation 17
rust fungus 63
Rymovirus 77

S

saprophytism 8
satellite RNA 22
scab 137, 191
scientific name 38, 56
sclerotium 193
screening 151
secondary infection 94
secondary symptom 134
seed disinfectant 150
segmented genome 15
selection 151
semipersistent transmission 76
septum, pl. septa 62
serological characteristics 38
sex pili 46
shake culture 48
sheath 92
siderophore 54
sign 10, 140
silicification 119
single interest disease 105
siRNA 159
slime layer 41
small interferring RNA; si RNA 159
smut fungus 63
smut spore 63, 194
Sobemovirus 77
soft rot 137
soil-borne disease 104
soil-borne pathogen 105
soil-borne virus 73
soil disinfectant 150
soil fungistasis 107
soil solarization 149
solid medium 48
solution 150
specialized parasite 105
species (sp.), pl. species (spp.) 15, 38, 56
specific antagonism 111

specific antagonist 111
specificity in parasitism 115
specific primer 112
specific probe 112
spermagonium 101
spermatium 100
spherical 92
spike 92
Spiroplasma 33
Spiroplasmataceae 35
splash dispersal 99
Spongospora 74, 200
spontaneous mutation 67
sporangiophore 62, 187
sporangiospore 62
sporangium, pl. sporangia 62
spore 42, 46
spore coat 46
spore trap 98
sporidium 100
spraying fungicide 150
spread 96
sprout cell 189
static resistance 118
stationary phase 48
sterigma 64
still culture 48
stoma 10
storage disease 212
strain 115
streak 137
stripe 137
stubborn 35
stunt 136
stylet 69
stylet-borne 75
subgenomic RNA 20
subspecies (ssp.) 38
subunit 13
sugar fungi 68
susceptibility 23
susceptible 115
symbiosis 8
symptom 10, 102, 134
symptomatology 134
syncitium 69
systemic acquired resistance 119, 150
systemic resistance 119
systemic symptom 134

T

tadpole 92
tail fiber 92
take-all decline; TAD 111
T-complex 89
T-DNA 88
teichoic acid 43
teichuronic acid 43
teleomorph 62
Teliomycetes 64
teliospore, teleutospore 63, 100, 195
telium 100, 195
temperate phage 90
Tenuivirus 19
test plant 26
thallus, pl. thalli 57, 108
Thanatephorus 208
thrips 77
tissue culture 156
Tn 50
Tobravirus 73
tolerance 23, 119
toropolone 54
Tospovirus 77
toxoflavin 179
transduction 156
transformant 156
transformation 156
transmissible plasmid 45
transmission 96
transovarial transmission 76
transposon 49, 50
trap plant 155
Trichoderma 112
tumor 53
tumor inducing plasmid 88
turbulent boundary layer 98
Tylenchida 69
Tymovirus 77

U

uncoating 18
unit membrane 43
unspecialized parasite 105
uredium 100, 195
uredospore 100, 195
Ustomycetes 64

V

variety 64, 115
vascular browning 137
vector 45
vegetative body 57
vegetative compatibility group;
　　VCG 64
vertical resistance 117
vertical transmission 72
Verticillium 206
vesicular-arbuscular mycor-
　　rhiza 154
virion 13

viroid 5
virulence 125
virulence factor 52, 90
virulent phage 90
virus 5, 11
virus particle 13
visible injury 212

W

wax 9
wettable powder 150
wilt 136
witches' broom 136, 189

X

xanthan 43

Y

yellow dwarf 136
yellowing 136
yellows 136

Z

zoosporangium 57
zoospore 57
Zygomycota 62
zygospore 62

病原和名

ア行

赤かび病菌 118
赤星病菌 162
味無果病 172
アブラナ科野菜(植物)根こぶ病
　　菌 57, 106
アマさび病菌 117
アルファルファモザイクウイル
　　ス 167
イチゴ黒斑病菌 199
イネ萎縮ウイルス 20
イネいもち病菌 101, 116, 163
イネ黄化萎縮病菌 99
イネ黒すじ萎縮ウイルス 166
イネごま葉枯病菌 104
イネ縞葉枯ウイルス 19, 76
イネ条斑細菌病菌 41
イネ白葉枯病菌 41, 44, 86, 116,
　　161
イネばか苗病菌 133, 205
イネ苗枯細菌病菌 87
いもち病菌 162
インゲンマメ黄斑モザイクウイ
　　ルス 167
インゲンマメかさ枯病菌 85,
　　161
インゲンマメさび病菌 102
うどんこ病菌 163
温州萎縮病 172

カ行

エンドウ褐紋病菌 129
エンドウ根腐病菌 127, 129
エンバク立枯病菌 128

オウトウ褐色せん孔病菌 96
オオムギうどんこ病菌 128
オオムギ縞萎縮ウイルス 166
オリーブがんしゅ病菌 53

カ行

カボチャモザイクウイルス 167
カラマツ先枯病菌 95
カリフラワーモザイクウイルス
　　157
カンキツエクソコーティスウイ
　　ロイド 173
カンキツかいよう病菌 35, 44,
　　86
カンキツ褐色腐敗病菌 99
カンキツトリステザウイルス
　　158, 172
カンキツ緑かび病菌 102

キタネグサレセンチュウ 211
キャベツ黒腐病菌 44
キュウリ疫病菌 99
キュウリ斑点細菌病菌 88
キュウリべと病菌 104
キュウリモザイクウイルス
　　21, 158, 160, 167
キュウリ緑斑モザイクウイルス
　　23, 72, 169
菌核病菌 162

クワ縮葉細菌病菌 92

腰折病菌 162, 163
コムギ赤さび病菌 100
コムギうどんこ病菌 128
コムギ黄葉ウイルス 166
コムギ黄さび病菌 98
コムギ黒さび病菌 98
コムギ縞萎縮ウイルス 166
コムギ立枯病菌 128

根頭がんしゅ病菌 44, 53, 88

サ行

サツマイモネコブセンチュウ
　　210
サトウキビ褐さび病菌 98

ジャガイモ疫病菌 95, 121, 164,
　　202
ジャガイモXウイルス 72,
　　158, 168
ジャガイモ黒あし病菌 161
ジャガイモ粉状そうか病菌 106
ジャガイモスピンドルチューバ
　　ーウイロイド 28
ジャガイモ葉巻ウイルス 78,
　　168
ジャガイモ粉状そうか病菌 57
ジャガイモYウイルス 159,
　　168
スイカ緑斑モザイクウイルス
　　73, 156, 158, 169

索 引

ソラマメウイルトウイルス 167
ソラマメえそモザイクウイルス 167

タ 行

ダイコンべと病菌 104
ダイズシストセンチュウ 210
ダイズ退緑斑紋ウイルス 167
ダイズ斑点細菌病菌 116
ダイズモザイクウイルス 167
ダイズわい化ウイルス 167
タバコ赤星病菌 163, 199
タバコ疫病菌 163
タバコ野火病菌 46, 161, 163
タバコ巻葉ウイルス 77
タバコモザイクウイルス 11, 72, 157
タバコ輪点ウイルス 160

チューリップ白絹病菌 95

テンサイそう根病菌 57

トマト黄化えそウイルス 20, 77, 164, 169
トマト黄化葉巻ウイルス 77, 169
トマトかいよう病菌 87
トマト葉かび病菌 104, 163
トマト斑葉細菌病菌 44, 161
トマトモザイクウイルス 72, 78
トマト輪紋病菌 104, 162

ナ 行

ナシ赤星病菌 100, 144
ナシ黒星病菌 95
ナシ黒斑病菌 131, 199
ナス科作物青枯病菌 50, 86
ニレ立枯病菌 99
ニンジンこぶ病菌 41

ハ 行

ハクサイ黄化病菌 96

ピーマン疫病菌 99

フィトフトラ根腐病菌 162
ブドウうどんこ病菌 190
ブドウかいよう病菌 41
ブドウがんしゅ病菌 41
ブドウ晩腐病菌 95
ブドウファンリーフウイルス 172
プルヌスネクロティックリングスポットウイルス 171

ホップわい化ウイロイド 174

マ 行

マツこぶ病菌 101
マツノザイセンチュウ 211
マツ葉枯病菌 95
マツ類のすす葉枯病菌 212

ミツバべと病菌 99

ミナミネグサレセンチュウ 211
ムギ黒さび病菌 56
ムギ類萎縮ウイルス 166
ムギ類立枯病菌 64, 106
ムギ類裸黒穂病菌 97
ムギ類麦角病菌 100

メロンうどんこ病菌 128

モモ縮葉病菌 95
モモ胴枯病菌 102

ヤ 行

野菜類軟腐病菌 87

ユウガオうどんこ病菌 96

ラ 行

ライグラスモザイクウイルス 77
ラッカセイ斑紋ウイルス 167
ラッカセイわい化ウイルス 167

リンゴうどんこ病菌 190
リンゴさび果ウイロイド 173
リンゴ斑点落葉病菌 96, 199
リンゴ腐らん病菌 102
リンゴモニリア病菌 102
レタス corky root 病菌 41
レタスべと病菌 103
レタスモザイクウイルス 167
レンゲ萎縮ウイルス 167

病 原 学 名

A

Agrobacterium radiobacter 182
—— *rhizogenes* 90, 182
—— *tumefaciens* 41, 44, 53, 88, 181
—— *vitis* 41
Alternaria alternata 199
—— *alternata* apple pathotype = *A. mali* 96
—— *longipes* 162
—— *solani* 104, 162
Aphanomyces spp. 108

—— *cochlioides* 108
—— *euteiches* f. sp. *pisi* 108
—— *raphani* 108
Apple scar skin viroid 173
Armillaria mellea 108
Athelia rolfsii 209

B

BBNV 167
Bean yellow mosaic virus 167
Bipolaris leersiae 198
Blumeria graminis 190
—— *graminis* f. sp. *hordei* 128, 190
—— *graminis* f. sp. *tritici* 128, 190
Botryosphaeria laricina 95
Botryotinia fuckeliana 199
Botrytis allii 213
—— *cinerea* 162, 199
Bremia lactucae 103
Broad bean necrosis virus 167
Broad bean wilt virus 167
Burkhorderia glumae 87, 179
—— *plantarii* 180
Bursaphelenchus xylophilus 211

索　引

C

Cauliflower mosaic virus　157
Ceratocystis fimbriata　213
Citrus exocortis viroid　173
Citrus tristeza virus　158
Cladosporium fulvum　104, 163
Clavibacter michiganensis ssp.
　michiganensis　87, 183
Claviceps purpurea　100
　――― virens　192
CMV　21, 78
Cochliobolus miyabeanus　104,
　198
Cronartium quercuum　101
Cucumber green mottle mosaic
　virus　158
Cucumber mosaic virus　15, 158,
　167

D

Diaphorina citri　35
Diaporthe citri　103

E

Erwinia carotovora ssp. atroseptica
　161
　――― carotovora ssp. carotovora
　87, 88, 185
　――― chrysanthemi　88
　――― cichoracearum　163
Erysiphe cichoracearum　162
　――― graminis　162, 190

F

Fusarium graminearum　118, 191
　――― moniliforme　191, 205
　――― oxysporum　64, 106, 203
　――― oxysporum f. sp. cubense
　111
　――― roseum　204
　――― solani　64, 109, 203, 204
　――― solani f. sp. pisi　127

G

Gaeumannomyces graminis　64,
　106
　――― graminis var. avenae　64,
　120, 128
　――― graminis var. graminis　64

　――― graminis var. tritici　64,
　108, 111, 112, 128, 205
Gibberella fujikuroi　133, 191,
　205
　――― zeae　191
Glomerella cingulata　95
Gymnosporangium asiaticum
　100, 144

H

Helicobasidium mompa　107, 108,
　207
Heterodera glycines　210
Hop stunt viroid　174
Hypomyces solani　203

K

KGMMV　72

L

Lettuce mosaic virus　167
Leucostoma persoonii　102
Liberibacter asiaticus　35

M

Magnaporthe grisea　162, 163,
　196
MDV　167
Melampsora lini　117
Meloidogyne incognita　210
Microsphaera alni　190
Milk vetch dwarf virus　167
Monilinia fructicola　96
　――― mali　102
Mycosphaerella cerasella　96
　――― pinodes　129

N

Nectria haematococca　203

O

Ophiostoma ulmi　99

P

Peanut mottle virus　167
Peanut stunt virus　167
Penicillium digitatum　102, 212
　――― italicum　212
Peronospora nicotianae　162
　――― parasitica　104

Phyllactinia quercus　190
Phytophthora capsici　99
　――― citrophthora　99
　――― fragariae　202
　――― infestans　95, 117, 164,
　187, 202
　――― megasperma　202
　――― megasperma f. sp. med-
　icaginis　162
　――― melonis　99
　――― nicotianae　162, 163
　――― parasitica　202
　――― vignae　202
Plasmodiophora brassicae　57,
　106, 109, 200
Plasmopara nivea　99
PLRV　78, 168
Podosphaera leucotricha　190
Polymyxa betae　57
Potato leafroll virus　168
Potato virus X　158
Potato virus Y　159, 168
Pratylenchus coffeae　211
　――― penetrans　211
Prunus necrotic ringspot virus
　171
Pseudocercospora pini-densiflorae
　95
Pseudomonas spp.　111
　――― glumae　179
　――― solanacearum　180
　――― syringae pv. glycinea　116
　――― syringae pv. lachrymans
　88
　――― syringae pv. mori　92
　――― syringae pv. phaseolicola
　85, 161
　――― syringae pv. savastanoi
　53
　――― syringae pv. tabaci　46,
　161, 163
　――― syringae pv. tomato　44,
　161
Pseudoperonospora cubensis
　104, 187
Puccinia graminis　56, 195
　――― graminis ssp. graminis　98
　――― hordei　195
　――― melanocephala　98
　――― recondita　100, 195

—— *striiformis* 195
—— *striiformis* var. *striiformis* 98
PVX 72
PVY 168
Pyricularia oryzae 101, 116, 196
Pythium spp. 109
—— *aphanidermatum* 201
—— *butleri* 201
—— *paroecandrum* 201
—— *ultimum* 109, 201

R

Ralstonia solanacearum 44, 50, 86, 90, 180
RDV 20
RGMV 77
Rhizobacter dauci 41
Rhizoctonia oryzae 193
—— *solani* 65, 108, 109, 162, 163, 193, 208
—— *solani* AG-8 112
Rhizomonas suberifaciens 41
Rhizosphaera kalkhoffii 212
Rosellinia necatrix 106, 206
RSV 19

S

Schizosaccharomyces pombe 161
Sclerophthora macrospora 99

Sclerotinia sclerotiorum 162
Sclerotium fumigatum 193
—— *oryzae-sativae* 193
—— *rolfsii* 95, 109, 209
Soybean chlorotic mottle virus 167
Sphaerotheca cucurbitae 96, 189
fuliginea 128
—— *humuli* 162
Spongospora subterranea 57, 106

T

Taphrina deformans 95, 188
—— *pruni* 189
—— *wiesneri* 189
Thanatephorus cucumeris 193, 208
Tilletia caries 194
—— *foetida* 194
TLCV 77
TMV 11, 72, 78
TMV RNA 20
Tobacco mosaic virus 11, 15, 157
Tobacco ringspot virus 160
Tomato spotted wilt virus 164, 169
Tomato yellow leaf curl virus 169
ToMV 72, 78
TSWV 77
TYLCV 77

U

Uncinula necator 162, 190
Uromyces phaseoli var. *phaseoli* 102
Ustilago avenae 194
—— *nuda* 97, 194

V

Verticillium albo-atrum 207
—— *dahliae* 96, 207
Valsa ceratosperma 102
Venturia nashicola 95

W

Watermelon mosaic virus 167

X

Xanthomonas axonopodis pv. *citri* 44
—— *campestris* pv. *campestris* 44
—— *campestris* pv. *citri* 35, 86
—— *oryzae* pv. *oryzae* 41, 44, 86, 116, 161, 177
—— *oryzae* pv. *oryzicola* 41
Xylella fastidiosa 41, 44

最新植物病理学

定価はカバーに表示

2004年 9 月15日　初版第 1 刷
2011年 1 月30日　　　第 6 刷

著者　奥　田　誠　一
　　　髙　浪　洋　一
　　　難　波　成　任
　　　陶　山　一　雄
　　　羽　柴　輝　良
　　　百　町　満　朗
　　　柘　植　尚　志
　　　内　藤　繁　男

発行者　朝　倉　邦　造
発行所　株式会社 朝　倉　書　店
　　　　東京都新宿区新小川町6-29
　　　　郵便番号　162-8707
　　　　電　話　03(3260)0141
　　　　Ｆ Ａ Ｘ　03(3260)0180
　　　　http://www.asakura.co.jp

〈検印省略〉

© 2004〈無断複写・転載を禁ず〉

東京書籍印刷・渡辺製本

ISBN 978-4-254-42028-9　C3061　　Printed in Japan

北大 三上哲夫編著
植物遺伝学入門
42026-5 C3061　　　　A 5 判 176頁 本体3500円

ゲノム解析など最先端の研究も進展しつつある植物遺伝学の基礎から高度なことまでを初学者でも理解できるよう解説。〔内容〕植物の性と生殖／遺伝のしくみ／遺伝子の分子的基礎／染色体と遺伝／植物のゲノムと遺伝子操作／集団と進化

農工大 福嶋　司編著
植 生 管 理 学
42029-6 C3061　　　　B 5 判 256頁 本体5800円

生態系を支えている植物群落をどのように保護・管理していくのか，自然保護の立場から実例に基づき平易に解説した初の成書。植物および植物群落の体質・機能を解明し，人間と植物とのよりよい関係はどうあるべきかについて考察

東北大 池上正人・北大 上田一郎・京大 奥野哲郎・
東農大 夏秋啓子・東大 難波成任著
植物ウイルス学
42033-3 C3061　　　　A 5 判 208頁 本体3900円

植物生産のうえで植物ウイルスの研究は欠かせない分野となっている。最近DNAの解明が急速に進展するなど，遺伝子工学の手法の導入で著しく研究が進みつつある。本書は，学部生・大学院生を対象とした，本格的な内容をもつ好テキスト。

農工大 仲井まどか・宮崎大 大野和朗・名大 田中利治編
バイオロジカル・コントロール
―害虫管理と天敵の生物学―
42034-0 C3061　　　　A 5 判 180頁 本体3200円

化学農薬に代わる害虫管理法「バイオロジカル・コントロール」について体系的に，最新の研究成果も交えて説き起こす教科書。〔内容〕生物的害虫防除の概要と歴史／IPMの現状／生物的防除の実際／捕食寄生者／昆虫病原微生物／他

前森林総研 渡邊恒雄著
植物土壌病害の事典
42020-3 C3561　　　　B 5 判 288頁 本体12000円

植食被害の大きい主要な土壌糸状菌約80属とその病害について豊富な写真を用い詳説。〔内容〕〈総論〉土壌病害と土壌病原菌の特性／種類と病害／診断／生態的研究と諸問題／寄主植物への侵入と感染／分子生物学。〈各論〉各種病原菌（特徴，分離，分類，同定，検出，生理と生態，土壌中の活性の評価，胞子のう形成，卵胞子形成，菌核の寿命，菌の生存力，菌の接種，他）／土壌病害の生態的防除（土壌pHの矯正，湛水処理，非汚染土の局部使用，拮抗微生物の処理，他）

本間保男・佐藤仁彦・
宮田　正・岡崎正規編
植物保護の事典 （普及版）
42036-4 C3561　　　　A 5 判 528頁 本体18000円

地球環境悪化の中でとくに植物保護は緊急テーマとなっている。本書は植物保護および関連分野でよく使われる術語を専門外の人たちにもすぐ理解できるよう平易に解説した便利な事典。〔内容〕（数字は項目数）植物病理(57)／雑草(23)／応用昆虫(57)／応用動物(23)／植物保護剤(52)／ポストハーベスト(35)／植物防疫(25)／植物生態(43)／森林保護(19)／生物環境調節(26)／水利，土地造成(32)／土壌，植物栄養(38)／環境保全，造園(29)／バイオテクノロジー(27)／国際協力(24)

前東大 鈴木昭憲・前東大 荒井綜一編
農芸化学の事典
43080-6 C3561　　　　B 5 判 904頁 本体38000円

農芸化学の全体像を俯瞰し，将来の展望を含め，単に従来の農芸化学の集積ではなく，新しい考え方を十分取り入れ新しい切り口でまとめた。研究小史を各章の冒頭につけ，各項目の農芸化学における位置付けを初学者にもわかりやすく解説。〔内容〕生命科学／有機化学（生物活性物質の化学，生物有機化学における新しい展開）／食品科学／微生物科学／バイオテクノロジー（植物，動物バイオテクノロジー）／環境科学（微生物機能と環境科学，土壌肥料・農地生態系における環境科学）

上記価格（税別）は 2010 年 12 月現在